Ophélie Neiman

오펠리 네만

와인은 어렵지 않아

LE VIN C'EST PAS SORCIER

증 보 개 정 판

박홍진·임명주 옮김

야니스 바루치코스(Yannis Varoutsikos) 그림

GREENCOOK

CONTENTS

카롤린, 포도농장을 방문하다

클레망틴, 소믈리에 견습생이 되다

폴, 와인을 사다

와인 지식 테스트

COLUMN

오늘 저녁, 파티를 준비하는 줄리엣Juliette은 귀스타브Gustave, 엑토르Hector, 카롤린Caroline, 클레망틴Clémentine 그리고 폴Paul을 초대했다. 모두 평소 와인에 관심이 많고 나름대로 경험도 풍부한 친구들이다. 클레망틴은 요리와 와인의 마리아주에 관심이 많으며, 귀스타브는 와인 시음법을 배웠고, 엑토르는 와인 양조과정을 잘 알고 있으며, 카롤린은 여행을 좋아하기 때문에 와인 산지를 손바닥 들여다보듯 꿰고 있고, 폴은 집에 와인저장고를 만들었다.

줄리엣의 파티는 훌륭하다고 다들 인정하지만, 이번에는 파티에 앞서 와인 공부를 좀 더 할 생각이다. 초대한 친구들을 실망시키지 않으려면 올바른 와인글라스와 좋은 와인을 선택해야 하고, 와인을 마시기에 적당한 온도로 맞춰놓아야 하는데 이는 사실 꽤 까다로운 문제다. 줄리엣이 소믈리에였다면 요리와 파티 분위기에 잘 어울리는 와인을 쉽게 고를 수 있을 것이다.

하지만 지금 여러분이 읽고 있는 이 책 덕분에 줄리엣도 혼자서 와인전문가 못지 않은 완벽히 파티를 준비할 수 있고, 파티가 끝난 후 와인글라스를 세척하는 방법, 와인 얼룩을 없애는 방법 등도 배울 것이다. 이 책은 남은 와인을 올바르게 보관하는 방법과 남은 와인을 활용하는 레시피도 담고 있다. 다음 날 두통을 피할 수 있는 숙취 예방법은 반드시 기억해 둘 포인트이다.

그리고 줄리엣은 파티에서 어떻게 하면 친구들과 재미있는 시간을 보낼지 그 아이디어도 고민하고 있다. 간단한 상품을 걸고 와인 블라인드 테이스팅을 해보면 어떨까?

지금부터 나오는 내용을, 좀더 편하게 파티를 준비하여 성공적으로 마무리하고 싶어하는 이 세상의 모든 줄리엣에게 바친다.

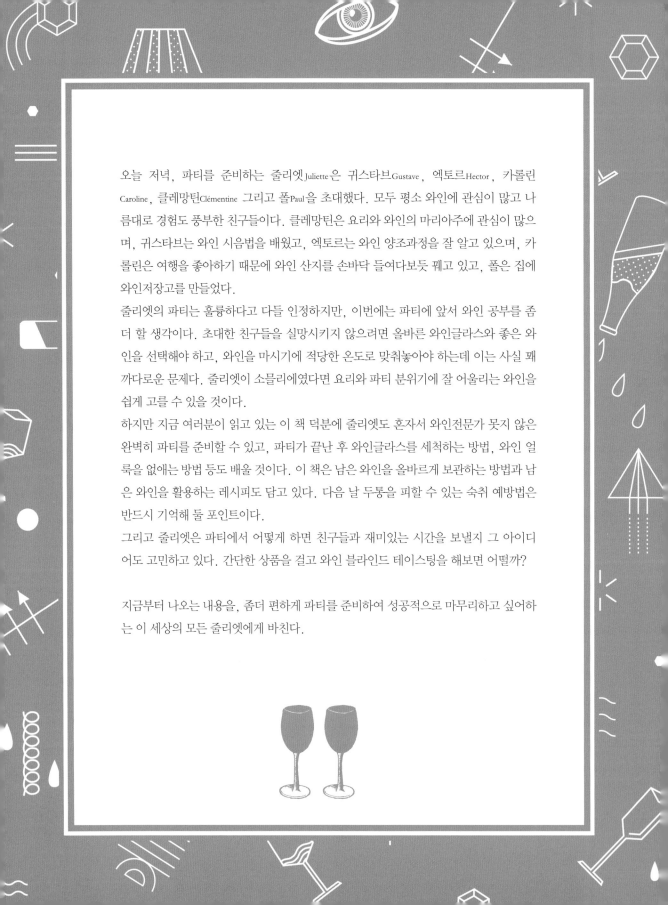

JULIETTE

줄리엣, 디너파티를 준비하다

파티를 시작하기 전에
파티를 하는 동안에
파티가 끝난 후에

파티를 시작하기 전에

어떤 글라스를 선택할까?

디너파티에서 일반적으로 볼 수 있는 글라스들이다.

물컵 말 그대로 물을 마실 때에만 사용한다. 품질 좋은 와인이라면 물컵에 따라 마시는 것은 피한다. 왜냐하면, 와인의 향을 제대로 느낄 수 없기 때문이다. 값싼 와인을 마신다면 사용해도 괜찮다.

쿠프Coupe 샴페인글라스 모양은 예쁘지만 샴페인의 향을 느끼기에는 별로 좋지 않다. 이 글라스는 루이 15세의 애첩 퐁파두르 부인의 왼쪽 가슴의 모양을 본떠서 만들었다고 한다.

플루트Flute 샴페인글라스 샴페인을 맛보기에 이상적인 글라스다. 때론 새콤하고 가벼운 화이트 와인이나 키르Kir, 포트와인Porto, 마데이라Madeira, 칵테일 같은 식전주도 해당 잔이 없을 때 사용할 수 있다.

이나오INAO 테이스팅 글라스 프랑스 국립원산지명칭연구소INAO에서 채택된 와인전문가용 테이스팅 글라스로 크기가 상당히 작다. 가격도 저렴하고 모든 종류의 와인에 적합하다. 모양도 예뻐서 파리의 와인바에서 흔히 볼 수 있다.

부르고뉴Bourgogne 와인글라스 볼bowl, 몸통이 많이 나오고, 립lip, 입술이 닿는 부분은 좁은 형태이다. 부르고뉴 와인에 가장 알맞지만, 화이트 와인이나 생산된 지 얼마 안 된 어린 레드 와인에도 어울린다. 와인 향을 모아주므로 향을 한껏 즐길 수 있다.

그랑 부르고뉴Grand Bourgogne 와인글라스 값비싼 고급 부르고뉴 와인을 즐기는 사람들에게 추천한다. 좁아졌다 넓어지는 형태 때문에 와인 향아로마, 포도 자체의 향이 모였다가 립으로 올라오면서 흩어지며, 부케bouquet, 와인이 숙성되면서 생기는 향가 펼쳐진다.

보르도Bordeaux 와인글라스 볼이 긴 튤립 형태로 모든 와인에 어울리지만, 산화되기 쉬운 일부 화이트 와인은 피한다. 부르고뉴와는 달리 립이 볼보다 살짝 좁고 충분히 열려 있어 혀 전체에 와인이 넓게 닿는다. 따라서 강한 알코올과 타닌이 많아 바디감이 강한 와인에 적합하다.

다목적 글라스 보르도와 형태는 같지만 크기가 좀더 작다. 가벼운 화이트 와인, 강한 화이트 와인, 어린 레드 와인과 오래된 레드 와인에 적합하다. 강한 샴페인도 괜찮다. 모든 와인 종류에 쓸 수 있지만, 와인의 독특한 개성을 살려내는 것은 조금 부족하다.

화려한 컬러 글라스 글라스 가격에 상관없이 와인용으로는 안 어울린다. 와인 색을 제대로 볼 수 없고, 와인 향이 금방 흩어져버리기 때문이다. 특별한 추억이 있는 게 아니면 차라리 미니화분이나 캔들 홀더로 사용하는 게 낫다.

스템이 있는 글라스가 좋은 이유

스템이 있는 글라스의 2가지 장점

와인이 데워지지 않는다 체열은 와인에게 치명적인 열기나 마찬가지다. 스템Stem, 다리이 있으면 체온이 와인에 직접 전달되지 않아 와인의 온도 상승을 막는다.

와인 향을 발산시킨다 볼이 둥근 글라스는 와인 향이 글라스 안을 자유롭게 휘돌다가 모여 올라와 후각적 즐거움을 준다. 결과적으로 와인 향을 훨씬 잘 느끼게 된다.

그러나, 립이 벌어진 일반 물컵은 와인 향이 날아가는 것을 막을 수 없어 향 대부분이 사라져버린다. 고급 와인을 사고도 향을 만끽하지 못한다면 손해다. 따라서 일반 물컵을 사용하는 것은 와인을 망칠 뿐이다.

와인글라스를 단 하나만 선택해야 한다면?

작은 보르도 와인글라스 또는 큰 다목적 글라스를 선택하는 것이 좋다. 둘 다 거의 모든 종류의 와인과 상황에 어울리기 때문이다. 너무 작은 글라스는 강한 와인이 제맛을 다 표현하지 못하며, 너무 큰 글라스는 산화되기 쉬운 일부 화이트 와인의 맛이 변할 수 있으므로 피한다.

이 밖에도 모양이 다른 글라스가 많다. 장식용으로 어울릴 만한 글라스도 있고, 와인의 특성이 더욱 두드러지도록 고안된 특수 형태의 글라스도 있다. 예를 들어, 셰프 앤 소믈리에Chef & Sommelier의 「오픈 업Open Up」 같은 와인글라스는 각진 형태로 볼을 넓혀 와인이 「열리고」 향을 최대한 발산한다. 향이 풍부한 와인과 섬세한 와인 중에서 무엇을 좋아하느냐에 따라 글라스를 선택하면 된다.

유리와 크리스탈 중에서 어느 것?

크리스탈 글라스가 최고인 이유는 뭘까?

크리스탈은 아주 얇게 가공할 수 있기 때문에 립을 종잇장보다 살짝 두꺼운 정도로 만들 수 있다. 립 부분이 두툼한 일반 싸구려 물컵과 달리 크리스탈 글라스에 마시면 입술에 닿을 때 가볍고 우아한 느낌을 준다. 따라서 글라스를 의식하지 않고 와인에 집중할 수 있다. 유리잔에 비해 열전도율이 낮아서 와인이 쉽게 데워지지 않는다는 장점도 있다. 무엇보다 크리스탈은 표면이 유리보다 거칠다. 그렇기 때문에 와인을 공기

와 접촉시키기 위해 잔을 흔들 때 와인이 글라스 표면에 더 잘 붙어 보다 많은 향을 발산하게 된다.

하지만 크리스탈 글라스는 상당히 비싸므로 깨지지 않도록 조심해서 다루어야 한다. 그리고 와인을 자주 마시지 않는데 글라스가 많이 필요하다면 크리스탈은 포기하는 것이 좋다. 최근에는 크리스탈처럼 보이면서 쉽게 깨지지 않는 신소재 글라스도 많이 나와 있다.

와인오프너

와인오프너는 어떤 걸 마련해야 할까? 와인오프너의 종류는 다양하다. 따라서 각자의 취향이나 예산 그리고 얼마나 능숙하게 사용할 수 있는지에 따라 선택한다.

작동원리는 아주 간단하다. 스크루를 코르크 마개에 박아 넣고 지렛대레버로 끌어올리면 된다. 스크루 끝이 뭉툭하지 않고 뾰족한 오프너를 골라야 코르크 마개가 부서지지 않는다. 또 스크루가 너무 짧으면 코르크 마개가 부러질 위험이 있다.

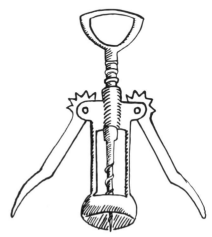

윙 스크루 wing screw

1

사용법은 간단하다. 스크루를 돌린 후 올라온 양 날개를 눌러준다. 값이 싼 반면 많이 사용하면 쉽게 고장난다. 하지만 힘을 조절하여 코르크 마개를 쉽게 뺄 수 있다는 장점도 있다. 스크루가 코르크를 관통해 코르크 조각이 와인에 빠질 수 있다는 것이 단점이다. 같은 원리의 오프너인 트위스트 스크루회전식 오프너는 이중나선 구조여서 손잡이를 계속 같은 방향으로 돌리기만 하면 되는데, 오프너의 틀이 지렛대 역할을 한다.

기본 오프너 T자형 스크루

2

지렛대 없이 손잡이만 달려 있다. 코르크 마개를 뽑을 때 비교적 힘이 많이 필요한데, 힘을 너무 주면 코르크 마개가 부서질 위험도 있다. 디자인 때문에 수집한다면 몰라도 요즘은 굳이 살 필요가 없다.

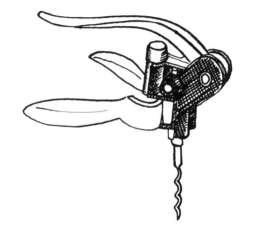

레버식 래빗 스크루

3

코르크 마개를 뽑아내는 속도도 빠르고, 뽑는 데 힘도 많이 들지 않는다. 하지만 크기가 커서 거추장스럽고 비싸며, 코르크 마개를 잡아당기는 힘을 조절할 수 없다.

소믈리에 나이프

병따개가 달려 있어서 웨이터스 스크루라고도 한다. 레스토랑에서 주로 사용하며, 코르크 마개의 상태에 따라 힘을 적절히 조절할 수 있어서 인기가 높다. 주머니나 가방에 넣고 다닐 수 있으며, 다양하게 활용할 수 있다. 구입시 제품이 튼튼한지, 병 입구에 대는 지지대가 2단으로 되어 있는지를 확인한다. 2단 지지대는 코르크 마개를 뽑을 때 힘이 적게 들고, 코르크 마개가 휘어져 중간에 끊어지는 것을 방지한다.

4

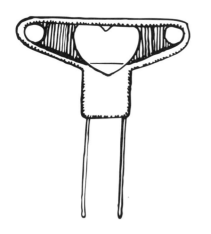

아소 Ah-So 오프너

5

오래된 와인을 좋아하는 애호가들의 비장의 무기. 사람들에게 잘 알려져 있지 않은 이 오프너는 스크루가 없고 코르크 마개에 구멍을 뚫지도 않는다. 2개의 얇은 칼날을 와인 병과 코르크 사이에 밀어넣었다가 천천히 돌리면서 빼내기 때문에 스크루 오프너보다 섬세한 기술이 필요하다. 실수로 코르크 마개가 병 속으로 밀려 들어갈 수 있지만, 익숙해지면 코르크 마개가 쉽게 부서지는 아주 오래된 와인도 문제 없이 개봉할 수 있다.

코르크 마개가 쪼개졌을 때

당황하지 말고 다음 2가지 방법을 이용한다.

1. 소믈리에 나이프가 있다면 구멍이 더 커지거나 코르크 마개가 부서지지 않도록 스크루를 비스듬히 눕혀 코르크에 돌려 넣어 병에 밀착시킨 다음, 수직으로 잡아당겨 꺼낸다.

2. 와인이 튀지 않게 조심하면서 코르크 마개를 병 속으로 밀어넣는다. 코르크 때문에 와인 맛이 변질되기 전에 즉시 와인을 카라프 carafe 나 디캔터 decanter 에 옮겨 붓는다.

오프너 없이 와인 따는 방법

와인은 준비했는데 오프너가 없는 경우도 있다. 이럴 때 코르크 마개를 빼낼 몇 가지 방법을 소개한다.

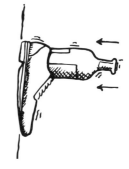

1

코르크 마개를 병 속으로 완전히 밀어넣는다. 이 방법은 밀어넣은 코르크 때문에 와인 맛이 변질되지 않도록 즉시 카라프나 디캔터에 옮겨 부을 수 있을 때만 이용한다. 코르크가 채 3분도 안 돼 와인 맛을 변하게 하므로, 되도록 이 방법은 쓰지 않는 것이 좋다.

2

와인오프너를 직접 만든다. 손재주가 좋거나 임기응변에 능한 사람이라면 시도할 만하다. 저녁 모임에 온 사람들의 시선을 확실하게 끌 수 있는 방법이다. 코르크 마개에 고정할 것과 지렛대로 쓸 만한 것을 찾아내는 것이 관건. 예를 들어, 나사 하나와 펜치 하나면 훌륭하게 문제를 해결할 수 있다. 필자는 전자렌지에서 나사를 하나 뺀 후 가위를 지렛대로 사용해 모두 4병의 와인을 개봉한 적이 있다.

3

압력을 이용해 코르크 마개를 빼낸다. 우선 나무나 고무 소재의 굽이 낮은 구두가 필요하다. 먼저 코르크 마개를 덮고 있는 와인 포일을 벗겨낸다. 와인병을 신발에 수직으로 세워 넣은 다음, 병을 잡은 채 신발굽을 벽이나 나무에 힘주어 친다. 충격이 신발굽으로부터 병 입구 쪽으로 전달되면서 코르크 마개를 밖으로 밀어낸다. 7~8번 정도 치면 코르크가 밀려 나와 손으로 잡아 뺄 수 있게 된다. 코르크가 완전히 튀어나가면서 와인이 쏟아질 수 있으므로 너무 세게 치지 않는다.
자칫 병이 깨질 수도 있으므로 손을 다치지 않도록 수건 등으로 병을 감싸는 것이 좋다. 병이 깨지지 않아도 와인이 지나치게 흔들려 맛이 나빠질 수 있어 선호하는 방법은 아니다. 피크닉을 갔는데 오프너가 없을 때 쓸 수 있는 방법이다.

4

돌려 따는 스크루캡screw cap 와인을 사면 오프너를 걱정할 필요가 없다.

샴페인 따는 방법

샴페인을 따본 경험이 없으면 샴페인을 열 때 마개가 튀어나가 다치거나 뭔가 깨질까봐 은근히 걱정이 된다.
다음의 간단한 몇 가지 규칙만 알아두면 두려움 없이 샴페인을 딸 수 있다.

1

규칙

샴페인을 개봉하기 전에 흔들지
않는다. 이동하는 동안 병이 많이
흔들렸다면 찬 곳에 최소한 1시간
30분 정도 두었다가 개봉한다.

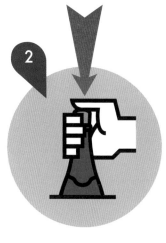

2

코르크 마개를 감싸고 있는 철사망 wire
cage 을 벗겨낸 다음, 마개가 튀어나가
않도록 엄지손가락으로 코르크를 계속
누른다.

샴페인 코르크 마개는 잡아당기는 것이
아니라 돌려서 빼는 것이 원칙. 코르크가
날아가지 않게 손바닥으로 감싸서
단단히 잡은 후 천천히 병을 돌리면,
마개가 서서히 빠져나오는 것을 느낄
수 있다. 가스가 빠져나가는 압력을
느끼면서 적당히 힘을 조절한다.

3

4

코르크 마개와 병이 완전히 분리될
때까지 단단히 잡은 채, 손을 떼지
않는다. 이제까지 설명한 규칙들을
정확히 지키면 코르크 마개가 작고
우아한 소리와 함께 빠져나온다.

샴페인글라스는 항상 병 가까이에
준비해둔다. 마개가 생각보다 빨리
빠져나가면서 거품이 급격히 올라오는
경우가 있기 때문이다. 당황하지 않고
샴페인이 모두 흘러넘치기 전에
글라스에 바로 따른다.

5

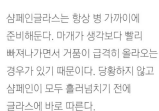

식사에 어울리는 와인은?

반드시 지켜야 할 규칙이란 없다. 자신의 취향에 따라 고르면 된다. 하지만 어떤 와인을 고르느냐에 따라 식사 분위기를 살리기도 하고 망칠 수도 있음을 잊지 말자.

로맨틱한 저녁식사

어울리는 와인

우아한 분위기_ 부르고뉴Bourgogne 레드 와인 코트 드 뉘이Côte de Nuits, 화이트 와인 샤블리Chablis

편안한 분위기_ 보르도Bordeaux 화이트 와인

여유로운 분위기_ 토스카나 Toscana, 이탈리아 레드 와인

관능적인 분위기_ 루아르Loire 화이트 와인 슈냉Chenin

섹시한 분위기_ 코트뒤론Côtes-du-Rhône 레드 와인

달콤한 음식_ 리코뢰 liquoreux 화이트 와인

어울리지 않는 와인

오래된 고급 레드 와인. 얼룩이 쉽게 생기고 잘 지워지지 않아 치아가 변색되면 멋진 인상을 주기 어렵다.

규모가 큰 파티

어울리는 와인

스파클링 와인_ 논빈티지Non-vintage의 너무 비싸지 않은 유명 와이너리의 브뤼트 brut, 드라이한 샴페인. 부르고뉴, 알자스Alsace, 루아르 지방의 크레망 Cremant, 샹파뉴Champagne 이외 지역에서 만든 프랑스 스파클링 와인, 스페인 카바Cava 와인

화이트 와인_ 샤르도네Chardonnay 품종으로 만든 페이 독Pays d'Oc 와인

레드 와인_ 랑그도크Languedoc 와인, 칠레 와인 과일향 또는 과일향이 나는 부드러운 맛

어울리지 않는 와인

까다로운 고급 와인_ 컵에 마시면 와인 향을 전혀 느낄 수 없다.

격식 있는 식사 가족 또는 직장상사

어울리는 화이트 와인

폭넓은 관계를 맺고 싶을 때_ 뫼르소 Meursault, 부르고뉴 와인

자신감과 재능을 드러내고 싶을 때_ 코르시카Corse 화이트 와인

어울리는 레드 와인

이상적인 사위임을 보여주고 싶을 때_ 생테밀리옹Saint-Émilion, 보르도 와인

신뢰감을 주고 싶을 때_ 방돌Bandol, 프로방스Provence 와인

현실적이고 이성적인 면을 알리고 싶을 때_ 시농Chinon, 부르괴이Bourgueil, 루아르 와인

솔직함과 정직성을 보이고 싶을 때_ 모르공 Morgon, 보졸레Beaujolais 와인

친구들과 마시는 식전주

어울리는 와인

잘 알려지지 않았지만 괜찮은 와인_ 투렌Touraine의 자니에르Jasnières,
베르주라크Bergerac의 카디야크Cadillac, 리코릭 보르도 와인으로 자동차 마니아에게 추천,
캐딜락의 프랑스발음이 카디야크이다와 페샤르망Pécharmant, 허물없는 친구들과 마실 때,
요즘 거의 재배되지 않는 포도 품종으로 만든 화이트 와인프랑스 남서부 모자크
Mauzac과 레드 와인프랑스 남서부 쥐랑송Jurançon, 코르시카의 니엘루치오 Nielluccio
품질에 비해 저평가된 와인_ 뮈스카데 쉬르 리 Muscadet sur lie, 루아르 지방,
반드시 이름 있는 와이너리에서 구입, 시루블 Chiroubles, 보졸레 와인
여름에 마시면 좋은 와인_ 프로방스 로제 와인
소파에 앉아 편하게 마실 만한 와인_ 리오하 Rioja, 스페인 레드 와인

어울리지 않는 와인

마트에서 산 보르도 와인_ 괜히 잘난 척하는 구두쇠로 보이기 쉽다.
향을 첨가한 와인_ 와인을 마실 줄 모르는 사람들이나 마시는 와인이다.

중요한 행사

축하 블랑 드 블랑 Blanc de blancs 샴페인샤르도네 단품종 샴페인
아기 탄생 필리니몽라셰 Puligny-Montrachet, 부르고뉴 화이트 와인
사랑을 약속 포마르 Pommard, 부르고뉴 레드 와인
청혼 샹볼뮈지니 Chambolle-Musigny, 부르고뉴 레드 와인
친구와 좋은 시간 코트로티Côte-Rôtie, 론Rhône 레드 와인
생일파티 포이약 Pauillac, 생쥘리앵 Saint-Julien,
마르고 Margaux, 보르도 레드 와인
자축 바롤로 Barolo, 이탈리아 피에몬테Piemonte

 혼자 마실 때는?

혼자라면 마시다 남은 와인을 마시는 게 좋다. 남은 와인을 마셔버리자
는 의미보다는 시간에 따른 와인의 변화를 분석할 수 있는 기회이기 때
문이다. 게다가 좋은 와인을 새로 개봉하면 즐거움을 함께 나눌 사람이
없어 더 고독해질 수도 있다.

와인은 언제 따는 게 좋을까?

마시기 직전에
드라이한 화이트 와인, 과일향 나는 화이트 와인, 가벼운 레드 와인, 펄 와인 pearl wine, 약스파클링 와인, 스파클링 와인 그리고 클래식한 샴페인. 글라스에 따르는 것만으로도 산소와 접촉하여 향이 발산된다.

마시기 1시간 전에
화이트, 레드와인에 상관없이 스파클링 와인 제외 거의 모든 와인은 마시기 1시간 전에 개봉하는 것이 좋다. 코르크 마개를 제거하고 병을 선선한 곳에 둔다.

마시기 3시간 전에
프랑스, 칠레, 아르헨티나의 어린 풀바디 full bodied 레드 와인, 이탈리아, 스페인, 포르투갈의 타닌이 강한 풀바디 와인. 이렇게 강한 와인 중 특히 아주 어린 와인은 식사 6시간 전에 개봉하거나 3시간 전에 카라프에 옮겨 붓는다.

와인과 산소

산소는 와인에게 없어서는 안 될 친구인 동시에 가장 나쁜 적이다. 산소를 만나면 와인은 변화하고 성장하고 또 늙어간다. 이렇듯 산소는 와인을 빨리 변화시키는 요인이다.

와인과 공기
와인은 숨을 쉰다_ 병 속 와인은 코르크 마개와 와인 사이에 있는 작은 공기층을 통해 산소와 계속 접촉한다.
글라스에 따르면 와인은 더 많은 공기와 만난다. 이때 다양한 향들이 발산되고, 타닌의 뻑뻑한 느낌이 풀어지며 부드러워진다. 라이트바디 와인은 이 정도로도 충분히 브리딩 breathing이 된다.

오래된 와인과 공기
병 속에서 충분한 시간 동안 부케와 타닌이 숙성된 오래된 와인은 브리딩할 필요가 없다. 오히려 급하게 산소와 접촉하면 산화에 약한 오래된 와인의 향이 죽어버린다.

와인과 카라프
어떤 와인은 브리딩을 좀더 확실히 해야만 열리고 맛과 향이 살아나기 때문에 카라프가 필요하다. 와인을 카라프에 옮겨 산소와 접촉시키면 와인의 맛과 향이 좀더 밀도 있고 복잡해지며, 입 안에서 부드럽게 녹아든다. 화이트 와인과 샴페인도 브리딩을 할 수 있다. 화이트 와인은 레드 와인보다 산소에 민감해 대부분 브리딩을 하지 않지만, 오크통에서 숙성되어 기름지고 농도가 진하고 부드럽 강한 화이트 와인 캘리포니아 · 부르고뉴 · 론의 유명 화이트 와인이나 일부 고급 샴페인은 카라프로 잠시 공기와 접촉하면 훨씬 좋아진다.

카라파주와 디캔팅

카라파주carafage를 하는 이유가 와인을 산소와 접촉시키기 위해서라면, 디캔팅decanting은 와인 병 바닥에 가라앉은 침전물과 와인을 분리하기 위한 것이 목적이다. 따라서 어린 와인은 카라파주, 오래된 와인은 디캔팅을 한다. 두 경우 모두 와인 병의 내용물 전체를 카라프에 옮겨 붓는 것은 같다.

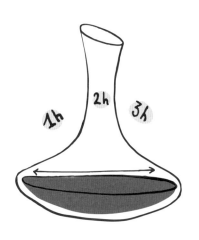

어린 와인의 카라파주

카라파주를 하는 이유는?
와인 향을 깨우기 위해서이다. 또한 카라파주를 하면 어린 레드 와인에서 나타나기도 하는 환원취밀봉상태에서 생기는 냄새를 제거할 수 있다.

카라파주를 하는 방법은?
와인이 얼마나 강한지에 따라 마시기 1시간 또는 2~3시간 전에 병에 든 와인을 카라프에 옮겨 붓는다. 병을 높이 들어 따르면 산소와의 접촉 효과를 최대로 얻을 수 있으며, 카라프에 부은 후 세게 흔들면 뭉쳐 있던 와인 향이 풀어진다.

어떤 카라프를 이용하는가?
와인과 공기가 넓게 접촉할 수 있는 몸통이 넓고 바닥이 평평한 카라프를 이용한다.

오래된 와인의 디캔팅

디캔팅을 하는 이유는?
디캔팅은 반드시 해야 하는 것은 아니며 주의가 필요하다. 시간이 흐르면서 와인 병 속의 타닌과 색소가 바닥에 가라앉아 침전물이 생긴다. 디캔팅은 글라스에 이런 침전물이 들어가는 것을 막아준다.

디캔팅을 하는 방법은?
식사 몇 시간 전에 와인 병을 바로 세워 침전물을 병 바닥에 모두 가라앉힌다. 그 다음, 밝은 조명 아래에서 와인을 카라프에 아주 조심스럽게 붓는다. 와인 병 입구에 거무스름한 색깔이 보이면 바로 멈춘다. 디캔팅을 한 와인은 바로 마셔야 하므로 식사 몇 분 전에 디캔팅해야 한다. 이 과정에서 산소와 접촉한 와인이 금세 변질될 수 있기 때문이다.

어떤 카라프를 이용하는가?
폭이 좁고, 몸통이 많이 나오지 않은 카라프를 이용한다. 입구가 좁아 와인과 공기의 접촉을 최소한으로 줄일 수 있다.

마시기에 알맞은 와인 온도는?

와인의 온도는 와인 향뿐만 아니라 와인을 음미할 때 식감에도 영향을 미치므로 중요하다. 간단한 테스트를 통해 온도에 따른 맛의 차이를 금방 알 수 있다. 같은 와인을 각각 8℃, 18℃로 온도를 달리해서 마셔보자. 마치 전혀 다른 두 종류의 와인처럼 느껴질 것이다. 적정온도가 아닌 와인은 불쾌감마저 주므로 온도 조절에 신경써야 한다.

따듯한 와인

와인이 따듯하면 일부 향이 강하게 나고, 바디감과 알코올 냄새가 많이 느껴진다. 적정온도보다 따듯한 와인은 메스껍고, 무거우며, 텁텁하다.

왜 적정온도는 와인마다 다를까?
왜냐하면 각 와인 특성에 맞는 온도가 다르기 때문이다. 향이 적은 드라이 화이트 와인은 새콤하고 시원한 맛에 마시므로 시원하거나 차갑게 해야 한다. 스파이시하고 강한 레드 와인은 타닌을 부드럽게 하여 순한 맛을 내야 하므로 실내온도와 거의 비슷한 상태로 마신다.

차가운 와인

와인이 차가우면 향은 사라지고 신맛과 타닌이 강해진다. 적정온도보다 차가운 와인은 떫고, 딱딱하며, 향도 별로 나지 않는다.

20℃ 이상_ 어떤 와인도 적합하지 않다.

16~18℃_ 풀바디 레드 와인

14~16℃_ 실크처럼 부드러운 과일향 레드 와인

11~13℃_ 풀바디 화이트 와인, 고급 샴페인, 라이트바디 레드 와인

8~11℃_ 리코뢰 와인, 주정강화 와인 일반와인에 브랜디를 넣어 발효를 정지시켜 알콜도수를 높인 와인, 로제 와인, 과일향 화이트 와인

6~8℃_ 스파클링 와인, 샴페인, 톡 쏘는 드라이 화이트 와인

 지나치게 따듯한 와인보다는 지나치게 찬 와인이 낫다

와인을 글라스에 따라 놓으면 온도가 상승하기 때문에 지나치게 시원한 와인을 내놓는 것이 낫다 대개 글라스에 따른 후 15분이면 약 4℃가 상승한다.

 와인 용어

샹브레chambrer는 무슨 뜻일까? 와인 온도를 실내온도에 맞춘다는 뜻이다. 다만, 이 용어가 쓰이기 시작한 시기의 실내온도가 약 17℃였다는 사실을 잊지 말자.

와인을 빨리 차갑게 하려면?

일반적으로 와인은 서늘한 곳이나 좀 차가운 곳에 보관한다.

즉, 15℃ 정도가 가장 이상적인 보관온도이며, 최대 18℃를 넘지 않아야 한다.

보관온도가 높아 와인이 따뜻할 때는 다음 방법으로 와인을 빨리 적정온도로 낮출 수 있다.

1시간도 채 남지 않았을 때

아이스버킷에 찬물을 절반 정도 넣고 나머지 절반을 얼음으로 채운다. 그 다음 소금을 한 주먹 섞는다. 소금이 와인 온도를 좀더 빨리 낮춘다.

2~3시간 정도 여유가 있을 때

와인을 냉장고에 넣어 적정온도에 맞춘 후 마신다.

1시간 정도 여유가 있을 때

와인을 얼음물에 넣어둔다. 냉동실에 넣는 것과 거의 효과가 비슷하다.

또는 찬물에 흠뻑 적신 수건으로 병을 감싼 후 냉장고에 넣는다. 젖은 수건이 냉각 효과를 높인다.

파티를 하는 동안에

선물 받은 와인은 어떻게 해야 할까?

손님이 와인을 선물하면 어떻게 해야 할까? 우선 감사 인사를 하고 손님의 분위기를 살핀다. 자기가 가져온 와인을 마시고 싶어하는 눈치면 그대로 따라주는 게 좋다. 만약 식사에 어울리지 않는 와인이면 따로 보관하고 미리 준비한 와인을 내놓는다.

만일 손님이 "좋은 와인이라 나중에 마시는 것이 좋다"고 하면, 와인을 잘 보관했다가 훗날 다시 만나 같이 마시자고 제안한다그리고 약속을 지킨다. 만일 손님의 의사를 알 수 없다면 그 와인이 요리와 어울리는지 스스로 판단한다.

와인이 어울리지 않을 때

와인이 모임 성격과 어울리지 않을 때예를 들어, 물컵을 사용하는 격의 없는 자리에 최고급 와인을 가져온 경우_ 잘 보관했다가 나중에 그 와인과 어울리는 식사를 할 때 꺼낸다.

와인이 준비한 요리와 어울리지 않을 때생선요리인데 강한 레드 와인 또는 소고기 스테이크인데 화이트 와인을 가져온 경우_ 역시 보관했다가 나중에 와인과 궁합이 맞는 음식을 준비해서 같이 마신다.

와인이 어울릴 때

샴페인 또는 스파클링 와인

와인이 시원하다면 개봉해서 식전주로 내놓는다.

시원하지 않다면 보관했다가 다음 기회에 마신다.

전채요리와 어울리는 와인이라면 앞서 설명한 급속냉각 방식으로 와인을 빨리 차갑게 한다.19p. 참고

만약 달콤한 스파클링 와인이라면 냉장고에 넣어두었다가 디저트와 함께 내놓는다.

드라이한 화이트 와인

와인이 차갑지 않고 전채요리로 식초가 들어간 새콤한 샐러드를 내지 않는다면, 급속냉각시켜 전채요리와 함께 마신다.

주요리가 생선요리, 흰살 고기요리, 토마토가 들어가지 않은 파스타라면 내놓는다.

식후에 치즈와 함께 내놓는다.

레드 와인

주요리가 붉은살 고기요리, 붉은 소스가 들어간 음식이라면, 와인 병을 시원한 창가에 두거나 냉장고에 30분 정도 넣어두었다가 주요리와 함께 내놓는다.

 어울리는 와인을 선물하려면

초대받은 자리에 어울리는 와인을 선물하고 싶다면, 약속 전날 초대한 사람에게 전화해 모임 성격과 음식에 대해 물어본 후 와인을 선택한다. 이는 센스가 돋보이는 방법이다.

 리코뢰 화이트 와인

냉장고에 넣었다가 디저트와 함께 내놓는다.

와인을 마시는 올바른 순서는?

와인을 마시는 순서는 중요하다. 뒤에 마시는 와인이 바로 앞에 마신 와인의 풍미를 망쳐서는 안 되기 때문이다. 와인의 특성을 고려해 미각의 즐거움을 놓치는 실수를 하지 않도록 조심해야 한다.

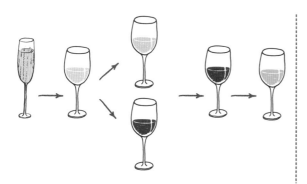

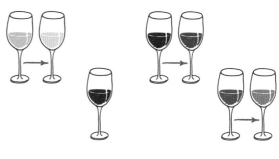

새콤하고 가벼운 와인에서 시작해 점차 풀바디한 강한 와인을 마시는 것이 일반적인 순서다.

드라이 스파클링 와인 → 드라이 화이트 와인 →
풀바디 화이트 와인, 라이트바디 레드 와인 →
풀바디 레드 와인 → 스위트 와인

와인을 마시는 순서가 잘못된 예
• 매우 스위트한 와인 다음에 매우 드라이한 와인을 내놓는 경우
• 너무 따뜻하거나 무거운 와인으로 파티를 시작하는 경우
• 섬세한 와인 또는 라이트바디 와인 다음에 강한 와인을 내놓는 경우

 어린 와인과 오래된 와인

식사 자리라면 오래된 와인으로 시작해서 어린 와인 순서로 마시는 것이 좋다. 오래된 와인을 나중에 마시면 그 와인의 특징인 섬세함을 놓칠 우려가 있다. 시음회라면 식사를 하지 않아 미각이 살아있기 때문에 반대로 어린 와인에서 오래된 와인으로 가는 것이 바람직하다.

와인을 서빙하는 방법

와인을 따면, 손님에게 서빙하기 전에 자신의 글라스에 먼저 와인을 조금 따르는 것이 와인을 대접하는 예절이다. 이유는 두 가지다. 하나는 병을 개봉하면서 혹시 와인 속에 빠졌을 수도 있는 코르크 조각을 걸러내기 위해서이고, 이보다 더 중요한 이유는 변질되지 않았는지 확인하기 위해서다. 물론 와인의 맛을 미리 확인하고 카라프에 옮겨 부었다면 이 단계는 건너뛰어도 좋다.

음식을 서빙할 때처럼 와인도 여성에게_{연장} 자→연소자 먼저 따르고, 그 다음 남성에게_{순서} 동일 따른다.

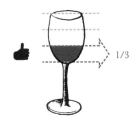
1/3

와인은 글라스의 1/3 이상 따르지 않는다. 손님에게 와인을 많이 주는 게 아까워서가 아니라, 와인이 숨을 쉬고 향을 충분히 발산시키기 위해서이다. 이렇게 하면 최적의 조건에서 손님들이 와인을 맛볼 수 있다.

와인을 마시던 글라스에 물을 마시지 않도록 물컵을 따로 놓는다.

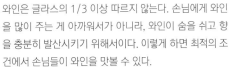

손님의 글라스가 비기 전에 와인을 더 드시겠냐고 물어본다. 거절하면 강요하지 않는다. 와인은 마지막 잔을 제외하고는 글라스가 비기 전에 첨잔하는 것이 원칙이다.

와인 방울이 <u>흐르</u>지 않게 하려면?

술을 따른 후 와인 방울이 병을 따라 흘러내려 식탁보에 떨어지는 일이 많다. 지우기 힘든 얼룩을 피할 방법을 소개한다.

병받침을 놓는다 테이블에 와인 병을 올려놓는 받침을 놓는다. 시중에서 스테인리스나 은으로 된 예쁜 병받침을 쉽게 구할 수 있고, 커피잔 받침을 이용해도 된다. 방울이 흘러도 받침이 있으니 식탁보 얼룩을 걱정하지 않아도 된다. 다만 와인을 따른 후 와인병을 받침 위에 올려놓는 걸 잊지 않아야 한다.

액세서리를 이용한다 흐르는 와인 방울을 흡수하거나 제거하는 여러 가지 액세서리가 있다. 병 목에 끼우는 와인 링은 안쪽이 벨벳으로 되어 있어 와인 방울을 흡수한다. 얇은 금속판을 둥글게 말아 병 입구에 밀어넣는 푸어러_{pourer}의 일종인 드롭스톱_{drop stop}도 사용이 간편하다. 와인을 따르고 병을 세우면 와인이 흘러내리지 않는다.

손을 이용한다 약간의 기술이나 연습이 필요한 방법이다. 와인을 따른 다음 병을 들면서 손목을 이용해 살짝 돌린다. 그러면 따르면서 맺혔던 와인 방울이 병 안으로 다시 흘러들어간다.

이럴 땐 어떻게 해야 하는가?

와인 맛이 이상하다?

우선 와인이 변질되어 이상한지 p.50 참조 아니면 그냥 값싼 와인이어서 그런 것인지 확인해야 한다.

시큼한 냄새가 난다? 식초로 쓰거나 아니면 버리기.

부쇼네가 되었다? 브리딩을 한 후 몇 분 뒤 다시 마셔본다. 가끔 코르크 냄새가 옅어져 마실만해지기도 한다. 그래도 냄새가 심하면 버리기.

싸구려 와인이다? 버리지 않고 활용할 수 있는 몇 가지 아이디어 소개.

화이트 와인이라면

키르kir 과일 리큐어나 시럽을 넣어 만든다. 크렘 드 카시스crème de cassis를 사용해야 정통 키르이지만 라스베리, 복숭아, 바이올렛, 밤, 블랙베리 리큐어를 사용해도 괜찮다.

키르 로열kir royal 스파클링 와인을 사용.

키르 솔레이kir soleil 로제 와인에 자몽 시럽을 섞는다. 여름에 인기가 많다.

칵테일 화이트 와인에 오렌지껍질 간 것, 오렌지주스, 그랑 마니에Grande Marnier를 섞는다.

레드 와인이라면

상그리아 여름에 과일과 계피를 넣어 만든다. 설탕, 탄산수, 포트와인을 넣어도 된다.

뱅쇼 겨울에 계피, 정향, 설탕, 오렌지 1/4쪽을 넣고 끓여서 만든다.

디아볼로 피나르diabolo pinard 레모네이드와 섞는다.

칼리무초calimucho 레드 와인 50%, 콜라 50%을 섞는다.

코뮈나르communard 화이트 와인처럼 레드 와인으로 키르를 만든다.

몇 병을 준비해야 할지 모른다면?

일반 와인병 75cl=750㎖으로는 6잔을 따를 수 있고약 120㎖/컵, 샴페인 글라스로는 7잔이 나온다. 모임이 언제 끝날지, 각자 집에 돌아갈 교통편은 확보되었는지, 아주 늦게 끝나는지 등을 고려하여 한 사람이 3잔에서 최대 1병까지 마신다고 예상하여 준비한다. 손님의 건강을 염려하고 친구들의 술주정을 보고 싶지 않다면 먹을거리를 꼭 준비한다.

와인을 시원하게 할 아이스 버킷이 없다면?

작은 카페에서 자주 일어나는 일이다. 카페 주인에게 얼음을 달라고 부탁한다. 빈 와인글라스에 얼음 1~2개를 넣고 돌려서 잔 안쪽을 차갑게 한다. 잔이 차가워져 김이 서리면 얼음을 다시 그릇에 쏟고 와인을 따른다. 유리잔의 냉기가 와인에 전해져 와인 온도가 3분 안에 몇 도 떨어진다. 와인을 잔으로 주문했을 경우에는 와인글라스를 하나 더 부탁하여 위의 방식대로 하면 된다.

와인글라스가 없고 컵밖에 없다면?

와인을 아직 구매하지 않았다면, 과일향이 풍부하고 부드러운 품종의 와인을 추천한다. 판매원에게 「탄산 침용 Carbonic Maceration」을 한 와인을 추천해달라고 부탁한다. 탄산 침용은 과일향을 끌어올리고 타닌을 부드럽게 하는 양조방식이다.

블라인드 테이스팅 준비

블라인드 테이스팅의 재미는 향과 맛만으로 와인을 구분하는 데 있다.

처음 해보는 사람은 서로 특징이 다른 2종류 와인으로 시작하는 것이 좋다. 경험이 쌓이면 좀더 어려운 테이스팅도 가능하다. 블라인드 테이스팅을 할 때는 비슷한 가격대의 2종류 와인을 선택한다. 중간 가격대의 일반적인 와인은 10EUR 정도, 고급 와인은 25EUR 정도이다.

초보자용 와인

고급 레드 와인

25EUR / 병

보르도Bordeaux 와인 vs. 부르고뉴Bourgogne 와인.
빈티지가 비슷한 것을 고른다. 일반적으로 두 와인은 맛과 향에서 차이를 금방 느낄 수 있다. 부르고뉴 와인은 체리, 딸기, 말린 자두, 버섯 등의 향이 더 분명한 반면, 보르도 와인은 카시스Cassis 같은 검은 열매향, 바이올렛 같은 꽃향, 담배와 가죽 냄새가 나서 더 어둡다. 마셔보면 보르도는 부르고뉴보다 훨씬 균형이 잡혀 있고 타닌 맛이 강하다. 반대로 부르고뉴의 피노Pinot 품종은 좀더 새콤하고 섬세하며 하늘거리는 맛이 난다.

일반 레드 와인

10EUR / 병

부르괴이Bourgueil 와인 vs. 케란Cairanne 와인.
부르괴이는 루아르 밸리Loire valley의 카베르네 프랑Cabernet franc 품종인 반면, 케란은 코트뒤론Côtes-du-Rhône 남부지방 와인으로 대부분 시라Syrah 품종과 그르나슈Grenache 품종으로 만든다.
부르괴이 와인은 산과앵도, 라즈베리, 감초, 파프리카 향이 나며, 한 모금 마시면 시원함과 상큼함이 느껴진다. 반면 케란 와인은 잘 익은 블랙체리, 블랙베리, 후추 등 다양한 향신료 향이 난다. 입에서는 따뜻함과 달콤함이 느껴지고, 유연하고 좀더 강한 느낌을 준다.

화이트 와인

12~15EUR / 병

보르도 와인 vs. 부르고뉴의 코트 드 본Côte de Beaune 와인.
보르도 와인의 품종은 소비뇽Sauvignon과 세미용Sémillon 또는 뮈스카델Muscadelle 이고, 레몬, 보리수나무, 때때로 파인애플 향이 강하게 난다. 반대로 부르고뉴 와인의 주품종인 샤르도네Chardonnay는 향이 강하진 않지만 아카시아, 레몬맛 머랭, 버터향을 느낄 수 있다. 마셔보면 보르도 와인은 새콤하고 시원한 반면, 부르고뉴 와인은 좀더 크리미하고 풍부하며 입 안에서 부드러운 풍미를 느낄 수 있다.

빈티지가 다른 와인

어린 와인은 10EUR / 병
오래된 와인은 18EUR / 병

어린 와인 vs. 오래된 와인.
같은 지방, 같은 원산지 표시가 된 2종의 와인을, 최대한 거리를 좁혀 선택한다 보르도 와인보다는 포므롤Pomerol 와인 중에서 고르고, 부르고뉴 와인보다는 샤블리Chablis 와인 중에서 고른다. 그리고 되도록 같은 와이너리에서 생산된 와인을 고른다. 빈티지가 최소 5년 이상 차이나야 한다. 어린 와인에서는 과일향과 꽃향, 때로는 나무향을 느낄 수 있다. 오래된 와인은 과일향이나 나무향은 적게 나는 대신 가죽, 담배, 버섯, 동물의 털냄새가 난다. 어린 와인이 즐거운 느낌, 오래된 와인은 좀더 평온한 느낌이다.

경험이 풍부한 애호가용 와인

동일한 AOC의 다른 와인

AOC Appellation d'Origine Controlee, 원산지 통제명칭, 와인의 포도가 재배된 지역이나 지방이 같은 여러 종류의 부르고뉴 화이트 와인을 비교한다. 예를 들어 샤블리 와인, 뫼르소Meursault 와인, 생베랑Saint-Véran의 차이를 비교한다. 샤블리는 명확함, 뫼르소는 풍부함, 생베랑은 귀여움을 느낄 수 있다. 아니면 지롱드Gironde 강 연안의 와인들을 비교하는 것도 재미있다. 메도크Médoc 와인의 우아한 바디와 사랑스런 부드러움이 돋보이는 생테밀리옹Saint-Émilion 와인을 비교해본다.

같은 품종으로 만든 여러 나라 와인

부르고뉴, 남아프리카공화국, 미국 오리건 주에서 재배한 피노 누아Pinot noir 품종 와인을 서로 비교하고, 드라이한 맛, 따뜻한 맛 그리고 약간의 단맛을 구분해본다.

전문가용 와인

빈티지가 다른 같은 와이너리의 와인

빈티지가 다른 같은 와이너리의 와인 3병을 준비하여 와인의 온기, 산도, 숙성도에 따라 빈티지를 알아맞혀본다.

테루아가 다른 와인

알자스Alsace 지방 북쪽에서 남쪽에 걸쳐 테루아Terroir가 서로 다른 3병의 리슬링Riesling 와인을 준비한다. 예를 들어, 같은 최고급 키르히베르크Kirchberg 와인이지만 각각 리보비예Ribeauvillé, 소머베르그Sommerberg , 키테를레Kitterlé에서 생산한 와인을 준비한다.
테루아는 쉽게 말해 포도가 자란 지역이다. 포도재배에 영향을 주는 지리적·기후적 요소, 포도재배법 등을 모두 포괄한다.

희귀한 특이 와인

각각의 특성과 이미지가 서로 다른 와인을 시음한다. 예를 들어, 부르고뉴 지방 와인 중 유일하게 소비뇽 품종으로 생산하는 생브리Saint-Bris 와인, 신선함이 돋보이는 화이트 와인이 소량 생산되는 랑그도크루시용Languedoc-Roussillon 지방 리무Limoux의 샤르도네 품종 와인, 쥐라Jura의 블랑 드 블랑Blanc de blanc 크레망, 와인의 힘이 워낙 강해 프랑스 남서부 해안지방에서 생산된 와인으로 헷갈릴 수 있는 오래된 방돌Bangdol 와인, 보르도 방식으로 오크통에서 와인을 오랫동안 숙성시킨 캘리포니아산 카베르네 소비뇽Cabernet sauvignon 와인 등.

세계의 건배사

Cheers!
치어스
영어

¡Salud!
살룻
스페인어

Saúde!
사우지
포르투갈어

Na zdorovie!
나 즈다로비예
러시아어

Tchin, tchin!
친친
퀘벡어

Salute!
살루떼
이탈리아어

Yamas!
야마스
그리스어

Prost!
프로스트
독일어

건배!
한국

Skål!
스콜
덴마크어

Saha!
사하
시리아어

Mazel Tov!
마젤 토브
히브루어

Manuia!
마누이아
타히티어

干杯!
간베이
중국어

Egészségedre!
에기쉬게드레
헝가리어

왜 술잔을 부딪히는가?

중세에 시작된 풍습이다. 그 당시에는 적을 없애는 데 독약을 흔히 사용했기에 잔을 부딪쳐 참석자들의 선의를 확인했다. 잔을 세게 부딪치면 잔 속 내용물이 조금이라도 남의 잔에 들어가 섞일 수 있기 때문에, 이런 상황에서 옆 사람의 잔에 독을 타는 위험을 감수할 사람은 없었다. 그러므로 잔을 부딪치는 행동은 상대방을 믿는다는 의미다.

친친! Tchin, tchin!

건배할 때 술잔을 부딪치면서 「친친」이라고 하는데, 이 표현의 기원에는 다양한 설이 있다. 잔을 부딪칠 때 나는 소리라는 설도 있고, 술을 권하는 중국어 「칭칭請請」에서 온 말이라는 설도 있다. 중국어 칭칭은 나폴레옹 3세 시대에 프랑스에 전해졌다고 한다.

와인과 종교

기독교

기독교 의식에서 와인은 중요한 자리를 차지한다. 예수 그리스도가 행한 첫 번째 기적도 가나의 혼인잔치에서 물을 포도주로 바꾼 것이다. 예수는 빵과 포도주를 하나님과 사람을 이어주는 상징물로 삼았다. 예수는 주일 성찬례에서 포도주는 자기의 피라고 했다. 「그는 잔을 가져와 제자들에게 주시면서 말씀하시기를, 너희가 다 이것을 마셔라. 나의 피니라.」라고 했다. 하지만 과음과 술에 취하는 것은 질책했다.

유대교

유대교의 결혼식과 할례식에서 와인은 의식의 시작과 끝을 장식한다. 안식일을 시작할 때는 포도주잔 키두쉬kiddouch를 들고 「세상의 왕이며 포도나무를 창조하신 신」께 감사드린다. 유대교의 최대 명절인 유월절 만찬에서는 4잔의 포도주를 마셔야 한다. 그러나 유대교 역시 술로 인한 과음, 방탕, 우상숭배 등을 경계한다.

이슬람교

이슬람교는 와인에 대해 양면적인 태도를 취하고 있다. 와인은 「우유와 포도주가 강물처럼 흐르는 천국」에서 약속된 진미였고, 코란시대 초기에는 와인이 어느 정도 허용되었다. 하지만 곧 음주는 죄악시 되었고 술은 사람들을 기도에서 멀어지게 하는 불경한 음료가 되었다. 「신께서 와인을 저주하셨다.」 율법은 시대와 정치적 경향에 따라 다르게 해석되기도 했지만 이슬람에서는 음주 자체를 절대적으로 금지하고 있다.

동아시아의 종교

힌두교에서는 음주가 허용되지만, 불교는 명시적으로 금지하고 있다. 반면 중국의 도교道敎에서는 술과 술을 마시고 취하는 것을 삶의 일부로 여겼고, 일본의 신도神道에서는 쌀로 빚은 술을 결혼식이나 제례에 사용한다.

와인을 표현하는 다양한 말들

사람들과 어울리다보면 와인을 잘 알진 못해도 와인을 멋있게 표현하고 싶을 때가 있다.
아래 표현 중 몇 개를 골라 여러 차례 연습하고 외워보면 어떨까?
언젠가 와인전문가를 만날 기회가 있을 때 와인에 대해 자신의 의견을 이야기해보자.

향이 품격 있고
입 안에선 진하면서도
균형잡히고 여운이 길고 깊어.

첫맛이 부드럽고
여운이 길게 남는 것이
칭찬할 만하네.

원산지의 특성이
잘 드러나는
와인이야.

숙성이
아주 잘된
와인이군.

광물 성분이
특히 돋보이는
와인이군.

이 와인 성격 있네!
전체적으로 입에 감기는
풍부하고 조화로운 맛도 좋고
여운도 오래가!

진한 향이 가진 힘이 느껴져.
타닌 덕분에 입 안에서
축 처진 느낌 없이
질감이 명쾌한 바디를
느낄 수 있어.

색이 깊고 아름다워. 향도
화려하고 풍미가 깊어 충분히
숙성됐다는 걸 알 수 있어.
입 안에 가득 차는 바디감이
있으면서도 질감은 실크처럼
매끄러워.

꽉 차고
균형잡힌
와인이야

색이 깊고,
과일향에 풍부한
질감을 느낄 수 있어.
다양한 풍미를 가진
와인이야!

풍미가 풍부해서
앞으로 몇 년 지나면
더 좋은 와인이
되겠어.

맛이 진하고 색도 훌륭하군.
부드러우면서도 세련됐어.
솔직하고 직접적이야.

향은 아직 제대로
발산되진 않지만
순수함이 흠뻑 느껴지네.
브리딩하면
맛이 상당하겠는걸!

품종 특유의 특성이
잘 살아있는 게
와인메이커의 뛰어난
솜씨를 엿볼 수 있군.

테루아가
물씬 풍기는 게
환상적이야!

색이 깊고, 과일향에
입 안에선 풍부한
질감을 느낄 수 있어.
다양한 풍미를 가진
와인이야!

파티가 끝난 후에

얼룩 제거하기

멋진 저녁 파티였는데 가장 아끼는 옷에 와인이 쏟아져 얼룩이 졌다. 이럴 땐 어떻게 해야 할까?

레드 와인 또는 로제 와인이라면 빠른 처치가 필요하다.
와인을 쏟은 지 얼마 안 됐을 때10분 미만는
응급처치로 알려진 아래 방법들은 절대 시도하지 않는다.

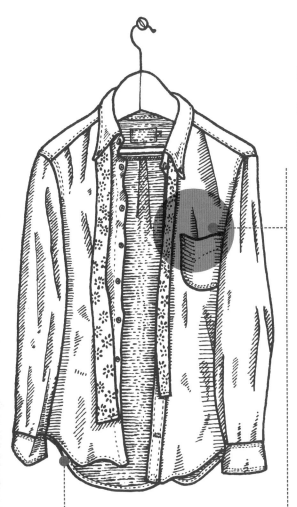

▶ 소금_ 옷이 탈색되고 섬유를 태워 결국 얼룩이 지워지지 않는다.

▶ 뜨거운 물_ 섬세하고 다루기 까다로운 천이라면 더욱 피해야 한다.

▶ 표백제나 베이킹소다_ 흰색 옷이 아니라면 사용하지 않는다.

우선 종이타월로 와인을 최대한 흡수시킨다. 그 다음에 **화이트 와인**을 이용해 얼룩을 제거한다. 마시다 남은 화이트 와인이 있다면 가장 좋다. 없으면 새 화이트 와인을 따서 대야에 붓고, 와인이 얼룩진 옷을 담가둔다. 1~2시간 이상 담가두는데, 가끔 얼룩을 손으로 비벼준다. 그 다음 세탁기에 빤다.

또다른 방법은 와인 얼룩 **세정액을 만들어** 사용하는 것이다. 빈 병에 물 1/3, 청소용 알코올 1/3, 화이트 와인 식초 1/3을 섞으면 완성. 미리 세정액을 만들어 놓고 찾기 쉬운 곳에 두면 사고가 일어났을 때 빨리 대처할 수 있다. 세척 방법은 화이트 와인을 이용한 방법과 같다. 세정액을 대야에 붓고 옷을 담가두었다가 세탁기에 빤다.

와인 얼룩이 잘 지워지지 않는 이유는 안토시아닌 때문이다. 두 방법 모두 와인과 식초에 함유된 산성과 알코올이 용매와 탈색제로 작용해 안토시아닌을 용해시키기 때문에 얼룩이 잘 빠지게 된다.

화이트 와인이나 샴페인이라면
크게 걱정할 필요 없다. 얼룩이 잘 보이지 않으며, 최악의 경우 누래질 수는 있지만 일반 세탁으로 쉽게 제거된다.

이미 시간이 지난 와인 얼룩이라면
얼룩을 건드리지 말고 바로 가까운 세탁소에 맡기는 것이 가장 좋다.

와인글라스 세척하기

제대로 닦은 와인글라스란 어떤 상태를 말할까? 당연히 와인 얼룩이 없고, 무엇보다 와인 냄새가 완전히 사라져야 제대로 세척한 깨끗한 글라스이다.

세척

주방용 세제로 글라스를 직접 닦거나, 세제 거품을 글라스에 잠시 부어놓았다가 닦으면 깨끗해진다. 하지만 다음에 와인을 마실 때 세제 냄새가 난다.

주방용 세제를 많이 넣고 식기세척기에 세척하면 글라스에 좋지 않은 잔향이 남으며, 와인을 마실 때 쓴맛이 난다.

파티가 끝나자마자 와인글라스를 뜨거운 물로 닦는다. 주방용 세제를 사용할 필요도 없다. 스펀지로 립 부분만 살짝 문지른 후 식기건조대에 말리거나, 바로 행주로 물기를 제거한다. 이때 립 부분에 남아 있을 수 있는 입술 자국을 잘 닦는다. 물이 뜨거울수록 글라스에 물 얼룩이 남지 않고 말끔하게 건조된다.

정리

글라스가 마른 후, 와인글라스 정리용 레일이 있다면 거꾸로 걸어 정리한다. 수납장에 정리할 때는 베이스_{둥근 받침 부분}가 밑으로 오게 세워서 정리한다.

종이박스에 담아서 정리하면 종이 냄새가 글라스에 배게 되므로 피한다. 달리 방법이 없다면 글라스를 반드시 물로 헹군 후 사용한다.

수납장에 보관할 때는 절대로 글라스를 거꾸로 세워서 보관하지 않는다. 바닥을 통해 수납장 냄새가 글라스에 배게 되고, 다음에 와인을 마실 때 와인에서 수납장 냄새가 난다.

남은 와인 보관하기

파티가 끝났는데 아직 와인이 병에 남아 있다면? 비우기 위해 억지로 마실 필요는 없다. 반쯤 남은 화이트 와인은 병 입구를 꼭 막으면 냉장고에 2~3일 정도 보관할 수 있다. 레드 와인은 서늘하고 직사광선이 비치지 않는 장소에 보관하면 3일 정도는 문제 없으며, 냉장고에서는 4~5일도 보관할 수 있다.

병에 남은 와인의 양, 즉 병 안에 있는 공기의 양에 따라 보관기간이 달라진다. 와인이 많이 남아 있을 수록 오래 보관할 수 있다.

만일 와인이 거의 남아 있지 않다면, 병 속 공기가 와인 전체를 금방 산화시켜 마실 수 없게 된다.

와인샵에서 파는 여러 도구를 이용하면 와인의 보관기간을 3~4일 정도 더 늘릴 수 있다.

코르크 마개 또는 와인 스토퍼wine stopper를 이용하는 방법 외에 병 속의 산소를 빼내는 버큠 세이버vacuum saver, 진공펌프도 있다. 또 가스질소 또는 이산화탄소 탱크를 이용하여 병 속에 가스를 채워 산소를 빼내는 와인 프리저버wine preserver도 있다. 샴페인이나 스파클링 와인용 특수마개를 사용하면 최소 48시간 동안 샴페인에서 기포가 빠져나가는 것을 막을 수 있다.

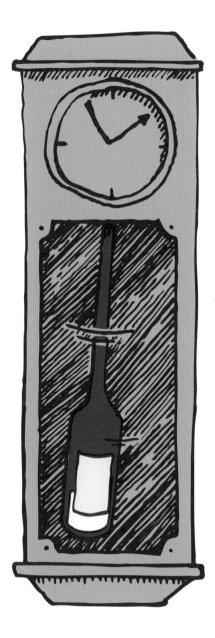

남은 와인으로 요리하기

냉장고에서 넣어둔 지 10일이 넘은 와인은 요리에 이용하면 좋다.

레드 와인 요리

- 레드 와인 소스와 수란
- 레드 와인 소스가 들어가는 모든 요리_ 코코뱅 레드 와인에 삶은 닭고기 요리 , 뵈프 부르기뇽 양파와 레드 와인으로 만든 소고기찜,
  라구 뒤 포브르 옴 뵈프 부르기뇽과 비슷하지만 소고기 대신 돼지비계를 넣고 찌는 요리 등
- 향신료를 넣은 와인 소스 배 요리, 설탕과 바닐라를 넣은 레드 와인 딸기 요리
- 잼

드라이 화이트 와인 요리

- 송아지고기 튀김 요리, 버섯을 곁들인 돼지고기 요리
- 삿갓버섯을 곁들인 닭고기 요리
- 오소부코 송아지 정강이로 만드는 이탈리아식 스튜
- 물 마리니에르 화이트 와인과 양파를 넣은 홍합요리
- 버터와 화이트 와인으로 조리한 가리비 요리
- 리조토
- 삶은 생선 요리
- 참치 스파게티
- 개구리 뒷다리 요리
- 치즈 퐁듀

스위트 화이트 와인 요리

- 사바이옹 달걀 노른자, 설탕, 와인을 넣은 크림
- 스위트 와인을 이용한 배 콩포트
- 과일 샐러드
- 와인이 들어간 사과 가토
- 스위트 와인을 이용한 닭다리 요리
- 푸아그라

샴페인 요리

- 샴페인의 특성에 따라 드라이 또는 스위트 화이트 와인과 같은 방법으로 조리

숙취 예방하기

숙취에 대처하는 단 하나의 효과적인 방법은 숙취가 생기지 않게 하는 것이다.

숙취는 왜 생기는가?
술을 많이 마신 다음 날 두통이 생기고 구토가 나며, 쥐가 나거나 심한 피로감을 느끼는 것은 숙취가 원인이다.
숙취의 가장 큰 원인은 콩팥에서 알코올 성분을 제거하면서 탈수증이 일어나기 때문이다.
또한, 술에 함유된 메탄올, 폴리페놀, 대개 싸구려 술에 많은 이산화황, 식품첨가제 등의 성분들 때문에
혈당 저하 현상이 겹치면서 숙취가 생긴다.

술 마신 날 저녁엔 뭘 해야 하는가?
물을 마신다. 잠자리에 들기 전까지 물을 많이 마신다. 최소 500cc, 가능한 1l의 물을 마시는 것이 좋다.
잊지 않고 물을 많이 마시면 간단하면서도 효과적으로 다음 날 두통을 피할 수 있다.
또 머리맡에 물 주전자와 컵을 두고 자면서 갈증이 나면 바로 물을 마신다.

술 마신 다음 날엔 뭘 해야 하는가?
다음 날 일어나자마자 바나나 또는 비타민C를 섭취한다. 비타민을 보충해주는 것이 중요하지만,
전날 과음을 했다면 술의 산성성분 때문에 위통이 생길 수 있다. 이때는 위통을 악화시키는 오렌지주스는 피하고
단백질, 비타민, 당이 많은 바나나를 선택하는 것이 좋다. 아니면 미네랄이 풍부한 국이나 스프를 마신다.
아연이 많은 굴을 먹는 것도 좋은 방법이다.

복통을 다스리는 방법
복통이 있으면 식용 베이킹소다 1작은술을 물에 타 마신다. 술의 산성성분이 일으키는 복통을 줄일 수 있다.
또는 디톡스차나 캐모마일차를 마신다. 홍차나 커피는 이뇨작용이 강해 탈수현상을 악화시키므로 피한다.
또는 밥을 먹는다. 밥은 위벽에 보호막을 형성하고 하루종일 필요한 에너지원이 될 복합당을 공급해준다.

최후의 수단
보드카아주 약간 베이스에 토마토주스, 샐러리, 타바스코를 섞은 블러디메리Bloody Mary 칵테일을 한 잔 마신다.
토마토에 함유된 비타민C가 기운을 회복시켜주고, 메탄올 함유량이 적은 보드카는 숙취로 인한 고통을 줄여줄 수
있다. 이 방법에 동의하지 않는 사람들도 많다.

"와! 이 와인 좋은데! 무엇보다 마음에 드는 건……"

"뭐가 마음에 드는데?"

"이 냄새가……"

"어떤 냄새?"

"와인 냄새! 아주 좋은 와인 향이야!"

귀스타브Gustave만이 아니라 수많은 사람들이 이런 상황을 경험해봤을 것이다.

와인을 좋아하긴 하는데 아는 게 아무 것도 없어 늘 "맛있다"는 말만 한다. 맛이 있는지 없는지 구별만 할 수 있어도 일단 출발은 괜찮다. 귀스타브는 와인을 마실 때 어떻게 평가하고 표현해야 할지 정말 궁금해하고 배우고 싶어한다. 와인은 사람이 가진 오감 중에서 청각을 제외한 나머지 감각기관을 최대한 이용해 평가한다. 즉, 눈으로 관찰하고, 코로 향을 맡고, 입과 혀로 맛과 질감을 느낀다.

와인 평가란 이 4가지 감각을 이용하여 냄새 맡고, 맛보고 느낀 후 각 단계에 맞는 형용사를 부여하는 것이다. 처음에는 단계별로 한 가지 형용사만 찾아내도 충분하다. 과음하지 않으면서 정기적으로 연습하면 와인 시음과 평가가 별로 어려운 게 아니라는 걸 귀스타브도 깨달을 것이다.

귀스타브는 이제 "오!", "아!" 같은 감탄사만을 내뱉으면서 코를 와인글라스에 들이미는 어설픈 전문가 흉내를 내지 않는다. 그저 그날 저녁에 마실 와인의 특성을 재빨리 판단한 다음 파티를 즐긴다. 한 모금 한 모금 마실 때마다 몇 초 동안 후각과 미각으로 찬찬히 와인을 살피고 어떤 변화가 일어나는지를 관찰한다. 이젠 술을 양으로 마시는 게 아니라 풍미를 즐기는 수준이 된 것이다. 더 이상 겉모양이나 이름으로 와인을 판단하지 않는다. 와인과 서로 인사하고 천천히 알아가는 것이다.

지금부터의 내용을 와인의 맛과 향을 찾아가는 이 세상의 모든 귀스타브에게 바친다.

GUSTAVE

귀스타브, 와인 시음을 배우다

와인의 색
와인의 향
와인의 맛
꿈의 와인을 찾아서

와인의 색

왜 와인애호가들은 마시기 전에 글라스를 들고 바라볼까? 잘난 척하기 위해서도 얼굴을 비추어보기 위해서도 아니다. 와인의 색을 살펴보면 앞으로 여러분이 마시게 될 와인의 상태를 짐작할 수 있기 때문이다. 옷을 사러 가면 대개 매장에 들어가기 전에 쇼윈도에 걸린 옷을 먼저 바라본다. 마찬가지로 와인도 와인의 색을 먼저 바라보는 것이다.

색과 뉘앙스

와인전문가처럼 관찰하기

● 윗면

● 가장자리

와인의 색을 관찰하려면 먼저 하얀 식탁보 위에서 와인글라스를 살짝 기울인 다음 와인의 윗면과 가장자리를 살펴본다. 색의 차이에 따라 와인의 숙성도를 알 수 있다.

와인 색의 뉘앙스 미묘한 차이

자주색

흐린연두색

레드 와인

화이트 와인

오렌지색

오렌지색

레드 와인인데 자줏빛을 띠거나, 화이트 와인인데 흐린연둣빛을 띠면 **어린 와인**이다.

붉은색, 루비색, 석류색이거나, 레몬색, 황금색, 밀짚색 와인은 **절정에 이른 와인**이다. 마시기에 가장 적절한 때이다.

레드 와인과 화이트 와인 모두 붉은벽돌색이나 오렌지색을 띠면 **오래된 와인** 또는 아주 오래된 와인 이다.

와인 용어

화이트 와인은 다음 색을 띤다_ 흐린연두색, 담황색, 레몬색, 밀짚색, 황금색, 적황색, 황갈색, 호박색, 갈색.

레드 와인은 다음 색을 띤다_ 자주색, 진홍색, 루비색, 석류색, 체리색, 다갈색, 적갈색 또는 마호가니색, 붉은벽돌색, 오렌지색, 갈색.

오래된 와인

오래된 와인이라고 해서 반드시 10년 이상 된 와인을 뜻하는 것은 아니다. 와인의 골격에 따라, 보관·취급 방법에 따라 와인의 숙성 속도는 빨라지기도 하고 느려지기도 한다. 온도 차이가 심한 곳에 보관했거나, 공기가 들어간 와인, 직사광선을 받은 와인은 12℃의 와인저장고에 보관한 같은 와인에 비해 빨리 늙는다. 어떤 와인은 만들어질 때부터 장기 보관에 적합한 특성을 지녀 10년이 넘어도 아직 어린 와인과 같은 색을 띤다. 반대로 출하한 해에 이미 완전히 숙성된 와인도 있다.

색과 농도

색의 농도와 와인의 나이

와인 색의 뉘앙스와 마찬가지로 색의 농도로도 와인의 나이를 짐작할 수 있다. 레드 와인은 나이가 들면서 점차 색소를 잃어간다. 색소는 병 바닥으로 가라앉아 찌꺼기를 이룬다. 반대로 화이트 와인은 시간이 지나면서 색이 진해진다. 레드 와인과 화이트 와인의 색깔은 100여 년 정도 지나면 서로 비슷해진다.

농도와 와인의 원산지

예외의 와인도 있지만, 색의 농도를 보면 와인의 원산지를 대부분 알 수 있다. 고도가 높아 시원한 지역에서 자란 포도는 강한 햇빛을 받고 자란 포도에 비해 와인을 만들었을 때 좀더 옅은 색을 띤다. 와인에 사용하는 포도 품종은 지역과 기후에 따라 다양하다. 더위를 잘 견디는 포도는 껍질이 두껍고, 추운 지역에서 자란 포도보다 색소를 많이 함유하고 있다.

레드 와인

시원한 기후에서 자란 품종으로 만든 와인은 대부분 가볍고 섬세한 특성이 있다. 예_ 부르고뉴Bourgogne 와인

온화한 기후에서 자란 품종으로 만든 와인은 대부분 과일향이 난다. 예_ 보르도Bordeaux 와인

햇빛이 강한 기후에서 자란 품종으로 만든 와인은 대부분 강하다. 예_ 프랑스 남서부의 말베크Malbec

화이트 와인

시원하거나 온화한 기후에서 자란 품종으로 만든 와인은 대부분 새콤하고 상큼한 특성이 있다.

예_ 루아르Loire 지방의 소비뇽Sauvignon

온화한 기후에서 자란 품종으로 만든 와인이나 나무통에서 숙성된 와인은 대부분 유연하고 향이 풍부하다.

예_ 코트 드 본Côte de Beaune 와인

나무통에서 오랫동안 숙성된 와인이나 리코뢰 와인은 대부분 강하다. 예_ 소테른Sauternes

로제 와인

색깔로는 원산지를 전혀 짐작할 수 없다.

와인 용어

와인 색의 농도를 나타내는 표현_ 묽다, 옅다, 선명하다, 진하다, 깊다, 아주 진하다.

색의 농도와 와인의 맛

대개의 경우 색이 옅은 와인은 색이 짙은 와인에 비해 산도가 높고 깔끔하다. 색이 어두운 와인은 대부분 알코올 도수가 높고, 기름지며, 당도가 높거나 타닌 함유량이 높다.

로제 와인의 색은?

화이트 와인이나 레드 와인과는 달리 로제 와인은 와인메이커의 의도에 따라 색이 달라진다. 와이너리에서 와인을 생산할 때 색을 원하는 대로 조절할 수 있기 때문이다. 로제 와인은 붉은 포도로 만든다(삼페인을 제외하고는 화이트 와인과 레드 와인을 혼합하지 않는다). 와인의 색은 포도껍질에서 나오며, 포도과육은 포도의 색과는 무관하다. 따라서 포도껍질이 포도즙에 더 많이 들어갈수록 와인의 색은 짙어진다. 색이 옅은 로제 와인을 만들고 싶으면 껍질을 일찍 제거하면 된다. 색이 짙은 로제 와인이 색이 옅은 로제 와인보다 맛이나 알코올 도수가 더 강하지만 항상 그렇지는 않다. 로제 와인의 색은 그 당시 유행을 따르는 경향이 있다. 예를 들어, 어느 기간에 색이 짙은 로제 와인이 유행하면 그 다음엔 색이 옅은 로제 와인이 주로 생산되곤 한다.

 와인 용어

로제 와인의 색을 나타내는 표현_ 담황색, 살구색, 양파껍질색, 연어색, 장미나무색, 살색, 붉은색, 산호색, 체리색, 진분홍색, 석류색, 라즈베리색, 황갈색.

와인의 투명도

와인 색, 뉘앙스, 농도를 살펴본 후에는 광택과 투명도를 확인한다. 부유물이나 얇은 막 같은 것이 보이는가?

와인의 투명도

아주 드문 경우지만 세균에 감염되면 와인 빛깔이 탁해지고 마실 수 없게 변질된다. 이를 제외하면 일반적으로 와인의 투명도는 시각적 특성일 뿐, 와인이 반짝거린다고 해서 맛이 더 좋은 것은 아니다.

병 바닥에 가라앉은 찌꺼기

침전물이 있어도 걱정할 필요 없다. 와인에 함유된 성분들이 병 바닥에 가라앉아 굳은 것이기 때문이다. 대개 주석 결정 화이트 와인, 타닌, 색소 오래된 레드 와인 들이다. 침전물로 인해 와인이 변질되는 것이 아니기 때문에 마시는 데 아무런 문제가 없다. 다만 치아에 침전물이 끼면 불편하고 보기 좋지 않으므로, 손님 글라스에 따를 때 마지막 남은 와인을 비우는 실수만 하지 않으면 된다.

부유물이 있거나 흐릿해 보이는 와인

이런 와인은 갈수록 늘어나는 추세이지만, 오히려 품질에 대한 우려는 점점 줄어들고 있다. 예전에는 와인을 병에 담기 전에 필터링을 했다. 따라서 부유물이 있으면 비정상이었다. 하지만 최근 유기농 와인을 생산하는 와이너리에서는 와인을 필터로 거르지 않는다. 부유물은 시각적으로 깨끗해 보이지는 않지만 원래 와인이 가진 성분이므로 맛이 변질될 우려는 없다. 대개 필터링을 하지 않는 와이너리에서는 와인 라벨에 「투명하지 않게 보일 수 있음 un léger voile peut apparaître」이라고 표기한다. 하지만 부유물이 너무 많아 불투명해 보인다면 조심할 필요는 있다.

 와인 용어

와인의 투명도를 나타내는 표현_ 투명하다, 맑다, 흐리다, 탁하다.

와인의 눈물 · 와인의 다리

"와인의 다리는 좋아하는데 눈물은 싫어한다." 이것은 불가능한 말이다. 다리와 눈물 모두 글라스의 안쪽 벽을 타고 흘러내리는 와인의 흔적을 뜻하기 때문이다. 다리나 눈물이 보고 싶다면 와인이 담긴 글라스를 두어 번 흔든 다음, 와인의 아름다운 눈물을 감상하면 된다. 물론 눈물이 거의 생기지 않는 와인도 있다.

다리

눈물

와인의 눈물은 무엇을 의미하는가?

와인의 눈물은 와인에 함유된 알코올 도수와 당도를 의미한다. 눈물이 많이 흘러내릴수록 와인의 알코올 도수나 당도가 높다. 뮈스카데Musca-det 와인은 눈물이 거의 없는 반면, 코스티에르 드 님Costières de Nîmes 와인은 눈물을 펑펑 흘릴 것이다. 물과 럼주를 각각 글라스에 담고 흔들어 보면 알코올 도수에 따라 눈물의 양이 많이 다른 것을 확인할 수 있다.

알코올 도수

눈물 또는 다리를 보고 와인의 알코올 도수를 짐작할 수 있지만, 그렇다고 마실 때 그 차이를 느낄 수 있는 것은 아니다. 알코올 도수가 14도가 넘는 와인 중 고급와인은 산도가 높고 뛰어난 타닌 구조를 지니고 있다. 따라서 마실 때 목이 타는 듯한 느낌이 들지 않으며, 균형잡힌 맛을 느낄 수 있다.

 ### 글라스의 청결 상태에 따라 눈물의 양이 달라진다

기름기가 남은 더러운 글라스에 와인을 부으면 눈물이 훨씬 많이 생긴다. 반대로 세제 잔여물이 있는 글라스에서는 눈물이 거의 생기지 않는다.

기포

당연히 스파클링 와인에서만 나타나는 특성이다. 스파클링 와인은 무엇보다 기포를 주의 깊게 살펴봐야 한다.

기포의 크기

기포의 크기는 스파클링 와인의 품질을 가늠하는 지표다. 글라스를 눈높이까지 들어 기포 하나의 움직임을 처음부터 끝까지 따라가보자. 기포가 작을수록 와인의 품질이 높다. 지하 저장고에서 발효와 숙성이 긴 시간 천천히 일어나도록 정성껏 관리했다는 의미다. 기포가 크다면 와인 제조과정이 형편 없었을 가능성이 매우 높다. 이상적인 기포는 아주 작고 움직임이 활발하며, 하나 또는 여러 개의 길을 따라가서 글라스 표면에 얇은 기포막을 형성한다. 형성된 기포막 역시 얇아야 하며, 군데군데 비어 보이는 것이 좋다. 사실 두껍게 형성되는 맥주 거품을 제외하면 모든 기포막은 서로 비슷하다.

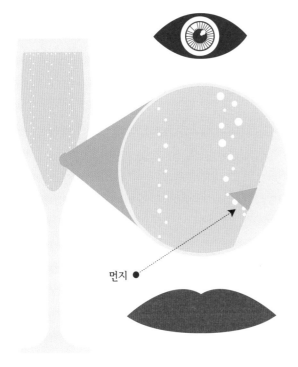

먼지

기포의 양

눈으로 확인할 수 있는 기포의 양은 글라스의 청결 상태에 따라 다르다. 믿기 어렵겠지만 글라스가 깨끗하면 깨끗할수록 기포의 양은 줄어든다. 따라서 완벽하게 매끄러운 글라스에서는 기포가 생기지 않는다. 대신 와인을 마실 때 입 안에서 기포가 생긴다. 반대로 조금 더러운 글라스나 행주로 물기를 닦아낸 글라스에서는 기포가 많이 발생한다. 원래 기포는 글라스 벽이 거칠 때 생기기 때문에 소믈리에들은 글라스를 행주로 닦으라고 권한다. 행주의 가는 면섬유가 글라스 벽에 남아 있다가 와인이 섬유에 걸리면서 기포가 생기기 때문이다. 글라스 바닥을 사포로 문지른 후 와인을 따라도 기포가 많이 생긴다.

입 안에서 느끼는 기포

기포는 아무래도 마실 때 많은 느낌을 준다. 섬세하거나 톡톡 쏘거나 아니면 활력이 없는 등 느낌이 다양하다.

 스파클링 와인이 아닌데도 기포가 느껴진다면?

스파클링 와인이 아닌데도 와인을 마실 때 기포가 느껴질 수도 있다. 아주 어린 와인에서 나타나는 정상적인 현상으로, 알코올이 발효될 때 생성된 탄산가스가 남아 있어서 기포가 일어난다. 글라스를 흔들어보면 기포가 생기는 것을 눈으로 확인할 수 있다.

 와인 용어

발포성이 아닌 와인을 **스틸** still **와인**이라고 한다. 스틸 와인인데도 마실 때 탄산이 느껴지는 것을 **미세발포성 와인**이라고 한다.

와인의 향

지금부터는 본격적인 와인 즐기기의 바로 전 단계로 들어간다. 와인의 향을 맡는 것은 와인을 마시는 것만큼이나 흥분되는 일이다. 언젠가 와인 향이 너무 좋아서 맛에 실망할까봐 마시길 주저하는 날이 올지도 모른다. 와인 향을 맡는 것은 마시기도 전에 와인의 유혹에 넘어갈 준비가 되었다는 의미다.

와인 향을 맡는 방법은?

향을 발산시킨다
산소를 공급하여 와인의 향을 더욱 발산시킨다. 글라스 스템을 잡고 식탁 위에서 돌리는데, 숙련된 사람이라면 공중에 든 채 작은 원을 그리면서 빙빙 돌린다.

1

와인의 첫향
와인이 잠들어 있는 상태에서 맡을 수 있는 향이다. 와인을 시음할 때는 절대로 글라스의 1/3 이상 따르면 안 된다. 글라스가 찰수록 향이 발산될 수 있는 공간이 줄어들기 때문이다. 레스토랑 종업원 중에 이를 잊고 실수하는 경우가 가끔 있다.

와인의 두 번째 향
와인을 브리딩한 후에 발산되는 향을 말한다. 대개 브리딩하면 향이 더 뚜렷해지고 풍부해진다. 향이 잘 느껴지지 않으면 글라스를 좀더 흔들어준다. 와인이 잠들어 있는 것을 「와인이 닫혀 있다」고 표현한다.

3

 숨을 들이쉬는 대신 킁킁거리며 향을 맡는다

와인 향을 맡을 때에는 숨을 크게 들이마시지 않는다. 후각이 마비될 수 있기 때문이다. 강아지가 킁킁거리듯 향을 맡아야 한다. 편견 없이 마음을 열고 여러 차례 부드럽게 냄새를 맡는다. 정신 집중이 도움이 된다면 눈을 감는 것도 좋다. 한 가지 향을 맡으려고 애쓰기보다 발산되는 향 전체를 느끼도록 한다.

아주 오래되었거나 최고급 와인
글라스에 넣고 돌리면 와인이 금방 지칠 수 있기 때문에 피한다. 글라스를 기울이고 와인의 중앙, 가장자리 등 위치를 바꿔가면서 향을 맡는다. 오래된 와인이나 최고급 와인은 이 정도만 해도 부케를 충분히 느낄 수 있다.

와인 향의 종류

와인 향의 분류

와인에는 수백 가지의 다른 향이 존재한다. 그러나 그 향들을 구별하기는 쉬운 일이 아니다. 향을 보다 쉽게 구별하기 위해 와인전문가들은 와인 향을 몇 가지 그룹으로 크게 분류해놓았다. 같은 그룹에 속하는 향도 종류가 아주 다양하다. 예를 들어, 과일향은 핵과류 복숭아 등, 인과류 사과 등, 장과류 포도 등, 과수열매류 등으로 세분할 수 있다. 아래 분류목록은 대략적으로 제시해놓은 것뿐이다. 예를 들어 사과의 종류에 따라 향을 더욱 세밀하게 나눠도 된다.

후각 훈련하기

어떤 느낌인지 잘 모르는 향이 있다면? 각각의 향을 머릿속에 떠올려보자. 확실하게 떠오르지 않는 향이 있다면 직접 맡아보는 게 가장 좋다. 과일과 꽃을 사고 계절별 생화나 향수가게에서 한 가지 꽃향으로 조향한 샘플을 맡아봐도 좋다, 초콜릿을 깨물어 먹거나 숲을 산책해보자. 조약돌을 깨끗이 씻어 살짝 핥아보아도 좋다. 음악가가 청음 실력을 향상시키기 위해 노력하듯 와인전문가들은 후각을 연마해야 한다. 와인의 대표 향을 모아놓은 와인 아로마 키트를 구입해 후각 훈련을 해보는 것도 좋다.

과일향

감귤류	베르가못	레몬	라임	귤	오렌지	자몽
붉은 과일류	체리	딸기	산딸기	라즈베리	구즈베리	
검은 과일류	카시스	블랙체리	무화과	블랙베리	블루베리	
열대 과일류	파인애플	바나나	패션프루트	석류	리치	망고

과일향

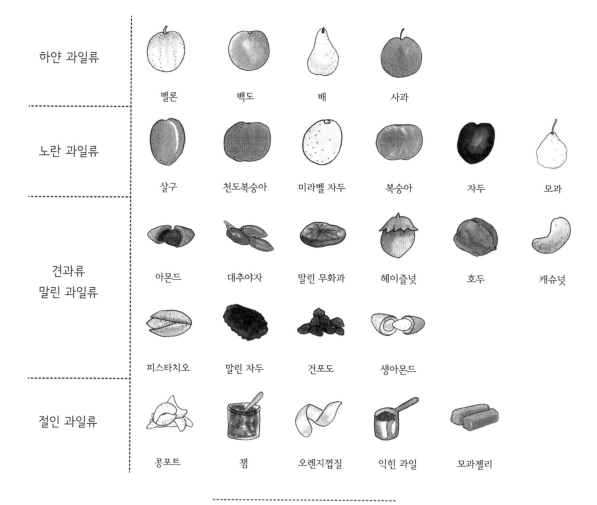

하얀 과일류	멜론	백도	배	사과		
노란 과일류	살구	천도복숭아	미라벨 자두	복숭아	자두	모과
견과류 말린 과일류	아몬드	대추야자	말린 무화과	헤이즐넛	호두	캐슈넛
	피스타치오	말린 자두	건포도	생아몬드		
절인 과일류	콩포트	잼	오렌지껍질	익힌 과일	모과젤리	

젤리향

젤리   마시멜로

꽃향

아카시아 　산사나무 　캐모마일 　인동초 　오렌지꽃 　꽃무 　아이리스 　재스민

라일락 　카네이션 　모란 　장미 　바이올렛 　꿀 꽃향으로 분류

과자향

버터 　비스킷 　브리오슈 　커스터드 크림 　생크림 　우유 　효모 　식빵

타르트 　아몬드 페이스트 　요거트

나무향

발사나무 　목재 　서양삼나무 　참나무 　코코넛 　파출리 　소나무 　나무진

샌들우드

신선한 식물향 · 말린 식물향 · 건조 식물향

 시트로넬라

 유칼립투스

 펜넬

 건초

 고사리

 신선한 풀

 라벤더

 민트

 파프리카

 딱총나무

 담배

 차나무

 보리수나무

 버베나

 수풀

향신료향

 아니스

 계피

 정향

 고수

 카레

 생강

 월계수

 육두구

 흰 후추

 검은 후추

 감초

 로즈마리

 타임

 바닐라

 사프란

 파프리카 가루

구운 향 · 탄내 · 볶은 향

화독내라고도 한다

 카카오

 커피

 캐러멜

 초콜릿

 연기

 타르

 모카

 토스트

 프랄린

숲속향

| 양송이 | 낙엽 | 살구버섯 | 부식토 | 이끼 | 흙 | 트러플 |

동물향

| 호박amber | 밀랍 | 사향고양이 | 가죽 | 털 | 들짐승 | 육즙 | 무스크 |

광물향

드물지만 광물류의 향이 나는 와인도 있다. 이런 향이 난다면 좋은 와인일 가능성이 아주 높다.

| 백악
분필 재료 | 자갈
가열한 | 석유원유와
중유의 중간 단계 | 요오드 | 화약
불꽃놀이용 | 규석
가열한 |

나쁜 향

| 종이박스 | 콜리플라워 | 마굿간 | 제라늄 | 코르크 | 곰팡이 | 양파 | 썩은 사과 |

| 썩은 냄새 | 악취 | 창고 | 걸레 | 유황 | 땀 | 고양이 오줌 | 식초 |

와인의 일생

와인 향은 고정되어 있지 않고 계속 변한다. 병에 담긴 와인도 수년이 지나는 동안 향이 진화한다. 하룻저녁, 와인을 딴 순간부터 식사가 끝나는 그 짧은 시간에도 와인 향은 변한다.

와인의 사계절

와인도 일종의 라이프사이클이 있다. 어렸다가 자라서 어른이 되고, 절정에 이르렀다가 내리막길로 접어들어 나이든 후 결국 소멸한다. 와인의 향은 와인 일생에서 계절에 비유할 수 있다. 어린 와인은 봄 같은 느낌이었다가 여름의 강렬함으로 옮겨 간다. 절정에 이르렀을 때, 그리고 막 내리막길로 접어드는 순간 와인 향은 가을을 연상시키고, 곧 겨울이 되어 생을 마감한다. 와인의 라이프사이클을 이해하면 그 와인의 생명이 얼마나 긴지, 얼마나 성숙했는지를 알 수 있다. 성숙도는 와인에 따라 크게 다르다. 5년이 흘러도 아직 어린 와인이 있고, 5년 만에 늙어버리는 와인도 있다.

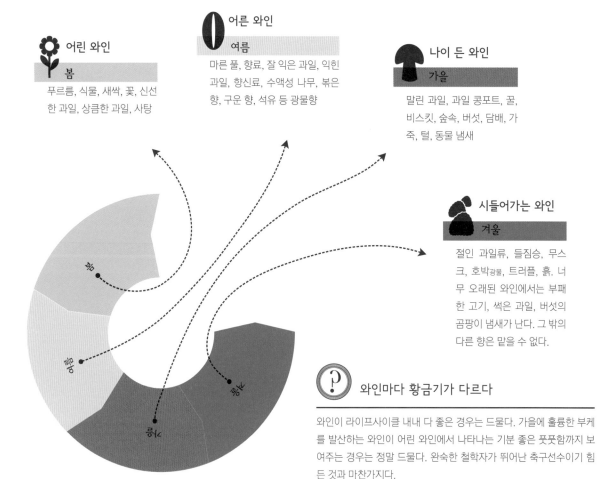

어린 와인
봄

푸르름, 식물, 새싹, 꽃, 신선한 과일, 상큼한 과일, 사탕

어른 와인
여름

마른 풀, 향료, 잘 익은 과일, 익힌 과일, 향신료, 수액성 나무, 볶은 향, 구운 향, 석유 등 광물향

나이 든 와인
가을

말린 과일, 과일 콩포트, 꿀, 비스킷, 숲속, 버섯, 담배, 가죽, 털, 동물 냄새

시들어가는 와인
겨울

절인 과일류, 들짐승, 무스크, 호박광물, 트러플, 흙. 너무 오래된 와인에서는 부패한 고기, 썩은 과일, 버섯의 곰팡이 냄새가 난다. 그 밖의 다른 향은 맡을 수 없다.

ⓟ 와인마다 황금기가 다르다

와인이 라이프사이클 내내 다 좋은 경우는 드물다. 가을에 훌륭한 부케를 발산하는 와인이 어린 와인에서 나타나는 기분 좋은 풋풋함까지 보여주는 경우는 정말 드물다. 완숙한 철학자가 뛰어난 축구선수이기 힘든 것과 마찬가지다.

1차향 · 2차향 · 3차향

발효와 향

와인 향의 대부분은 와인을 만드는 과정에서 형성된다. 포도 품종마다 강하거나 약한 고유의 향을 잠재적으로 가지고 있다. 하지만 포도의 잠재적 향은 포도가 와인으로 바뀌는 발효과정 없이는 나타나지 않는다. 와인 양조과정이나 숙성과정에서는 더욱 다양한 향이 나타난다. 와인을 생산하는 것은 단순히 술을 만드는 작업이 아니라 향을 창조하는 작업이다. 그래서 일반적으로 와인이 만들어지는 과정을 1차향, 2차향, 3차향의 3단계로 설명한다.

1차향

원료의 향. 포도에 함유되어 있다가 알코올 발효를 통해 나타난다.
과일향, 꽃향, 식물향, 광물향

2차향

효모에 의해 젖산이 발효될 때 생긴다.
젤리향, 과자향

3차향

나무통이나 병에서 숙성되면서 생긴다.
나무향, 향신료향, 볶은 향, 구운 향, 숲속향, 동물향

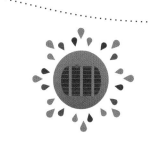

 와인 용어

부케 Bouquet 는 충분히 숙성된 와인이나 나이 든 와인의 향 모두를 가리킨다. 대부분 3차향이 여기에 속하는데, 1차향이 많이 숙성되어 유연해진 경우도 부케에 나타날 수 있다. 꽃과 마찬가지로 부케가 조화를 이룬 와인이 좋은 와인이다.

와인에서 냄새가 날 때

와인에서 불쾌한 냄새가 나면 변질된 것이므로 버리는 수밖에 없다.

변질되어 마실 수 없는 와인

와인이 변질되면 불쾌한 냄새가 다양하게 나는데, 그 이유는 다음과 같다.

 충분히 익지 않은 포도로 만들었을 때 고양이 오줌, 잔디, 초록파프리카 냄새가 난다.

 와인이 식초화됐을 때 식초 또는 매니큐어 리무버 냄새가 난다.

 와인이 산화됐을 때 마데이라처럼 산화숙성이 특징인 와인은 제외. 이 경우는 오히려 산화된 것이 맛있다 마데이라 냄새, 호두 냄새, 썩은 사과 냄새가 난다.

 브레타노미스 Brettanomyces, 효모의 일종 **에 감염되었을 때** 숙성과정에서 와인이 박테리아에 감염된 경우다. 땀 냄새, 마굿간 냄새, 걸레 냄새, 배설물 냄새가 난다.

 와인이 부쇼네 Bouchonne **됐을 때** 박테리아에 감염된 코르크 때문에 고약한 맛과 향이 나는 와인을 부쇼네라 한다 전체 와인의 3-5%에서 일어난다. 곰팡이 냄새, 썩은 코르크 냄새가 난다.

 와인을 잘못 보관했을 때 직사광선에 노출되거나 젖은 종이박스에 보관해 종이 냄새가 와인에 밴 경우다. 먼지 냄새, 종이박스 냄새가 난다.

 악취가 날 때 산소가 부족해 효모가 황화합물을 만든 경우다. 썩은 달걀 냄새, 역한 구취가 난다.

환원취_ 어린 와인에서 나타나는 현상

양배추 냄새, 썩은 양파 냄새, 방귀 냄새 같은 환원취가 나는 와인은 위에서 언급한 와인보다는 걱정할 만한 상황은 아니다. 물론 좋은 냄새는 아니지만 대개 얼마 후 사라지기 때문이다. 환원취는 약한 악취로 와인에 충분히 산소가 공급되지 않았을 때 생긴다.

다음 두 방법으로 환원취를 제거할 수 있다.

와인을 브리딩한다
카라파주를 제대로 하고 세게 흔들어준다. 또는 몇 시간 전에 와인을 따두면 냄새가 사라진다.

구리를 이용한다
시간이 별로 없다면 카라프 안에 깨끗한 구리동전을 넣으면 된다. 황 분자가 구리동전에 달라붙어 냄새가 사라진다.

실망스러운 와인 데귀스타시옹테이스팅

막힌 코, 닫힌 와인

감기에 걸렸을 때 호흡기가 제 기능을 못하고 코가 막히기 때문에 와인을 제대로 음미할 수 없다. 감기에 걸렸다면 시음을 포기하고 몸이 회복된 후 다음 시음을 기대하는 것이 낫다.

와인이 제맛을 못 낼 때 병입한 지 얼마 안 된 어린 와인이 제맛을 내지 못하고 움츠러든 것처럼 느껴지는 경우가 드물게 있다. 이렇게 맛이「닫힌」와인은 그 상태가 몇 달간 지속될 수 있으므로 카라프에 옮겨 깨워줘야 한다. 어떤 와인은 깨어나는 데 몇 시간이 걸리기도 한다. 카라파주를 한 후에도 제맛이 안 난다면 그냥 두었다가 다음 날 마신다.

고약한 냄새가 나는 와인

와인을 개봉하고 맛볼 때마다 늘 만족스러운 것은 아니다. 코르크가 말라서 병 속으로 공기가 들어가거나, 박테리아에 감염된 코르크 마개 때문에 와인이 변질되면부쇼네 와인 땀 냄새, 지린내, 퇴비 냄새 등 아주 고약한 냄새가 나게 된다. 와인을 시음할 때는 실망할 수도 있고, 큰돈을 썼는데 정작 보잘 것 없는 와인일 수도 있음을 항상 생각해야 한다. 와인이 맛없다고 지나치게 실망할 필요는 없다. 좋은 와인 없이도 훌륭한 저녁식사를 즐길 수 있기 때문이다.

다른 사람들과 다르게 느껴지는 와인

와인에서 황홀한 루바브향을 느꼈는데 소믈리에가 "정말 멋진 자몽향이 나죠?"라고 묻는다 해도 크게 고민할 필요는 없다. 원래 사람마다 향을 다르게 인식하기 때문이다. 각자에게 친숙한 음식문화에 따라 또는 유전적 원인에 따라 후각 인식은 다르다. 다른 사람들이 어떻게 느끼고 어떤 향을 맡는지 신경쓰지 말고 스스로 느끼는 향에 집중한다. 모임에 참석한 사람 중에서 혼자만 루바브향을 느꼈다 해도 주저하지 말고 이야기하자. 한 가지 아이러니한 사실은 일반적으로 사람은 자신이 싫어하는 향을 훨씬 쉽게 맡는다는 점이다.

와인의 맛

와인 맛보기

와인을 맛보는 방법은 크게 두 가지다. 둘 중 어느 것으로 해도 괜찮다.

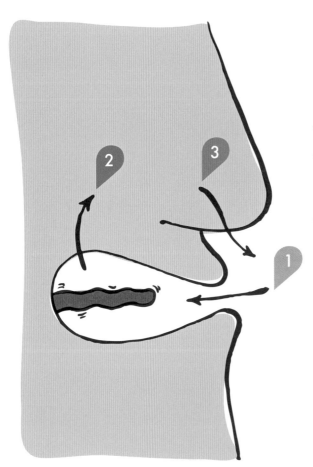

와인을 굴린다

와인을 시음하는 사람이 묘한 소리와 함께 휘파람 불듯 입을 오므리는 것은 와인을 굴리고 있기 때문이다. 정확히 말하면 입 안에 와인을 머금은 채 공기를 들이마시는 것이다. 다음은 와인 굴리기를 쉽게 하는 방법이다.

1 안쪽 턱을 벌려 입 안을 둥글게 만든다.

2 입을 오므린 채 살짝 벌려 입 안으로 공기를 들이마신다. 들어오는 공기를 이용해 와인을 굴리면 와인이 약간 데워지면서 향이 발산된다.

3 이렇게 데워진 향이 돌아나오도록 코로 내쉬면 향이 가득한 공기가 후각수용세포를 자극하게 된다.

와인을 씹는다

스테이크를 씹을 때처럼 와인을 입에 머금고 꼭꼭 씹는다. 첫 번째 방법보다 훨씬 쉬우면서 효과는 같다. 씹는 것만으로도 와인의 맛과 향을 충분히 느낄 수 있다.

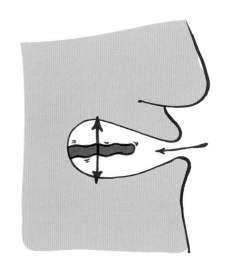

두 가지 방법 중 편한 것을 선택한다. 와인을 굴린 후 씹거나, 반대 순서로 두 방법을 혼용해도 좋다. 이것 말고도 혀로 입천장을 두드리듯 움직이는 방법도 있다. 어떤 방법이든 그 목적은 와인이 가진 맛단맛·신맛 등, 향, 그리고 느낌톡톡 쏘는 느낌·건조한 느낌 등 등 **와인의 모든 풍미**를 느끼는 것이다.

맛의 종류

쓴맛 쓴맛이 살짝 느껴지는 와인은 우아한 와인이다. 주로 화이트 와인 포도 품종에서 쓴맛이 난다. 마르산 Marsanne, 코트뒤론Côtes-du-Rhône, 모자크Mauzac, 프랑스 남서부, 롤Rolle, 프랑스 남동부 품종으로 만든 화이트 와인이 바로 그 좋은 예다. 하지만 지나치게 쓴맛이 나거나 떫은맛이 함께 나면 불쾌해진다. 쓴맛은 다른 맛을 느낀 몇 초 후 여운으로 느끼는 경우가 대부분이다. 맥주, 맛이 강한 차, 커피를 마시지 않는 사람들이 쓴맛을 더 잘 느낀다.

단맛 당연히 스위트 와인에서 느낄 수 있는 맛이다. 무알뢰 화이트 와인, 소테른Sauternes 같은 리코뢰 화이트 와인, 두Doux, 스위트한 와인 또는 뮈스카 드 봄드브니즈Muscat de Beaumes-de-Venise, 모리Maury, 바뉠스Banyuls 같은 주정강화 와인 등이다. 와인의 당분함유량은 리터당 0~200g 차이가 난다. 단맛은 와인을 마시자마자 바로 느끼며, 마실수록 단맛을 느끼는 감도는 떨어진다.

짠맛 아주 드물게 느끼는 맛이며 뮈스카데Muscadet 같은 활력 있는 화이트 와인에서 느낄 수 있다. 짠맛이 나는 와인을 솔티 와인 Salty wine 이라고 한다.

신맛 신맛은 와인에서 중심이 되는 맛으로 중요한 역할을 한다. 신맛이 없는 와인은 별 볼일 없는 와인이다. 기분 좋은 신맛은 침이 돌고 식욕을 돋운다. 반면 신맛이 너무 강하면 마실 때 불쾌감을 주는데, 혀와 목구멍을 마르게 하여 조이는 느낌이 든다.

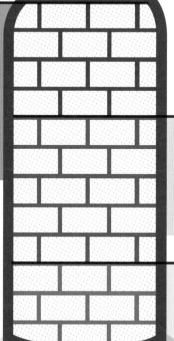

매우 단맛

리코뢰 화이트 와인 당분함유량이 45g 이상/ℓ 알자스의 귀부포도귀부병, 보트리티스 시네레아균에 감염된 포도로 수분이 줄어들어 당도가 높다로 만든 와인들, 보르도Bordeaux의 소테른과 바르샤크Barsac, 남서부 지방의 몽바지야크Monbazillac와 쥐랑송, 루아르의 본조Bonnezeaux, 카르 드 숌Quarts de chaume, 부브레, 독일의 트로켄베렌아우스레제Trocken-beerenauslese, 독일·오스트리아·캐나다의 아이스와인, 헝가리의 토카이Tokay 등.

단맛

무알뢰 화이트 와인 알자스Alsace의 늦수확 포도로 만든 와인들, 루아르Loire의 코토 뒤 레용 Coteaux du Layon, 몽루이Montlouis, 부브레Vouvray, 남서부지방의 쥐랑송Jurançon, 파슈랑 뒤 빅빌 Pacherenc du Vic-Bilh, 코트 드 베르주라크Côtes de Bergerac, 독일의 아우스레제Auslese 등.

살짝 단맛

세크Sec, 세미스위트와 드미세크Demi-sec, 스위트한 샴페인, 루아르의 드미세크 와인몽루이, 사브니에르 Savennières, 프랑스 남부의 일부 레드 와인, 지중해 연안의 일부 화이트 와인.

와인 용어

산도에 따른 와인의 신맛 표현약한 신맛
→ 강한 신맛
신맛이 없다, 여리다, 상쾌하다, 새콤하다, 날카롭다, 쏘아붙인다, 공격적이다 등

와인의 바디와 산도

혀는 맛과 함께 금속성불쾌감, 얼얼함, 기름진 느낌, 따뜻한 느낌 등의 와인의 다양한 감촉을 느낄 수 있다.

바디무게감

알코올 도수가 높으면 마실 때 목이 뜨겁게 느껴진다. 발효과정에서 형성된 **글리세롤**은 와인을 기름지게 만들고, 마치 버터처럼 입천장이 끈적거리는 느낌을 준다. 이렇게 기름지고 부드러운 질감의 차이에 따라 여러 타입의 와인으로 구분한다.

와인의 구조

와인의 구조는 **산도**신맛(그림에서 세로선)와 **바디**입 안에서 느끼는 질감과 농도(그림에서 가로선)에 따라 평가한다.
다음은 대표적인 4가지 타입이다.

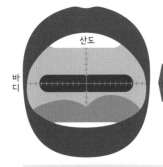

와인이 묵직하다 따뜻하고, 무거우며, 두툼하게 느껴지는 와인이다. 매력적이고 강한 레드 와인이 이 타입에 속한다. 산도가 낮으면 와인의 알코올 성분이 강하게 느껴져 입천장이 피로해지고 메스껍게 느껴진다. 대개 포도가 자라면서 햇빛을 너무 많이 받았거나 산도가 부족한 스위트 화이트 와인에서 나타나는 특성이다.
랑그도크Languedoc 레드 와인, 프랑스 남부지방 와인, 남아메리카 와인, 캘리포니아 와인

와인이 상쾌하다 새콤하고 날카롭거나 자극적이고 공격적인 느낌을 주는 와인이다. 엑스트라 드라이 화이트 와인, 흔히 차갑게 마시기 때문에 「마시기 쉽고 개운하다」고 표현하는 레드 와인이 여기에 속한다. 충분히 익지 않았거나 당도가 낮은 포도로 만들면 신맛이 지나치게 강한 와인이 된다.
화이트 와인_ 알자스Alsace의 피노 블랑Pinot blanc 품종 와인, 루아르Loire의 뮈스카데Muscadet, 프티 샤블리Petit chablis, 보르도 블랑Bordeaux blanc, 쥐라Jura, 사부아Savoie 지방 와인
레드 와인_ 루아르의 가메Gamay, 보졸레Beaujolais, 부르고뉴Bourgogne의 피노 누아Pinot noir 품종 와인

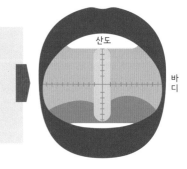

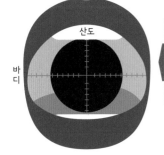

와인이 살집이 있다 풍부하고 넉넉한 꽉 찬 느낌의 와인이다. 산도와 지방이 적절히 조화를 이룬 강한 와인이라 마실 때 기분이 좋다. 대부분 숙성이 진행되면서 품질이 더욱 좋아지며, 따라서 가격도 높다.
화이트 와인_ 부르고뉴, 보르도, 루아르, 랑그도크
레드 와인_ 보르도, 코트뒤론Côtes-du-Rhône, 남서부지방, 부르고뉴

와인 용어

바디에 따른 와인의 질감 표현단단함 → 부드러움_ 단단하다, 말랑말랑하다, 유연하다, 기름지다, 미끈거린다.

와인이 왜소하다 가냘프고, 빈약하고, 물처럼 묽은 와인이다. 좋은 와인이 아니므로 마시지 않는 것이 좋다.

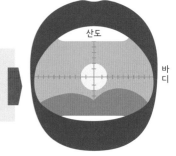

바디의 비유적 표현

"아, 이 와인이야말로 허벅지가 있는 와인이군!" 지금은 잘 쓰지 않는 표현이지만, 일찍이 라블레F. Rabelais, 15세기 프랑스 작가는 유연하고, 매력적이며, 살집이 있으면서도 날카로운 와인을 표현하기 위해 이런 말을 했다. 오늘날 와인전문가들은 더 이상 와인을 허벅지에 비유하지 않는다. 하지만 와인의 특성을 허벅지로 표현하는 것도 나름 재미있을 듯하다. 이를테면 랑그도크의 카리냥Carignan 품종은 허벅지가 스포티하고 상남자 스타일인 반면, 부르고뉴 레드 와인은 날씬하고 세련된 허벅지다. 여러분은 아래 허벅지 중 어떤 스타일을 선호하는가?

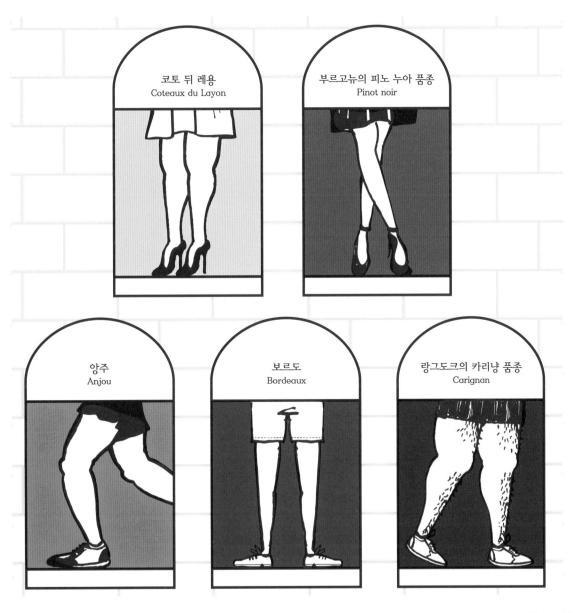

와인의 타닌

와인을 맛볼 때 빼놓을 수 없는 것이 바로 타닌tannin이다. 타닌은 대개 레드 와인, 그리고 드물게 로제 와인에 들어 있다. 화이트 와인에는 일반적으로 타닌이 들어 있지 않다.

타닌은 무엇인가?

타닌은 주로 혀, 그리고 때때로 입천장 전체를 마르게 한다. 진한 차를 마실 때와 비슷한 느낌인데, 이는 차에도 타닌이 들어 있기 때문이다. 레드 와인마다 타닌 함유량은 큰 차이가 난다. 타닌의 양에 따라 와인을 마실 때 우아함이 느껴지기도 하고, 떫은 맛 또는 텁텁한 맛, 나무판자 같은 거친 느낌이나 실크스카프 같은 부드러움을 느낄 수 있다. 그래서 와인에 함유된 타닌의 양과 특히 타닌의 품질이 좋은지 나쁜지를 구별하도록 노력해야 한다.

와인에 타닌이 생기는 이유는?

타닌은 포도의 껍질, 씨, 꽃자루 포도송이와 연결된 줄기. 타닌 함유량이 너무 많기 때문에 대개는 포도를 압착해 즙을 채취하기 전에 제거한다에 들어 있다.

화이트 와인과 달리 레드 와인은 포도껍질과 씨를 제거하지 않은 상태에서 포도즙을 발효시키기 때문에 타닌이 남게 된다. 타닌은 와인의 구조를 형성하고 와인의 보존성을 높인다.

 와인 용어

타닌 함유량에 따른 표현_ 순하다, 부드럽다, 타닌이 느껴진다, 텁텁하다, 떫다
타닌을 나타내는 표현_ 투박하다, 거칠다, 세련되다, 실크 같다, 벨벳 같다
이를 정리하면 다음과 같다.

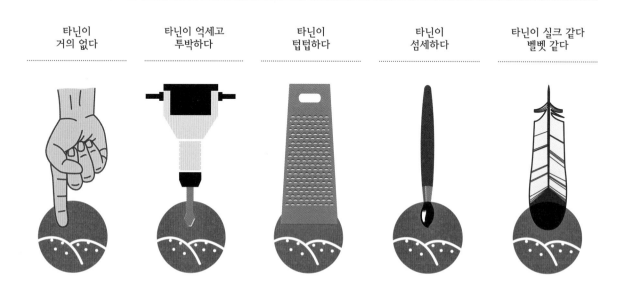

| 타닌이 거의 없다 | 타닌이 억세고 투박하다 | 타닌이 텁텁하다 | 타닌이 섬세하다 | 타닌이 실크 같다 벨벳 같다 |

입으로 느끼는 향

향은 코로만 느끼는 것이 아니라 입으로도 느낀다. 입 안의 냄새 자극이 후각 점막에 이르는 길을 비후 경로retronasal route라고 한다. 사실 일상생활에서 음식을 섭취할 때마다 비후 경로를 통해 향을 느낀다.

후각 점막을 자극하는 방법은 두 가지다. 하나는 직접 코로 냄새를 맡는 것이고, 다른 하나는 입천장 안쪽을 통해 맡는다. 이 두 가지 경로를 통해 우리는 음식의 「맛」을 인식하게 된다. 코를 막은 채 음식을 먹어보자. 무슨 맛인지 구분할 수 없을 것이다.

와인에 따라 비후 경로를 통해 느끼는 향이 강하거나 약하다. 비후 경로는 맨 처음 인식한 향을 강화시켜주거나, 인식하지 못하던 새로운 향을 느끼게 해준다. 일부 와인전문가들은 매일 식사 때마다 훈련하기 때문에 비후 경로가 코보다 더 민감하게 향을 인식한다고 말한다.

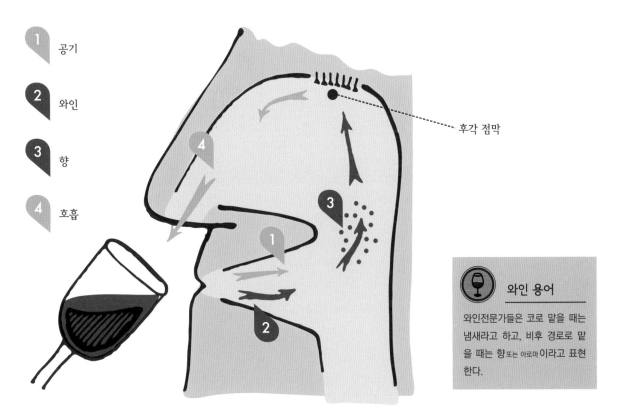

1 공기
2 와인
3 향
4 호흡

후각 점막

와인 용어

와인전문가들은 코로 맡을 때는 냄새라고 하고, 비후 경로로 맡을 때는 향또는 아로마이라고 표현한다.

맛은 한순간에 사라지지 않는다

와인을 이미 삼켰는데도 아직 입천장에 와인이 남아 있는 것처럼 느껴질 때가 가끔 있다. 이를 **와인의 지속성**이라고 한다. 와인의 지속성은 맛과 향 모두 해당된다. 와인에 따라 지속 시간이 짧거나 긴데, 이를 **와인의 뒷맛 또는 여운**이라고 표현한다. 기분 좋은 여운이 길게 유지되는 와인일수록 좋은 와인일 가능성이 높다.

와인 용어

와인의 여운이 지속되는 시간을 재는 단위를 **코달리**Caudalie라고 한다. 사실 1코달리는 1초와 같은 시간이다. 따라서 마신 후 입안에 뒷맛이 7초 동안 남는 와인은 7코달리가 된다. 하지만 요즘은 아는 사람도 사용하는 사람도 별로 없어 거의 죽은 용어다.

검은색 글라스에 마시기

시각의 영향

와인을 시음할 때 불투명한 글라스나 검은색 글라스에 마시면 맛이 어떻게 느껴질까?

시각에 의존하면 와인을 잘못 판단할 수 있다. 일상생활에서 시각은 다른 감각에 비해 훨씬 많이 사용된다. 정보를 인식하는 주된 감각기관이기 때문에 보는 행위는 일종의 선입견을 만들 수 있다. 아무리 맛있는 음식도 보기 좋지 않으면 맛없어 보이는 것이 그 예다. 양의 뇌 요리, 곤충 프리카세고기나 채소를 와인 또는 고기육수에 넣고 익힌 요리를 상상해보자. 시각은 두뇌의 올바른 판단을 흐리게 만들고, 다른 두뇌 기능에도 영향을 미친다.

이를 증명하는 수많은 실험이 이루어졌다. 색소를 첨가해 녹색으로 변한 석류시럽을 맛본 대부분의 사람들이 민트시럽이 확실하다고 대답한 경우도 있었다. 비슷한 예로 분홍색 글라스에 따라준 맹물을 마시곤 딸기맛이 난다는 사람도 있었다. 와인 시음에서도 같은 결과를 얻었다. 화이트 와인을 붉은색 글라스에 따라주었더니 붉은 열매류의 맛이 느껴진다는 대답이 많았다.

라벨의 영향

라벨을 미리 읽는 것도 시음에 영향을 미친다.

몇 년 전 독일에서 이런 실험을 한 적이 있다. 소믈리에 공부를 하는 학생 6명에게 다른 부르고뉴 와인 두 병을 시음하게 했다. 한 병에는 지방명만 표시하고, 다른 한 병에는 유명 원산지명을 표시해놓았다. 시음에 참여한 모든 소믈리에 견습생은 두 번째 병의 와인 맛이 훨씬 섬세하고 풍부해 더 좋은 와인이며, 따라서 두 병이 서로 완전히 다른 와인이라고 대답했다. 사실은 두 병은 라벨만 다를 뿐 같은 와인이었다.

100 %

지방명 --------

유명 원산지명 --------

화이트 와인과 레드 와인의 구분

후각은 변덕이 심한 감각이다. 시각에 쉽게 속아넘어가기 때문에 정기적으로 후각을 훈련해야 한다.

레드 와인일까? 화이트 와인일까? 검은색 글라스에 담긴 와인을 시음할 때 해야 할 첫 질문이다. 하지만 대답하기가 쉽지 않다. 우선 후각을 이용해 알아맞히도록 노력한다. 감귤류향, 브리오슈향이 나면 화이트 와인일 것이고, 검은 과일류, 가죽, 담배 냄새가 나면 레드 와인일 것이다. 하지만 나무통에서 숙성돼 나무향이 많이 나는 화이트 와인과 가볍고 상큼한 과일향 레드 와인이라면 거의 알아채기 힘들다. 후각만으론 확신하기 힘들다면 이제 미각의 도움을 얻어야 한다. 입천장에 와인이 닿았을 때 건조한 느낌이라면 타닌이 있다는 뜻이다. 즉, 레드 와인일 것이다. 신맛 때문에 혀가 오그라드는 느낌이라면 화이트 와인일 가능성이 크다.

블라인드 테이스팅

양말과 같은 것에 와인 병을 넣고 가린 후 친구들과 함께 시음을 진행하는데, 가능하면 불투명한 검은색 글라스를 선택한다. 종이를 준비하고, 각자 와인을 맛본 후 의견을 적는다. 블라인드 테이스팅은 와인 한 종류에 5분 이상 할 필요가 없다. 그냥 수수께끼를 풀듯 손에 든 와인에게 질문하면 된다. 질문 내용이 무엇이어도 좋다. 다만 헤매지 않도록 순서에 따라 질문하고 확인된 내용을 모아 결론을 이끌어낸다. 관찰은 최대한 폭넓게 하고, 평가는 되도록 섬세하게 내려야 한다.

맛을 본다

와인을 맛보고 숨을 들이마신다. 향의 변화가 있는가? 어떤 맛이 가장 강하게 나는가? 와인에 단맛이 있는가? 알코올 때문에 목이 뜨거워지는 느낌이 있는가? 타닌 때문에 입안이 마르는 느낌이 드는가? 가장 강렬하게 느껴지는 특징은 무엇인가? 이 와인의 전체적인 느낌은 무엇인가? 와인에서 받은 느낌을 한 단어 또는 한 문장으로 어떻게 요약할 수 있는가?

2

1

향을 맡는다

후각을 이용해 가장 뚜렷하게 느껴지는 향을 먼저 찾은 후, 어떤 그룹에 속하는지를 판단한다. 그룹이 정해지면 향의 숙성 정도를 기록한다. 그리고 첫 번째 향은 머릿속에서 지운다. 이어 두 번째, 세 번째 향을 하나씩 찾아가며 같은 방식으로 기록한다.

추리한다

이제까지 모은 정보를 바탕으로 와인이 어느 지방에서 생산되었는지, 원산지 이름이 무엇 이름이 무엇인지, 빈티지는 언제인지 등을 유추해본다. 거의 확신이 든다면 샤토나 도멘의 이름, 생산자의 이름까지 추측해본다.

3

비교한다

친구들과 결과를 서로 비교한다. 그 다음에 가려진 와인 병을 벗기고 라벨 등에서 와인 정보를 확인한다. 자신이 느낀 내용이 다른 사람들과 다를 수도 있다. 하나도 못 맞혔더라도 실망할 필요는 없다. 피곤해서 그럴 수도 있고, 감기나 스트레스 때문일 수도 있다. 어쩌면 앞서 마셨던 와인의 영향으로 착각했을 수도 있다. 그냥 즐거운 시간을 보내고 다음 블라인드 테이스팅에서 좀더 잘하면 그만이다.

4

향	향 종류			향
1차향	✗ 과일 ○ 과자 ○ 구운 향 ○ 광물	○ 꽃 ○ 나무 ○ 동물 ○ 나쁜 냄새	○ 식물 ○ 향신료 ○ 숲속	노랑 과일류 : 살구, 많이 익은 살구
2차향	○ 과일 ○ 과자 ○ 구운 향 ○ 광물	✗ 꽃 ○ 나무 ○ 동물 ○ 나쁜 냄새	○ 식물 ○ 향신료 ○ 숲속	향이 강한 하얀 꽃 : 재스민
3차향	○ 과일 ✗ 과자 ○ 구운 향 ○ 광물	✗ 꽃 ○ 나무 ○ 동물 ○ 나쁜 냄새	○ 식물 ○ 향신료 ○ 숲속	꽃향과 과자향 중간 : 꿀
향의 강도	○ 약하다	○ 중간이다	✗ 잘 느껴진다	○ 강하다

맛	향 종류			향
비후 경로	✗ 과일 ○ 과자 ○ 구운 향 ○ 광물	○ 꽃 ○ 나무 ○ 동물 ○ 나쁜 냄새	○ 식물 ○ 향신료 ○ 숲속	다른 노랑 과일 향이 나타남 : 모과
향의 지속성	**꿀향 다음에 모과향이 오래 지속됨**			
단맛	○ 느낄 수 없다	○ 약하다	✗ 느껴진다	많이 느껴진다
질감	○ 단단하다	✗ 유연하다	○ 기름지다	미끈거린다
신맛	○ 밋밋하다	○ 신선하다	✗ 상큼하다	○ 날카롭다	○ 공격적이다

타닌 함유량/성질	✗ 없다 ○ 말랑말랑하다 ○ 유연하다 ○ 타닌이 느껴진다 ○ 떫다 ○ 텁텁하다 ○ 벨벳 같다 ○ 실크 같다 ○ 세련되다 ○ 거칠다 ○ 투박하다

알코올	○ 거의 없다 ○ 약하다 ○ 풍부하다 ○ 따뜻하다 ○ 뜨겁다

맛의 강도	○ 물 같다 ○ 빈약하다 ○ 가냘프다 ○ 신선하다 ○ 새콤하다 ○ 날카롭다 ○ 공격적이다 ○ 묵직하다 ○ 따뜻하다 ○ 무겁다 ○ 걸쭉하다 ○ 넉넉하다 ✗ 충실하다 ○ 꽉 찼다 ○ 강하다 ○ 진하다 ○ 살집이 있다

전체적인 느낌	**부드럽고, 우아하며, 조화로운 와인**

나의 결론 : 당맛이 적고 부드러우며 슈냉chenin품종으로 만든 화이트 와인이다. 따라서 산지는 프랑스 루아르Loire
지방이다. 우아하면서 활기찬 것으로 미루어 부브레vouvray로 보인다.

와인의 균형

와인 시음의 모든 단계를 거쳤다. 이제 결론만 내릴 수 있으면 된다. 하지만 시음으로 알아낸 특징을 모두 합친다 해도 와인을 전체적으로 정의할 수 있는 것은 아니다. 사람을 설명하는 것도 마찬가지다. 키가 176㎝, 몸무게 75㎏, 갈색 눈동자 … . 이런 정보만으로는 가장 친한 친구를 설명하기에 불충분하다. 친구는 잘생겼는가? 친절한가? 유머러스한가?

눈에 띄는 특징이 있는 경우

알코올 때문에 따뜻하거나, 산도 때문에 새콤하거나, 타닌 때문에 떫게 느껴진다면… 그 와인은 균형잡히지 않은 와인이다. 그러나 균형잡히지 않아서 오히려 매력적인 와인인 경우도 많다.

모든 특징이 비슷한 경우

화이트 와인인데 산도와 바디가 같이 느껴진다면? 레드 와인인데 산도와 알코올, 타닌이 모두 느껴진다면? 균형잡힌 와인이다. 하지만 균형잡혔다고 반드시 완벽한 와인은 아니다. 어떤 와인들은 불균형 상태에서 최상의 맛을 낸다. 또 산지에 따라 일부 특성이 두드러지게 나타난다. 예를 들어 지중해 연안에서 생산된 와인에서는 알코올이 많이 느껴지는 반면, 프랑스 북부지방에서 생산된 와인은 산도가 높다.

균형보다 중요한 것은 즐거움이다

이제 「과연 이 와인이 마음에 드는가?」라는 본질적인 질문이 남아 있다. 어떤 와인이 마음에 들었다면 그 이유를 설명할 수 있어야 한다. 향 때문에, 질감 때문에, 아니면 조화를 이루고 있어서?
하나씩 떼어보면 다 좋은데, 전체를 보면 마음에 들지 않는 와인이 있을 수 있다. 특별히 균형이 안 맞는 것도 아니고, 결점도 없는데 무미건조하게 느껴지는 건 바로 와인이 심심하기 때문이다. 아주 작은 결점이 오히려 그 와인을 매력적으로 만들 수 있다는 사실을 반드시 기억하자. 예를 들어 오래된 샤토 디켐Château d'Yquem은 휘발성 산도 때문에 휘발유 냄새가 아주 약하게 나는데, 바로 그 점 때문에 이 와인을 최고로 치는 애호가들이 있다.

와인의 카테고리

시음 과정에서 내린 평가에 따라 와인을 다음 카테고리로 분류할 수 있다.

화이트 와인

| 드라이하고 새콤하다 | 드라이하고 기름지며 향긋하다 | 풀바디에 나무향이 난다 | 부드럽고 과일향이 난다 | 달고 절인 과일향이 난다 |

레드 와인

| 가볍고 담백하다 | 마시기 쉽고 과일향이 풍부하다 | 실크 같고 묵직하다 | 강하고 향신료향이 난다 |

와인을 삼켜야 하나? 뱉어야 하나?

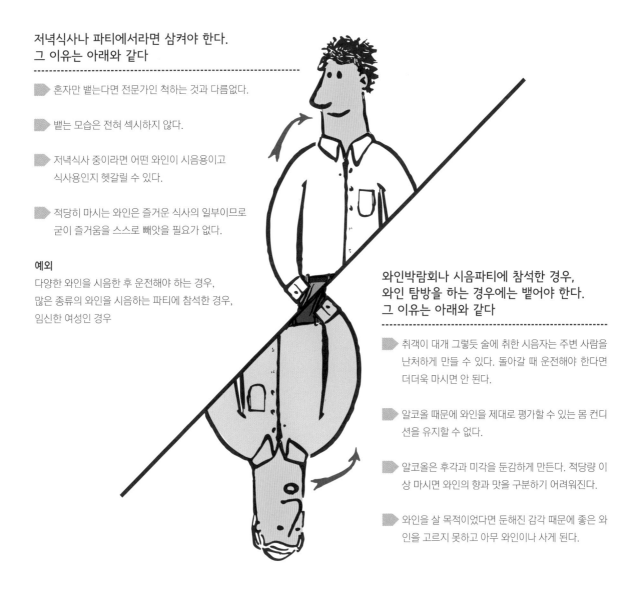

저녁식사나 파티에서라면 삼켜야 한다.
그 이유는 아래와 같다

▶ 혼자만 뱉는다면 전문가인 척하는 것과 다름없다.

▶ 뱉는 모습은 전혀 섹시하지 않다.

▶ 저녁식사 중이라면 어떤 와인이 시음용이고
　식사용인지 헷갈릴 수 있다.

▶ 적당히 마시는 와인은 즐거운 식사의 일부이므로
　굳이 즐거움을 스스로 빼앗을 필요가 없다.

예외
다양한 와인을 시음한 후 운전해야 하는 경우,
많은 종류의 와인을 시음하는 파티에 참석한 경우,
임신한 여성인 경우

와인박람회나 시음파티에 참석한 경우,
와인 탐방을 하는 경우에는 뱉어야 한다.
그 이유는 아래와 같다

▶ 취객이 대개 그렇듯 술에 취한 시음자는 주변 사람을
　난처하게 만들 수 있다. 돌아갈 때 운전해야 한다면
　더더욱 마시면 안 된다.

▶ 알코올 때문에 와인을 제대로 평가할 수 있는 몸 컨디
　션을 유지할 수 없다.

▶ 알코올은 후각과 미각을 둔감하게 만든다. 적당량 이
　상 마시면 와인의 향과 맛을 구분하기 어려워진다.

▶ 와인을 살 목적이었다면 둔해진 감각 때문에 좋은 와
　인을 고르지 못하고 아무 와인이나 사게 된다.

와인을 우아하게 뱉으려면?

자연스럽게, 너무 세게 뱉지 않는다.
아래로 뱉고, 앞으로 뿜지 않는다.

턱으로 흐르지 않게 고개를 약간 숙인다.
와인이 묻지 않게 머리, 목도리, 넥타이 등을 붙잡거나 정돈한다.

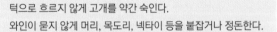

입술은 「오」 발음을 하듯 둥글게 모은다.

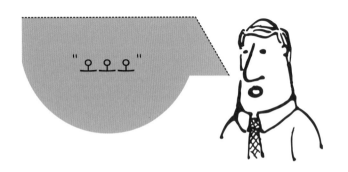

"오 오 오"

보너스 팁

휘파람을 약하게 부는 정도의 힘으로 뱉는다. 와인을 그냥 힘없이 뱉는 통에 흘리면 마치 소변을 보듯 민망한 소리가 날 수 있기 때문이다.

와인애호가 vs. 술꾼

알코올의 폐해, 와인의 효능

와인애호가들은 자신의 음주에 대해 책임 있는 자세를 가져야 한다.

지나치면 독이 된다
15세기 의사인 파라켈수스 Paracelsus 의 명언을
기억하라.

반 잔만 따라 시음한다
시음할 때 지켜야 할 규칙이다. 이렇게 하면
3잔 분량으로 6가지 다른 와인을 맛볼 수 있다.

세계보건기구WHO 의 권장사항
남자는 평균 하루 3잔, 여자는 2잔 이상의 와인을
마시지 말 것을 권장하고 있다. 하룻저녁에 최대 4잔
이상을 마시는 것도 피한다. 또한 1주일에
최소 하루는 금주한다.

물 한잔
항상 가까이에 두고 목이 마르면 물을 마신다.
와인은 즐거움을 위해서 마시는 것이다.

과음
알코올은 간, 췌장, 위, 식도, 목구멍, 뇌를 손상시키고 경화증을 일으키거나 암을 유발한다. 정기적인 음주는 습관이
되고 벗어나기 힘든 중독증상을 일으킨다. 프랑스에서는 담배에 이어 알코올중독으로 인한 사망자 수가 가장 많다.

프렌치 패러독스 French Paradox

국민 1인당 와인 소비량이 연간 50로 세계
1위인 프랑스에서 심혈관질환 발생률이 다른
국가에 비해 낮은 이유는 뭘까? 이것이 바로
프렌치 패러독스다.

적당량의 와인을 마시는 것은 오히려 건강에
좋다. 18회에 걸친 학술연구 결과를 종합해
2011년 발표한 분석보고서에 따르면, 와인
을 적당량 섭취할 경우하루 1~2잔 심혈관질환

으로 인한 사망률이 34% 감소했다. 또한 제2
형당뇨와 신경퇴화성질환알츠하이머, 파킨슨병 예
방에 효과를 보이는 것으로 나타났다. 프랑스
남서부지방 주민들은 기름진 음식을 주로 먹
으며, 함께 레드 와인을 마신다. 레드 와인에
많이 함유된 항산화 성분인 타닌 덕분에 프랑
스 북부지방 주민들에 비해 심혈관질환 발생
률이 훨씬 낮다.

리터

꿈의 와인을 찾아서

시음 경험을 바탕으로 여러분이 좋아하는 와인의 특성을 정리해보자. 이제 마음에 꼭 드는 와인을 찾아낼 가능성이 크게 높아졌다.

탱크 vs. 나무통

여러분이 좋아하는

향이 과일향, 꽃향, 말린 풀향이나 허브향, 차향이라면? 상큼하고 가볍고, 생기 있고, 새콤한 느낌을 좋아한다면? 여러분은 탱크에서 양조된 와인을 좋아하는 것이다.

그 이유는?

콘크리트나 스테인리스 탱크에서 양조된 와인은 용기가 와인의 맛과 향에 끼치는 영향이 전혀 없다. 이런 와인을 중성적이라고 한다. 중성적 와인에 와인메이커의 기술이 더해지면 포도 본연의 맛과 향이 나타난다.

여러분이 좋아하는

향이 과일향에 나무, 참나무, 나무진, 바닐라, 코코넛, 정향, 토스트, 프랄린, 캐러멜 등이 섞인 향이라면? 입 안에서 느껴지는 그윽함, 유연함, 부드러움을 좋아한다면? 여러분은 나무의 느낌이 살아 있는 와인을 좋아하는 것이다.

그 이유는?

나무통흔히 바리크Barrique라고 한다은 와인과 함께 맛과 향을 서로 주고받는다. 와인에 새로운 향을 더하고 마실 때 느껴지는 와인의 구조 역시 변화시킨다. 타닌도 변화를 일으켜 뻣뻣함이 풀린다.

 「나무」의 맛

최근 20여 년간 나무맛이 나는 와인이 큰 유행이었다. 많은 와이너리가 탱크에서 와인을 숙성시킬 때 나무판자나 대팻밥을 첨가할 정도였다. 이 방법을 쓰면 비용을 절감하면서 나무통에서 숙성된 와인과 같은 풍미를 낼 수 있기 때문이다. 하지만 오늘날에는 지나치게 나무맛이 나는 와인에 대한 인기가 시들해졌다.

나무통 제작방법에 따라 최종적으로 생산되는 와인의 맛은 크게 달라진다.

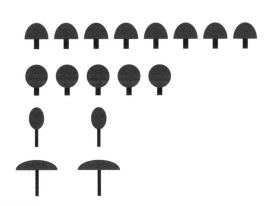

목재 선택

주로 참나무오크가 널리 쓰인다. 질 낮은 밤나무통은 사라지는 추세이지만, 소규모 와이너리에서 케브라초quebracho, 중남미 옻나무 일종나 아카시아 나무통으로 만든 와인 중에는 풍미가 뛰어난 와인도 있다.

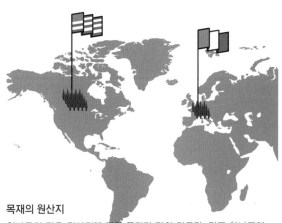

목재의 원산지

참나무의 경우 원산지에 따라 풍미가 많이 다르다. 미국 참나무에서는 코코넛향과 단맛이 나고, 프랑스 참나무에서는 바닐라향이 난다. 특히 프랑스 중부 알리에Allier주 트롱세 숲Tronçais Forest에서 자란 참나무가 유명하다.

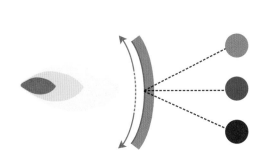

나무통 굽기

나무통을 만들 때 통에 화로를 넣고 내부를 굽는 과정이 있다. 얼마나 센 불에 통을 굽느냐에 따라 형성되는 향도 달라진다. 약한 불일 때는 바닐라 같은 향신료향이, 중간 정도에서는 커피나 토스트 같은 구운 향이 난다. 센 불에서는 캐러멜 같은 탄 향이 난다.

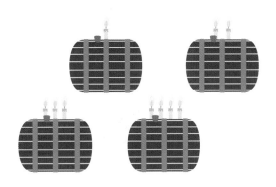

나무통의 나이

새 나무통에서 와인을 숙성하면 많은 향과 타닌이 와인에 배어들게 된다. 와인의 힘이 약하면 나무통에서 배어든 향과 타닌을 자기 것으로 소화하지 못한다. 결국 와인의 맛과 향이 나무향에 가려지게 된다. 그에 비해 4년 이상 된 나무통에서는 아무런 향도 와인에 배어들지 않는다. 와인에 아무 영향도 주지 않는 중성적인 나무통이 되는 것이다. 와인메이커는 생산하려는 와인 특성에 따라 적당한 나이의 나무통을 선택한다.

어린 와인 vs. 오래된 와인

취향은 물론 예산 역시 생각해야 한다. 오래된 와인은 대개 훨씬 비싸기 때문이다. 과시용으로 오래된 와인을 선택할 이유는 전혀 없다. 오래된 와인에서 나는 부엽토, 흙, 버섯, 들짐승 등의 특이한 냄새를 누구나 좋아하진 않는다.

어린 와인

선명한 컬러, 꽃이 만발한 들판, 아삭한 사과, 즙이 많은 딸기, 부라타 치즈Burrata, 모차렐라와 크림으로 만든 이탈리아 치즈, 피자, 여름에 과수원 산책하기, 과일 따기를 좋아한다면? 여러분은 어리고, 상큼하며, 향이 가득한 와인을 좋아한다.

오래된 와인

가을, 단풍숲 산책하기, 안락의자, 흡연실, 멧돼지 스튜, 호두, 트러플을 좋아한다면? 경제적으로 좀 부담스럽겠지만 오래된 와인이 여러분의 입맛을 사로잡을 것이다.

품종 와인 vs. 테루아 와인

품종 와인이란 포도의 품종별 특성이 잘 나타나는 와인을 뜻한다. 그에 비해 테루아 와인은 생산지의 토양, 기후, 와인메이커의 실력이 더 중요시되는 와인이다.

품종 와인

비싸지 않으면서 맛은 괜찮은 와인, 허세가 없으면서 복잡하지 않은 와인, 감자칩을 놓고 친구들과 편하게 TV를 보면서 마실 만한 와인을 좋아한다면? 와인 고르느라 골치 아프지 말고 품종 와인을 고른다. 잘 만든 품종 와인은 섬세함이나 깊은 감동은 부족할지 몰라도, 위압감을 주지 않기 때문에 편안한 저녁 시간을 보내기에 충분하다. 고급 샤토 와인 척하는 와인보다는 마트에서 파는 싸고 평범한 품종 와인, 예를 들어 소비뇽Sauvignon이나 시라Syrah 품종을 사는 편이 훨씬 낫다.

테루아 와인

점토의 기름진 질감이나 자갈 토양의 산도가 느껴지는 와인, 따듯한 햇살의 유연함, 재배하는 와이너리가 드문 오래된 품종의 쌉쌀함, 와인메이커의 섬세한 손길이 주는 감동을 와인에서 찾는다면? 제대로 맛보려면 많은 노력과 주의를 기울여야 하는 테루아 와인이 어울린다. 테루아 와인이 반드시 비싸진 않지만 동네 마트에서 구하긴 어려울 것이다. 와인샵이나 와인메이커에게 직접 문의하는 것이 좋은 테루아 와인을 구하는 지름길이다.

구대륙 와인 vs. 신대륙 와인

신대륙아메리카, 오스트레일리아 대륙 와인이 유럽 와인과 구분하기 힘들 정도로 비슷하다는 의견도 있지만, 맛이나 향에서 차이점을 발견할 수 있다.

신대륙 와인

달콤한 음료, 크리미하거나 기름진 음식을 좋아한다면? 신대륙에서 생산된 와인이 여러분의 입맛을 사로잡을 가능성이 높다. 마시기 편하고, 바닐라향이 강하며, 질감은 크리미하다. 매우 유연하고, 때로는 묵직하게 느껴지는 신대륙 와인은 화이트 와인이나 레드 와인 모두 매력적이고 유혹적이기까지 하다. 복잡하지 않고, 마시기에 부담이 없으면서도 기분좋게 즐길 수 있다. 더구나 가격 대비 품질이 괜찮다. 신대륙의 화이트 와인은 유럽의 화이트 와인에서는 보기 드문 이국적인 과일향을 가지고 있다. 최근에는 신대륙에서도 와인메이커들의 수많은 노력으로 생기 있고 세련된 와인을 생산하고 있기 때문에 관심을 가질 만하다.

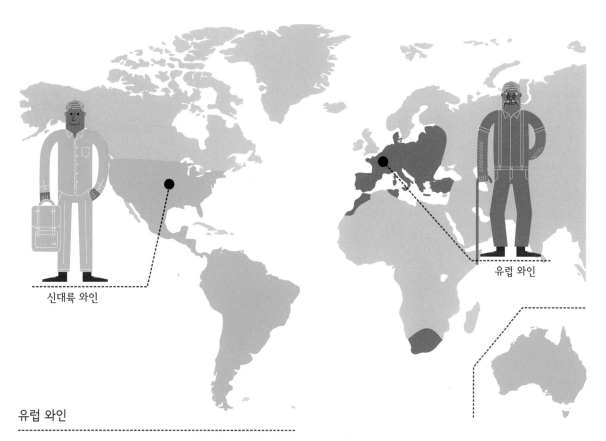

신대륙 와인

유럽 와인

유럽 와인

시원함, 새콤함이 주는 긴장감, 극도의 절제미를 좋아한다면? 유럽 와인이 제격이다. 명성만 너무 앞세우는 게 아니냐는 비난도 받고 있는 유럽 와인은 부드러움이 부족하고, 산도나 타닌이 지나치게 강하다. 하지만 이런 단점들은 숙성만 잘 되면 미묘한 섬세함이나 우아함으로 화려하게 변신한다. 물론 모든 유럽 와인이 다 그런 건 아니다. 이탈리아, 스페인, 프랑스 남부지방의 일부 와인들은 감미로움이 있기 때문이다.

대량생산 와인 vs. 유기농 와인 vs. 무첨가 와인

대량생산 와인

대규모 와이너리에서 만든 와인으로 빈티지, 토질, 생산지와 상관없이 맛, 질감, 향 등이 완벽히 균형잡힌 와인을 말한다. 과한 것도, 부족한 것도 없다. 비즈니스를 위한 식사나 이견조율을 위한 회의에 이상적인 와인이다. 현대 와인 생산기술의 발전으로 많은 사람들의 입맛에 맞고, 다른 와인과 섞어 마셔도 무리 없는 와인 생산이 가능해졌다.

조언

솔직히 말해 어디에나 어울리는 이 와인들은 별로 추천하고 싶진 않다. 너무 흠잡을 게 없어 오히려 지루한 느낌이 있다. 하지만 실망할 일이 없고 모든 사람의 입맛에 맞기 때문에 싫어할 사람이 없다는 게 장점이다. 마트에서 쉽게 구할 수 있는 대부분의 와인들이 대량생산 와인에 속한다. 유명 네고시앙 Négociant, 와인중개인 또는 도매상이라는 뜻. 포도나 와인을 농원에서 구입하여 숙성, 블렌딩하여 판매 브랜드에서 공급하기 때문이다.

유기농 와인

유기농 재배 포도로 만든 와인과 화학비료나 농약을 적정 수준으로 사용한 저농약 재배 포도로 만든 와인을 시음을 통해 구별하기란 불가능하다. 다만 토양을 살펴보면 차이를 알 수 있다. 유기농 와이너리의 토양은 광물 미네랄과 유기물이 더 많다. 즉, 흙이 살아 있다.

조언

화학비료 과다 사용으로 영양분이 고갈된 토양에 비해 비료를 전혀 사용하지 않은 토양에서 생산한 와인은 미네랄이 풍부하다. 물론 포도의 품질이 좋아야 하고, 와인 양조과정도 포도 재배과정과 동일하게 엄격히 운영되어야 한다. 세계적으로 유명한 도멘 중 유기농 또는 바이오다이나믹 농법 Biodynamic, 생명역동농법 와인을 생산하는 와이너리가 점점 늘고 있다. 대부분 에코서트 Ecocert, 유기농감시인 증기관, AB Agriculture Biologique, 유기농인증마크, 데메테르 Demeter, 바이오다이나믹 농작물 인증기관, 비오디뱅 Biodyvin, 바이오다이나믹 농법으로 재배한 포도로 양조한 와인 인증기관 등의 인증마크가 붙어 있다.

무첨가 와인

이산화황을 넣지 않은 와인을 마셔보면 어떨까? 파리의 와인바에서 최근 유행하는 와인이다. 보통 바이오다이나믹 농법으로 생산되며 단지 마케팅기법 중 하나일 수도 있다. 숙성과정이나 병입 단계에서 산화방지제 역할을 하는 이산화황을 첨가하지 않은 와인을 가리킨다. 따라서 와인이 안정적으로 숙성되지 않고 산화가 일어날 수 있다. 무첨가 와인은 병입된 후에도 예상하지 못한 변화가 일어날 가능성이 크다. 지나치게 빨리 산화되거나 반대로 산소가 부족해 양배추 냄새가 날 수 있다.

조언

약간 로또와 같다. 운이 나쁘면 썩은 사과나 말린 호두 같은 실망스런 맛이 난다. 운이 좋으면 아주 훌륭한 와인을 만날 수 있다. 무첨가 와인은 항상 와인의 상태가 나쁠 수 있다는 사실을 고려하고 와인을 골라야 한다.

내추럴 와인

 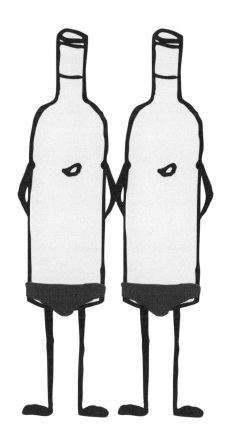

순수 와인? 내추럴 와인?

와인 애호가 중 「순수」 와인 또는 「내추럴」 와인을 신봉하는 사람들이 있다. 「살아있는 와인」, 「무첨가 와인」이라고도 하는데 부르는 용어가 많아 혼란스러울 정도다. 게다가 유기농 와인이나 바이오다이내믹 와인과는 달리 이 용어들에 대한 법적 규정이 없어 어떤 것을 사용해도 무방하다. 하지만 내추럴 와인이 가장 많이 사용되는 추세다.

화장을 지우고!

내추럴 와인은 기본적으로 유기농이어야 하고, 인간의 개입을 최소화하여 양조해야 한다. 기존의 와인 양조과정에서는 40여 가지의 첨가제 보조제, 안정제, 산도 조절제 등 사용이 법적으로 허용되고 있다. 이 물질들은 병입 전에 제거되기는 하지만 와인의 맛에 일정 부분 영향을 미치는 것은 사실이다.

이산화황 잔류량 역시 미량이어야 한다 40mg/ℓ이하. 그것이 가능하려면 포도밭에서 철저한 작업이 이루어져야 하고 양조장은 완벽하게 위생적이어야 한다. 하지만 내추럴 와인을 살 때는 조심해야 한다. 법적 기준이 없어 아무 와인이나 내추럴 와인이라고 주장할 수 있기 때문이다.

상황에 따른 와인 선택

겨울에는 따뜻한 음식을, 여름에는 시원한 음식을 먹는 것처럼 와인도 마찬가지다. 취향만 고려하는 것이 아니라 와인을 마시는 상황도 고려해서 와인을 선택해야 한다.

꼭 지키면 좋은 규칙들

따뜻한 느낌의 와인은 유혹하고 싶은 여성과 마시는 것이 좋다. 어려운 자리에선 선택하지 않는다.

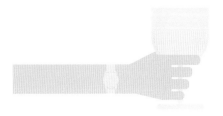

날이 더울 땐 드라이 화이트 와인, 로제 와인, 가벼운 레드 와인을 고른다. 겨울에는 살집이 있는 화이트 와인이나 묵직한 레드 와인을 마신다.

풀바디 와인은 친구들과 수다떨 때, 상큼한 와인은 업무상 대화를 나누는 자리에서 선택한다.

직장상사와의 식사에는 대량생산 와인이 적당하다. 평범하지 않은 와인은 친구들을 만날 때 선택한다.

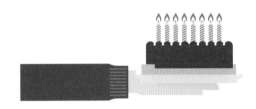

편안한 자리에는 심플한 와인을, 특별한 자리에는 복잡한 와인을 선택한다.

강한 와인은 저녁식사에 어울린다. 점심 때 강한 와인을 마시면 오후 내내 졸게 된다.

전통 시음잔 타스트뱅

타스트뱅taste-vin 또는 타트뱅tâte-vin은 금속 또는 은으로 만든 전통 시음잔이다. 오늘날에는 주로 장식품으로 쓰인다. 잔 표면이 올록볼록해서 빛 반사가 잘 되고 굴곡진 모든 부분에 와인을 비춰볼 수 있다. 타스트뱅은 와인의 색, 투명도, 광채, 나아가 와인의 농도를 관찰하는데 완벽한 도구다. 17, 18세기 부르고뉴 네고시앙은 타스트뱅에 담긴 와인을 보는 것만으로도 와인의 출처를 짐작했다고 한다.

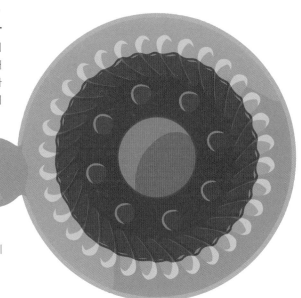

코에는 유감!

타스트뱅은 오늘날의 시음 방식과는 다른 과거 시음 방식의 산물이다. 과거에는 와인의 색과 맛이 중요했고 향은 덜 중요했다. 그래서 와인의 향을 맡을 필요가 없었다 그래서 더 좋았을 수도 있다. 이후 타스트뱅은 컬렉션 아이템이 되었고, 여러 와인 기사단에서 상징물로 사용하고 있다.

와인 용어

「벨벳 옷을 입은 아기 예수」는 벨벳처럼 부드럽고 편하게 마실 수 있는 와인을 말하는 옛 표현이다. 이처럼 이제는 더 이상 통용되지 않는 비유는 와인 용어도 사회 변화와 함께 변한다는 것을 말해준다. 이제는 사용하지 않는 와인의 맛에 대한 표현들이 꽤 있다. 「토끼의 배」나 「부싯돌」이 무슨 향인지 알겠는가? 부싯돌 향의 경우는 화이트 와인을 묘사하는데 아직도 사용되고는 있지만, 규석향이나 화약향이 우리의 코에는 더 익숙하다.

와인의 pH, 산도

와인의 pH, 즉 수소이온 지수가 라벨에 표시되지는 않지만 와인메이커에게는 매우 중요한 수치다. pH 지수를 통해 와인의 산도를 알 수 있고, 앞으로 이 와인이 균형 잡힌 와인이 될지 아닌지를 예측할 수 있기 때문이다. pH가 낮을수록 산도가 높다. pH가 너무 높으면 와인이 무거워진다. 보통, 와인은 pH 3.0과 4.0 사이에 위치하는데 화이트 와인은 pH 2.9~3.6, 레드 와인은 pH 3.4~3.9 사이다. 참고로 레몬즙은 pH 2.3, 콜라는 pH 2.5이다. 산도가 높지 않은 음료 중에서는 우유가 pH 6.5이고, 일반적으로 중성인 수돗물은 pH 7 정도이다.

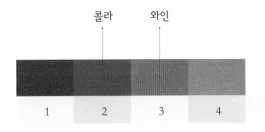

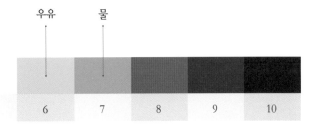

콜라 와인 우유 물

1 2 3 4 5 6 7 8 9 10

8월 말에서 9월 초. 여름휴가가 끝나고 학생들은 학업을, 직장인들은 업무를 새롭게 시작하는 시기다. 그러나 포도농원에서는 일년 농사를 끝낼 때다. 그리고 수확의 즐거움을 만끽하는 시기이기도 하다.

엑토르Hector는 대학생활을 마치기 전에 여름방학 동안 와이너리에서 아르바이트를 하기로 했다. 활기차고 부지런한 엑토르는 포도를 수확하는 데 꼭 필요한 자질을 갖추었다. 엑토르가 이번 여름에 일할 곳은 랑그도크Languedoc 지방의 픽 생루Pic Saint-Loup 지역이다. 그는 전지가위를 들고 시라Syrah, 그르나슈Grenache, 무르베드르Mourvèdre 등의 포도 품종을 수확하는 일에 나섰다. 포도 수확 아르바이트를 하면서 품종 간의 차이점, 포도나무의 수령과 생장, 포도나무를 다듬고 돌보는 법에 대해 배웠다. 일이 끝나면 다른 동료들과 와이너리에서 생산된 와인을 나눠 마시며 저녁식사를 했다.

아직 개학까지는 시간이 좀 남았기 때문에 엑토르는 와인 양조과정을 견학하고 싶다는 의사를 밝혔고, 와인메이커는 요청을 흔쾌히 받아들였다. 와인 양조과정을 보면서 어떻게 와인을 만드는지, 빈티지와 와인 숙성이 중요한 이유를 배울 수 있었다.

이번 경험을 통해 엑토르는 와인이 어떻게 생산되는지, 왜 스파클링 와인이 되는지, 와인에 당분이 생기는 이유는 무엇인지 등을 이해하게 되었다.

지금부터 나오는 내용을 포도 품종부터 와인이 어떻게 만들어지는지 알고 싶은 이 세상의 모든 엑토르에게 바친다.

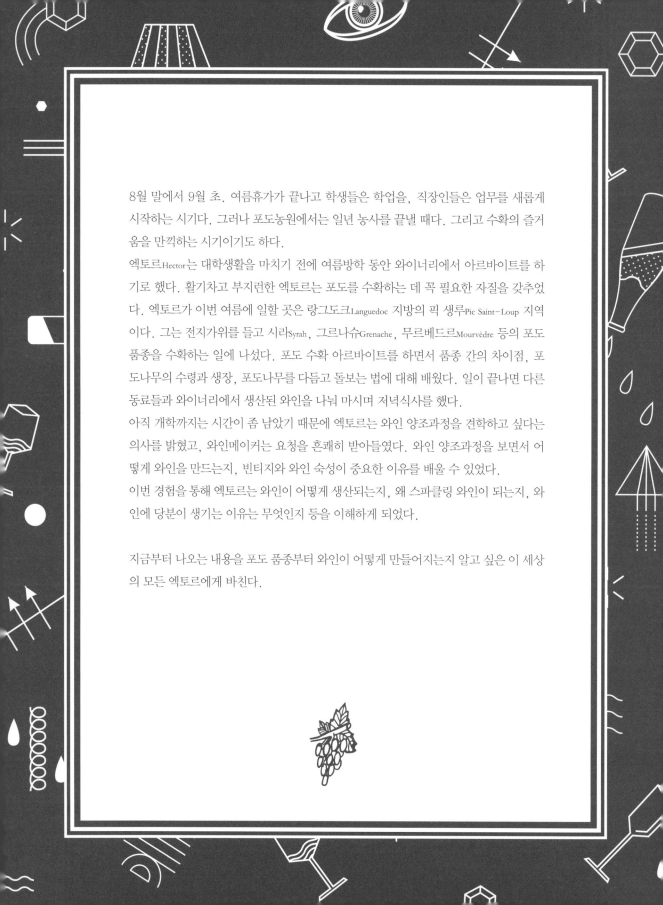

HECTOR

엑토르, 포도를 수확하다

**포도, 열매에서 품종까지
화이트 와인 품종 · 레드 와인 품종
포도나무의 일생 · 수확 시기
포도에서 와인까지
와인의 숙성**

포도, 열매에서 품종까지

포도 열매의 구조

꽃자루 타닌이 풍부하고 불쾌한 풀맛이 난다. 와인메이커들은 와인을 만들기 전에 포도송이에서 꽃자루를 제거하고 포도알만 사용한다.

과육 「유색 품종」인 일부 포도 품종을 제외하곤 무색이다. 수분, 당분, 산을 함유하고 있다.

껍질의 흰 가루 흰색 밀랍층이다. 외부자극으로부터 포도 열매를 보호하며, 효모를 함유하고 있다. 효모가 당분을 만나면 알코올 발효가 일어난다.

씨 타닌 성분이 많이 함유돼 있어 씹으면 떫은맛이 난다. 레드 와인의 구조를 만드는 중요한 역할을 한다.

껍질 색소를 함유하고 있다. 와인의 색은 껍질 때문에 생기고, 껍질에는 방향 성분이 들어 있다.

식용 포도와 다른 점

식용 포도와 와인용 포도는 다르다. 식용 포도는 과육을 주로 먹기 때문에 수분이 많고, 껍질은 얇으며, 씨가 적거나 없는 것이 좋다.

반대로 와인용 포도는 색소와 향을 많이 추출하기 위해 껍질이 두껍고, 레드 와인에 충분한 타닌을 공급하고 훌륭한 여운을 만들어주는 씨가 많은 포도를 선호한다.

다양한 포도 열매

포도 열매는 품종이나 포도 타입에 따라 크기와 특성이 다르다. 같은 품종이라도 기후, 테루아, 포도재배자의 작업에 따라 차이가 난다. 비가 많이 내린 해에는 포도나무에 수분이 많이 공급되어 포도 열매에 물이 차고 크기가 커진다. 또 껍질은 얇아진다. 가뭄이 든 해에는 반대로 열매가 작아지고 껍질이 두꺼워지며, 나중에 와인을 만들었을 때 향이 농축된다.

비티스 비니페라 품종

프랑스어로 「품종」이라는 뜻의 세파주 cépage 는 와인을 생산하기 위해 재배하는 다양한 포도나무종을 가리킨다. 각각의 품종은 고유의 특성을 가지고 있다.

전 세계적으로 약 1만여 종의 포도 품종이 존재하며, 이 중 249종이 프랑스에서 재배되고 있다. 그러나 그 중에서 약 10여 종이 전체 와인 생산량의 75%를 차지한다.

품질 좋은 와인을 만들기 위해 비티스 비니페라 *Vitis vinifera*종에 속하는 품종을 주로 사용한다. 이 품종은 가장 많이 재배되는 와인 생산용 포도종이며, 또다른 품종으로 미국에서 재배되는 비티스 라브루스카 *Vitis labrusca*도 와인 생산에 사용된다. 이들은 모두 포도과 Vitaceae 포도속 *vitis* 에 속한다. 포도과의 범위는 아주 넓어서 식용 포도뿐만 아니라 관상용으로 재배되는 야생포도도 여기에 포함된다.

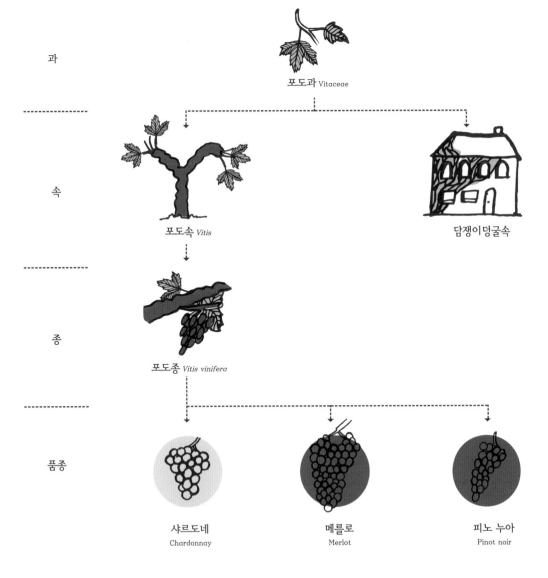

과

포도과 Vitaceae

속

포도속 *Vitis*

담쟁이덩굴속

종

포도종 *Vitis vinifera*

품종

샤르도네
Chardonnay

메를로
Merlot

피노 누아
Pinot noir

샤르도네

CHARDONNAY

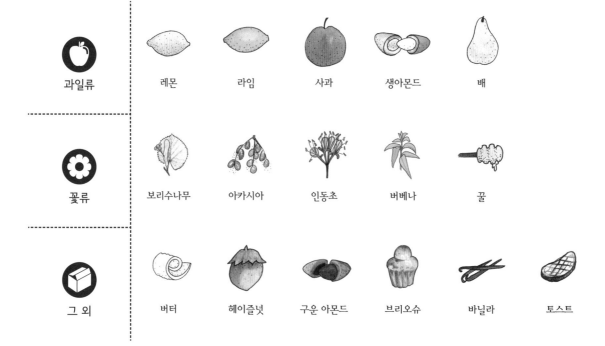

과일류	레몬	라임	사과	생아몬드	배
꽃류	보리수나무	아카시아	인동초	버베나	꿀
그 외	버터	헤이즐넛	구운 아몬드	브리오슈	바닐라	토스트

와인의 특성

지역, 테루아, 농작법에 따라 껍질의 특성이 다양하게 변한다. 일반적으로 꽃향이 강하거나 과일향이 강하지만, 부르고뉴Bourgogne 북부 샤블리Chablis에서는 날카롭고 광물향이 강한 와인이 나오고, 캘리포니아에서는 보다 관능적이고 버터향이 나는 와인이 생산된다. 이렇듯 지역의 특징을 스펀지처럼 흡수하는 특성 때문에 샤르도네의 대표적인 향을 특정하기란 어렵다. 일반적으로 레몬, 아카시아, 버터 향으로 설명할 수 있다. 토스트, 브리오슈 향이 돋보이도록 대부분 오크통에서 숙성시킨다.

인기도

가장 인기 높은 품종이다. 전 세계적으로 가장 뛰어난 드라이 화이트 와인을 생산하는 품종이기도 하다. 따라서 가격도 높다. 샴페인을 만드는 데도 이용된다.

알맞은 기후

더운 곳과 추운 곳에서 모두 재배된다. 모든 기후에 적응하므로 인기가 높지만, 기후에 따라 성질이 변한다. 추운 기후에서는 광물 성분이 강해져 더욱 드라이해지며, 더운 기후에서는 잘 익은 과일향과 함께 좀더 기름진 와인이 생산된다.

주요 재배지

프랑스_ 부르고뉴Bourgogne, 샹파뉴Champagne, 쥐라Jura, 랑그도크Languedoc, 프로방스Provence

기타 지역_ 미국 캘리포니아, 캐나다, 칠레, 아르헨티나, 남아프리카공화국, 중국, 오스트레일리아

소비뇽
SAUVIGNON

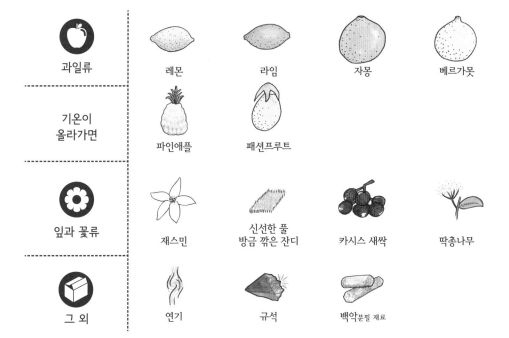

과일류	레몬 / 라임 / 자몽 / 베르가못
기온이 올라가면	파인애플 / 패션프루트
잎과 꽃류	재스민 / 신선한 풀 방금 깎은 잔디 / 카시스 새싹 / 딱총나무
그 외	연기 / 규석 / 백악분필 재료

와인의 특성

글라스에 따랐을 때 표현력이 가장 좋은 품종 중 하나다. 아주 시원하면서 새콤한 감귤류의 향, 봄과 삶의 즐거움이 연상되는 은은한 허브향을 가지고 있다. 실력 있는 와인메이커와 좋은 테루아의 장점이 더해지면 연기와 조약돌 향이 더해져 와인 향이 더욱 풍부해진다. 마셔보면 향 못지 않게 맛에서도 때로는 날카로울 정도로 활기가 넘치는 것을 느낄 수 있다. 와인 양조시 소비뇽만으로 만들거나 드라이 와인 또는 스위트 와인에 가벼움을 더해주기 위해 보르도Bordeaux산 세미용Sémillon 품종과 블렌딩하기도 한다.

인기도

소비뇽은 루아르Loire 지방의 상세르Sancerre 와인과 보르도 화이트 와인 덕분에 인기가 매우 높아졌다. 또 많은 나라에 수출된 품종이다. 소비뇽으로 생산한 와인은 마시기 편해 많은 사람들에게 사랑받고 있으며, 포도 품종 자체의 향이 돋보이는 화이트 와인 중 최고로 꼽힌다.

알맞은 기후

온화한 기후에 어울린다. 너무 추우면 별로 좋지 않은 풀향이나 고양이 오줌냄새가 난다. 너무 더운 곳에서 재배하면 열대과일향이 너무 진해 오히려 메스껍게 느껴진다.

주요 재배지

프랑스_ 상트르발 드 루아르 Centre-Val de Loire, 보르도, 남서부지방
기타 지역_ 스페인, 뉴질랜드, 미국 캘리포니아, 칠레, 남아프리카공화국

슈냉
CHENIN

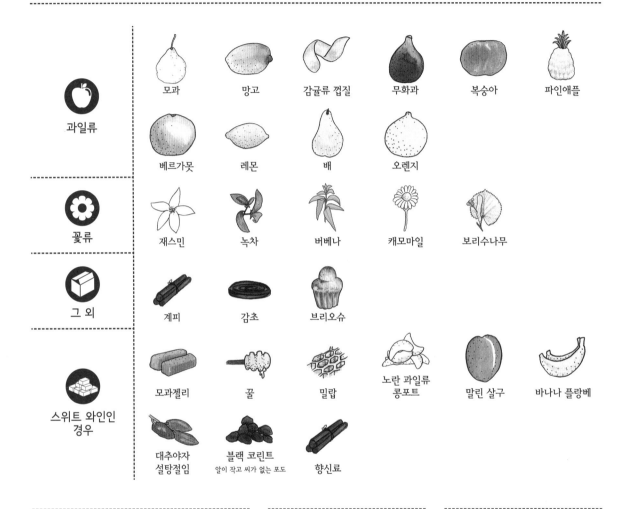

과일류

모과   망고   감귤류 껍질   무화과   복숭아   파인애플

베르가못   레몬   배   오렌지

꽃류

재스민   녹차   버베나   캐모마일   보리수나무

그 외

계피   감초   브리오슈

스위트 와인인 경우

모과젤리   꿀   밀랍   노란 과일류 콩포트   말린 살구   바나나 플랑베

대추야자 설탕절임   블랙 코린트 알이 작고 씨가 없는 포도   향신료

와인의 특성

깜짝 놀랄 만큼 부드럽고 청량한 품종이다. 적절한 산도와 입 안에서 느껴지는 부드러움 때문에 스파클링 와인, 드라이, 세미드라이, 무알뢰, 리코뢰 와인까지 다양한 와인이 생산된다. 모과에서 버베나까지 아주 다양하게 표현되므로 다른 품종과 블렌딩할 필요가 없다. 일부 리코뢰 와인은 수십 년 동안 보관할 수 있다.

인기도

재배가 까다롭기 때문에 널리 퍼지지 않았다. 스페인에서는 이 품종을 재배하는 와이너리가 계속 늘어나고 있다.

알맞은 기후

온화한 기후. 너무 추우면 시고, 기온이 너무 높으면 품종의 특성이 많이 사라진다.

주요 재배지

프랑스 루아르Loire, 남아프리카공화국, 미국 캘리포니아

게뷔르츠트라미너
GEWURZTRAMINER

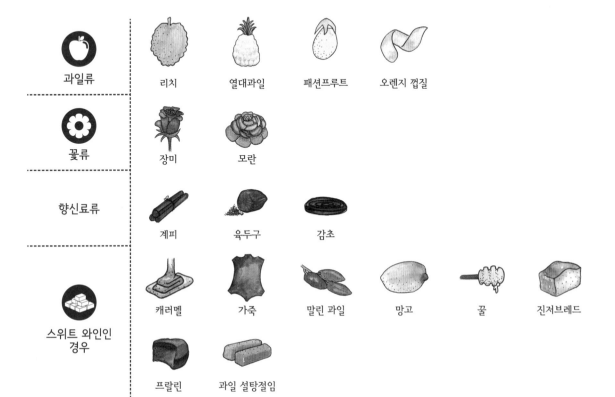

과일류
리치   열대과일   패션프루트   오렌지 껍질

꽃류
장미   모란

향신료류
계피   육두구   감초

스위트 와인인 경우
캐러멜   가죽   말린 과일   망고   꿀   진저브레드
프랄린   과일 설탕절임

와인의 특성

장미와 리치 향이 독특해서 쉽게 알 수 있으며, 향신료로 한껏 솜씨를 부린 느낌이다. 원래 품종명의 접두사는 독일어로 「향신료」를 뜻하는 게뷔르츠gewürz에서 왔다. 맛이 풍부하고 향긋하기 때문에 산도가 부족한 스위트 와인은 오히려 불쾌하게 느껴진다. 하지만 제대로 만든 와인은 최상의 즐거움 바로 그 자체다. 대부분 단품종으로 와인을 만든다.

인기도

취향에 따라 선호도가 극명하게 나뉘며, 대개 식전주나 디저트 와인, 크리스마스 정찬 또는 아시아 음식중국음식 · 태국음식 · 초밥과 함께 마신다.

알맞은 기후

추운 지역에서 재배된다. 품종의 원산지 자체가 유럽 북부 또는 대륙성 기후 지역이다. 겨울철 서리도 잘 견딘다.

주요 재배지

프랑스 알자스Alsace, 독일, 오스트리아, 이탈리아 북부

비오니에
VIOGNIER

노란 과일류	살구	황도	백도	레몬껍질 설탕절임	배	멜론

 꽃류   바이올렛   아이리스   아카시아

 그 외   무스크   향신료   밀랍   구운 헤이즐넛   담배

와인의 특성

이 품종으로 만든 와인은 특히 살구와 복숭아 향이 많이 난다. 대개 기름지고, 풀바디이며, 묵직하다. 양조가 잘 된 와인은 우아하기 이를 데 없지만, 제대로 양조되지 않으면 텁텁하고 무겁다. 프랑스 론Rhône 강 유역이 원산지이며, 단품종으로 최고급 와인들이 많이 생산되지만 같은 지역 품종인 마르산Marsanne이나 루산Roussane과 블렌딩하기도 한다. 시라Syrah 품종에 약간의 비오니에 품종을 섞어 만든 레드 와인은 맛이 한결 부드럽다.

인기도

론 지역의 최고급 화이트 와인 와이너리에서 많이 재배하기 때문에 가격이 상당히 비싸며, 초심자들은 잘 모르는 품종이다.

알맞은 기후

온화하거나 더운 기후가 재배에 적당하다. 재배가 아주 어렵고 생산되는 포도의 양도 적다. 와인을 양조할 때 품종 특유의 부드러운 맛과 산도 사이에서 미묘한 균형을 잡는 것이 가장 중요하다.

주요 재배지

프랑스_ 론Rhône 밸리, 랑그도크Languedoc
기타 지역_ 미국 캘리포니아, 오스트레일리아

SÉMILLON

세미용

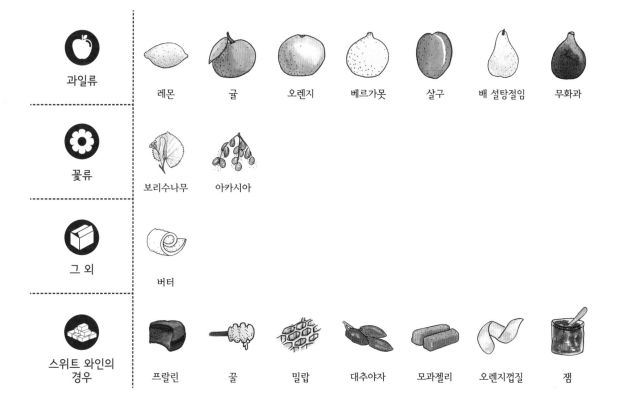

과일류						
레몬	귤	오렌지	베르가못	살구	배 설탕절임	무화과

꽃류	
보리수나무	아카시아

그 외
버터

스위트 와인의 경우						
프랄린	꿀	밀랍	대추야자	모과젤리	오렌지껍질	잼

와인의 특성

보트리티스 시네레아균Botrytis Cinerea, 포도에 당분을 축적시켜 단맛이 매우 강한 와인을 만드는 데 적합 즉 귀부병noble rot에 민감한 세미용은 화려한 보르도Bordeaux 리코뢰 와인을 생산하는 대표 품종이다. 드라이 와인은 기름지고 향이 적어 장기간 보관할 수 있으며, 무엇보다 스위트 와인에서 이 품종의 모든 잠재력이 발휘된다. 어떤 경우에도 세미용 품종만으로 와인을 만들지는 않는다. 유연한 질감을 위해 소비뇽Sauvignon을 가장 많이 블렌딩하며, 가끔 뮈스카델Muscadelle 품종도 블렌딩한다.

인기도

인기에서는 챔피언급. 품질 좋은 소테른Sauternes은 엄청난 가격에 거래되며, 전 세계 와인애호가들에게 큰 사랑을 받고 있다.

알맞은 기후

해양성 기후로 온화하고 부드러운 기후가 좋다. 특히 가을에도 귀부병이 발생할 수 있어야 한다.

주요 재배지

프랑스_ 보르도, 남서부지방
기타 지역_ 오스트레일리아, 미국, 남아프리카공화국

리슬링
RIESLING

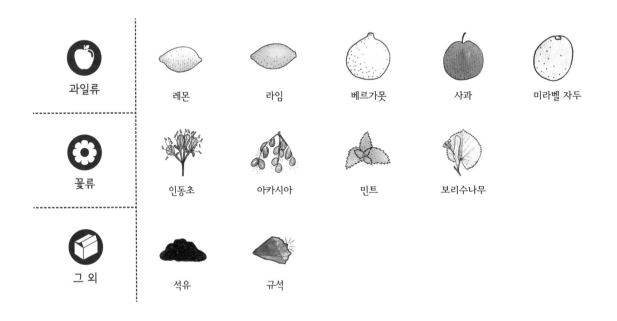

과일류	레몬	라임	베르가못	사과	미라벨 자두
꽃류	인동초	아카시아	민트	보리수나무	
그 외	석유	규석			

와인의 특성

독일이 원산지이며, 토질의 영향을 많이 받기 때문에 그 어떤 품종보다 테루아의 특성이 많이 나타난다. 자갈 토양을 좋아하는 리슬링은 과일향이나 꽃향보다는 광물향이 강하다. 몇 년간 숙성시킨 좋은 리슬링 와인에서는 석유향이 돋보인다. 그 밖에 간간한 조약돌향을 감귤류향과 꽃향이 전체적으로 감싸안고 있는 느낌이다. 드라이 또는 리코뢰 와인으로 마신다. 때로는 가을에 늦수확을 하기도 하고, 겨울까지 귀부포도를 기다려 아이스와인을 생산하기도 한다. 리슬링 품종은 다른 품종과 블렌딩하지 않는다.

인기도

스타 품종이다. 와인전문가들에게 샤르도네와 더불어 화이트 와인의 2대 품종으로 손꼽힌다. 20세기 초반에는 인기가 떨어졌지만, 생산기준이 엄격해지면서 다시 소비자들이 즐겨 찾는 와인이 되었다.

알맞은 기후

추운 기후에 알맞다. 북부지역에 아주 적합한 품종이다. 좀더 기온이 높은 지역에서도 생산은 가능하지만, 품종이 가지는 복잡한 특징들과 우아함을 잃어 재배할 이유가 별로 없다.

주요 재배지

프랑스 알자스Alsace, 독일, 룩셈부르크, 오스트레일리아, 뉴질랜드, 캐나다.

마르산
MARSANNE

| 과일류 | 생아몬드 | 복숭아 | 살구 | 사과 | 오렌지 | 말린 과일 |

| 꽃류 | 재스민 | 아카시아 |

| 그 외 | 호두 | 트러플 | 아몬드 페이스트 | 밀랍 |

와인의 특성

이 품종으로 만든 와인은 강하고 유연하다. 다양한 아몬드향이 주를 이루지만, 재스민과 밀랍 향 또한 느낄 수 있다. 단품종으로 와인을 만드는 경우는 아주 드물고 다른 품종, 특히 같은 론Rhône 강 유역 품종인 루산Roussane과 블렌딩할 때 조화를 이룬 와인이 만들어진다.

인기도

일반적으로 잘 모르지만, 프랑스에서는 루산과 더불어 많이 재배되는 품종이다. 마르산은 롤Rolle 또는 베르멘티노 Vermentino, 그르나슈 블랑Grenache blanc, 비오니에Viognier 품종과도 잘 어울린다.

알맞은 기후

더운 기후와 돌이 많은 토양에 적합하다.

주요 재배지

프랑스_ 론Rhône 밸리, 랑그도크 Languedoc, 남부지방
기타 지역_ 오스트레일리아, 미국 캘리포니아

롤－베르멘티노

ROLLE-VERMENTINO

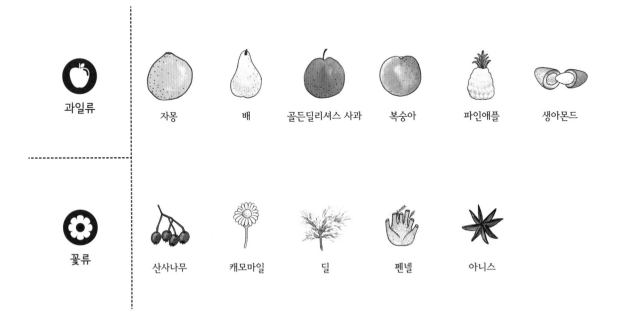

과일류	자몽	배	골든딜리셔스 사과	복숭아	파인애플	생아몬드
꽃류	산사나무	캐모마일	딜	펜넬	아니스	

와인의 특성

코르시카Corse의 화이트 와인은 100% 베르멘티노Vermentino 품종으로 생산한다. 하지만 롤Rolle이라는 이름으로 불리는 프로방스Provence에서는 위니 블랑Ugni blanc, 마르산Marsanne, 그르나슈 블랑Grenache blanc, 클레레트Clairette, 샤르도네Chardonnay, 소비뇽Sauvignon 등 다양한 품종과 블렌딩한다. 아주 신선하고 향긋하며, 배향 그리고 특히 펜넬 같은 아니스 계열 향이 풍부하다. 와인을 만들면 섬세한 쓴맛이 나는데, 살짝 가미된 쓴맛이 오히려 달콤한 느낌을 준다.

인기도

여름철 생선요리와 잘 어울리는 와인이지만, 겨울철 음식과는 궁합이 잘 맞지 않는다. 바캉스 기분을 내고 싶을 때 어울리는 와인이다.

알맞은 기후

더운 기후가 좋다. 강렬한 햇빛, 건조하고 영양분이 부족한 토양을 좋아한다.

주요 재배지

프랑스_ 랑그도크루시용Languedoc-Roussillon, 남부지방, 코르시카 섬
기타 지역_ 이탈리아의 사르데냐Sardegna, 토스카나Toscana

뮈스카
MUSCAT

과일류

포도

레몬

사과

보리수나무

장미

스위트 와인의 경우

밀랍

모과젤리

잼

오렌지껍질

건포도

와인의 특성

그리스가 원산지이며, 고대로부터 재배해온 송이가 작은 뮈스카뮈스카 드 프롱티냥Muscat de Frontignan, 모스카토Moscato라고 부른다는 유럽 전역에 분포한다. 드라이하고 꽃향이 나는 이 품종은 모든 와인용 포도 품종 중에서 유일하게 포도 특유의 향이 온전히 살아 있는 와인을 생산한다. 이탈리아에서는 섬세한 펄 와인을 생산하며, 프랑스 남부지방과 그리스에서는 주정강화 와인을 만든다. 뮈스카 드 봄드브니즈Muscat de Beaumes-de-Venise, 뮈스카 드 리브잘트Muscat de Rivesaltes 등 뮈스카 품종 와인은 달고 절인 과일 맛이 강해서 디저트에 어울린다. 알이 굵은 뮈스카 품종으로 만드는 뮈스카 달렉산드리Muscat d'Alexandrie, 뮈스카 오토넬Muscat ottonel, 뮈스카데Muscadet, 믈롱 드 부르고뉴Melon de Bourgogne 품종으로 만드는 루아르Loire 드라이 와인와 혼동하지 말 것.

인기도

단맛을 좋아하는 노년층에게 인기가 높으며, 젊은 층은 많이 찾지 않는다.

알맞은 기후

온화한 기후에 잘 적응한다.

주요 재배지

알자스Alsace 드라이 와인, 프랑스 남부지방 주정강화 와인, 코르시카, 이탈리아드라이 모스카토, 펄 와인, 그리스사모스Samos 스위트 뮈스카, 스페인, 포르투갈, 오스트레일리아 루터글렌Rutherglen, 오스트리아, 동유럽, 남아프리카공화국

믈롱 드 부르고뉴(뮈스카데)
MELON DE BOURGOGNE (MUSCADET)

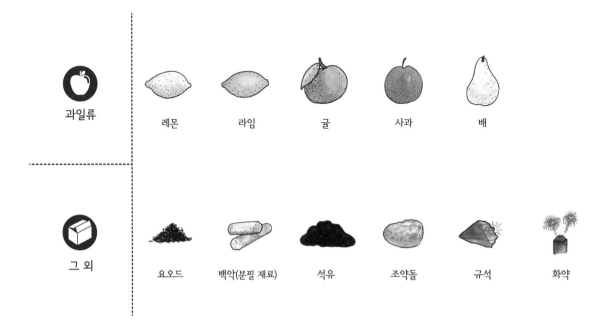

과일류

레몬 　 라임 　 귤 　 사과 　 배

그 외

요오드 　 백악(분필 재료) 　 석유 　 조약돌 　 규석 　 화약

와인의 특성

부르고뉴라고 해도 실제로 낭트 근처 해안에서 재배하는 루아르 품종이다. 믈롱 드 부르고뉴라고 부르는 이유는 포도잎 모양이 멜론믈롱처럼 둥그렇고, 1635년에 부르고뉴에서 왔기 때문이다. 뮈스카데를 만들 수 있도록 허용된 유일한 품종이다. 이는 블렌딩 와인에서 믈롱 드 부르고뉴를 찾을 수 없는 이유이기도 하다. 믈롱 드 부르고뉴는 바다의 맛을 그대로 표현해내고, 생기 있는 레몬향과 요오드향이 특징이다. 잘 만들어진다면 마지막에 짠맛의 여운이 남는데, 마치 루아르 지방 테루아르의 특징인 조약돌이나 돌을 핥는 듯한 느낌의 맛을 포함한다. 해산물과 당연히 잘 어울린다.

인기도

믈롱 드 부르고뉴는 잘 알려져 있지 않지만, 뮈스카데는 세계적으로 유명한 아펠라시옹 AOC 이다. 풍미가 단순하고 값싼 와인이라는 이미지가 있지만 잘 만들어진 뮈스카데는 40년까지 보관할 수 있는 진정한 테루아르 와인이다.

알맞은 기후

춥고 습한 기후에서 잘 자란다. 1709년 겨울 끔찍한 한파를 견디는 능력이 확인된 후 해안가 바닷물이 얼 정도로 추웠다! 루아르 계곡 경사면에 광범위하게 심어졌다.

주요 재배지

프랑스_ 루아르 Loire
기타 지역_ 미국 오리건, 워싱턴 지역에서 드물게 재배

피노 그리

PINOT GRIS

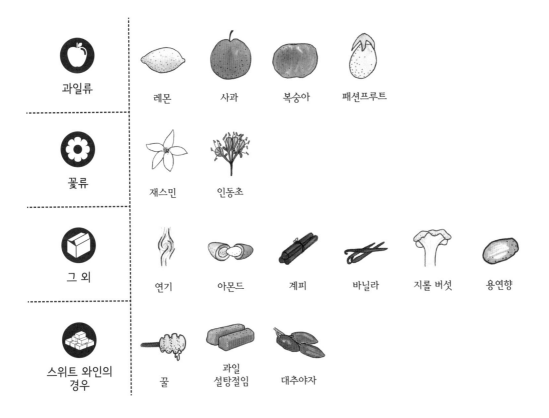

과일류   레몬   사과   복숭아   패션프루트

꽃류   재스민   인동초

그 외   연기   아몬드   계피   바닐라   지롤 버섯   용연향

스위트 와인의 경우   꿀   과일 설탕절임   대추야자

와인의 특성

프랑스에서는 피노 그리 pinot gris, 이탈리아에서는 피노 그리지오 pinot grigio로 불린다. 포도색이 분홍빛 회색에서 연보라색, 나아가 연보라빛 회색까지 그 다양함이 놀랍다. 덕분에 루아르 상트르 지역에서는 피노 그리로 색이 매우 연한 로제 와인을 만들고 있다.

피노 그리의 가장 큰 장점은 복합적인 향, 섬세한 맛 그리고 고급 리코뢰를 만들 수 있는 잠재성이다. 이탈리아에서는 레몬향의 가벼운 와인이, 알자스 지방에서는 연기, 향신료, 잘 익은 과일향이 풍성한 와인이 생산되고 있다. 수확이 늦으면 방당주 타르디브, vendanges tardive, VT 바디감이 있고 파워풀한 스위트 와인이 된다.

인기도

인기가 점점 상승하고 있다. 프랑스에서는 많이 재배되고 있지 않아 잘 알려지지 않았지만 해외에서는 인기가 높다. 저렴한 피노 그리도 사랑받고 있지만 진한 고급 피노 그리는 더 큰 사랑을 받고 있다.

알맞은 기후

추운 기후에 적합하다. 더위에도 적응할 수 있지만 산도가 높지 않아 온도가 올라가면 와인이 무거워진다. 추운 겨울을 나는데 저항력이 있어 문제가 없다.

주요 재배지

프랑스_ 알자스 Alsace, 루아르 Loire
기타 지역_ 이탈리아, 독일, 오스트리아, 헝가리, 크림 반도, 미국, 오스트레일리아, 뉴질랜드

피노 누아

PINOT NOIR

향

체리 · 라즈베리 · 딸기 · 카시스 · 아이리스 · 바이올렛

나무통 숙성 후

목재 · 바닐라 · 계피 · 담배

장기 숙성하면

털 · 가죽 · 숲속향 · 이끼 · 트러플 · 무스크

와인의 특성

부르고뉴Bourgogne 품종으로 힘보다는 섬세함이 더 많이 느껴진다. 와인의 색은 진하진 않지만 빛나는 루비색이며, 붉은 열매의 향이 환상적이다. 마실 때의 느낌은 섬세하고 실크처럼 부드러우며, 아주 드물게 살짝 뻑뻑한 느낌도 있다.

특히 몇 해 동안 숙성시키고 나면 가려져 있던 풍미가 나타난다. 가을숲, 가죽, 트러플 향이 어우러진 부케가 우아함을 자랑한다. 대개 단품종으로 와인을 만들며, 다른 품종과의 블렌딩은 피한다.

인기도

매우 인기 있다. 세계적으로 사랑받는 품종이며, 재배 지역 역시 넓다. 최고급 부르고뉴 와인의 가격은 상당히 비싸다. 그러나 저가의 피노 누아 와인도 많으며, 거의 모든 모임과 식사에 어울리는, 마시기 쉬운 와인이다.

알맞은 기후

시원한 기후에 알맞다. 껍질이 얇고, 더운 기후에서는 너무 빨리 익기 때문에 향이 뛰어나지 않다.

주요 재배지

와인을 생산하는 모든 곳. 유럽, 북미 · 남미 대륙, 남아프리카공화국 등지에서 모두 재배한다. 하지만 품질 좋은 와인이 생산되는 테루아는 부르고뉴, 샹파뉴Champagne, 미국 오리건주, 뉴질랜드, 오스트레일리아다.

타닌이 적다 — 타닌이 많다

카베르네 소비뇽

CABERNET-SAUVIGNON

향
카시스 블랙베리 고사리 파프리카 재스민 샌들우드 송진

나무통 숙성 후
참나무 바닐라 정향 감초

장기 숙성하면
가죽 담배 들짐승 서양삼나무 연필 트러플

와인의 특성

또다른 스타 품종으로 보르도Bordeaux가 원산지다. 마치 마라톤 선수처럼 오래 숙성시킬수록 카베르네 소비뇽의 진가가 발휘된다. 풍부한 타닌 덕분에 수십 년 보관할 수 있고, 오래된 와인에서는 카시스, 담배, 들짐승고기, 서양삼나무의 매우 복잡한 부케가 형성된다. 이 품종으로 만든 와인은 강하고 풀바디이며, 발랄하기보다는 진지한 타입이다. 어린 와인은 투박하다 못해 거친 느낌도 준다. 그래서 좀더 부드러운 메를로Merlot 품종과 블렌딩하는 경우가 많다.

인기도

피노 누아만큼 인기가 아주 높다. 세계에서 가장 많이 재배되는 레드 와인 품종이다. 이 품종으로 생산된 와인 중에 최고가 와인이 많다.

알맞은 기후

상당히 더운 기후가 좋다. 알이 작은 이 포도는 껍질이 두껍기 때문에 늦게 익는다. 따라서 햇빛이 많이 필요하다.

주요 재배지

프랑스에서 중국까지 전 세계에서 재배한다. 특히 보르도와 프랑스 남부지방.
기타 지역_ 이탈리아, 칠레, 미국 등

타닌이 적다   타닌이 많다

카베르네 프랑

CABERNET FRANC

향

라즈베리　　카시스　　이끼　　유칼립투스　　파프리카

장기 숙성하면

숲속향　　흙

와인의 특성

카베르네 소비뇽Cabernet sauvignon의 선조 품종으로, 카베르네 프랑이 좀더 유연하고 풍미가 약하다. 단품종으로 만든 와인은 카시스와 나뭇잎향이 나며 실크처럼 부드럽다. 조기 수확하면 약한 파프리카향이 추가된다. 보르도 Bordeaux 우안지역Rive droite 에서는 메를로Merlot와 블렌딩하여 유연하고 신선한 와인을 생산한다.

인기도

이 품종으로 생산한 루아르Loire 와인은 파리의 와인바에서 선호하는 와인이다. 보르도산은 어린 와인도 맛이 좋아 역시 많은 이들이 좋아한다.

알맞은 기후

온화한 기후가 적당하다. 카베르네 소비뇽보다 포도가 빨리 익는다.

주요 재배지

프랑스_ 보르도, 루아르, 남서부지방
기타 지역_ 이탈리아, 칠레, 오스트레일리아, 미국

타닌이
적다

타닌이
많다

메를로
MERLOT

향

 말린 자두

 블랙베리

 블루베리

 블랙체리

 바이올렛

 민트

장기 숙성하면

 가죽

  들짐승

 육즙

와인의 특성

카베르네 소비뇽Cabernet sauvignon과 짝꿍처럼 잘 어울리며, 타닌이 강한 카베르네 소비뇽에 부드러운 맛을 더해준다. 단품종으로 만든 와인은 맛과 향이 풍부하고 마시기 편하다. 고급 보르도Bordeaux 와인에는 와인의 보존성을 높여주는 카베르네 프랑Cabernet franc 품종을 블렌딩한다.

인기도

마시기에 부담이 없어서 인기가 높다. 과일향이 풍부하고, 어린 와인일 때 편하게 마실 수 있어 품종 와인을 찾을 때 주로 선택된다. 보르도 우안지역Rive droite 와인을 좋아하는 애호가들도 찬사를 보낸다.

알맞은 기후

온화한 기후에서 더운 기후까지. 재배가 쉽다. 큰 포도알은 껍질이 얇아 쉽게 익는다.

주요 재배지

프랑스_ 보르도, 남서부지방, 랑그도크루시용Languedoc-Roussillon
기타 지역_ 이탈리아, 남아프리카공화국, 칠레, 아르헨티나, 미국 캘리포니아

타닌이
적다

타닌이
많다

시 라

SYRAH

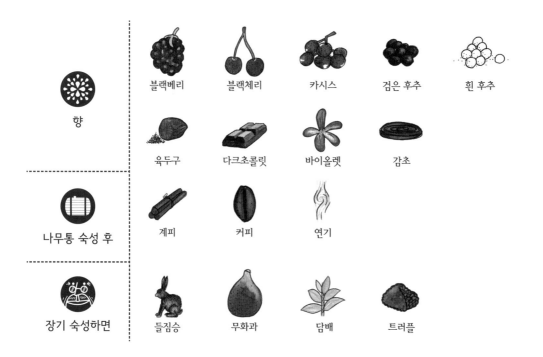

향

블랙베리　블랙체리　카시스　검은 후추　흰 후추

육두구　다크초콜릿　바이올렛　감초

나무통 숙성 후

계피　커피　연기

장기 숙성하면

들짐승　무화과　담배　트러플

와인의 특성

시라는 마치 짙은 보라색 드레스 같은 이미지다. 매혹적이며, 강한 후추향과 육두구, 감초향에 부드러운 바이올렛 향이 조화롭게 섞여 있다. 시라 품종만으로 만든 와인은 오래 숙성할 수 있고, 풍미가 진하며 강하다. 그러나 그르나슈Grenache품종과 블렌딩하면 과일향이 풍부하고 마시기 편한 와인이 탄생한다.

인기도

몇 년간 숙성한 에르미타주Hermitage, 코트로티Côte-Rôtie, 생조제프Saint-Joseph 덕분에 유명해진 품종이다. 오스트레일리아에서 레드 와인 품종 중 가장 많이 재배하고 있다.

알맞은 기후

온화하거나 더운 기후.

주요 재배지

프랑스_ 론Rhône, 남부지방
기타 지역_ 이탈리아, 남아프리카공화국, 오스트레일리아, 뉴질랜드, 칠레, 미국 캘리포니아에서는 「시라즈Shiraz」라고 부른다.

타닌이 적다　　타닌이 많다

그르나슈
GRENACHE

향

무화과　딸기　블루베리　육두구　**수풀** 타임·월계수·로즈메리　코코아

계피　브랜디

나무통 숙성 후

바닐라　커피　감초　캐러멜

장기 숙성하면

말린 무화과　말린 자두　모카　가죽

와인의 특성

원산지가 스페인인 이 품종은 말린 자두, 초콜릿, 수풀 향이 강하다. 맛좋은 스위트 와인, 때때로 알코올 도수가 높은 와인을 만들기도 한다. 로제 와인부터 뱅 두 나튀렐Vin Doux Naturel, 스위트 와인, 그리고 단품종 또는 혼합 품종으로 레드 와인을 만들기도 한다. 론Rhône 지역에서는 시라Syrah 품종과 블렌딩하여 타닌을 완화시킨 부드러운 와인을 주로 만든다.

인기도

검은 포도 품종 중에서 전 세계적으로 가장 많이 재배되는 품종이다. 특히 이 품종이 포함된 유명한 샤토뇌프뒤파프Châteauneuf-du-Pape, 바뉠스Banyuls와 모리Maury 같은 주정강화 와인도 인기 있다. 초콜릿과 함께 마시면 아주 좋다.

알맞은 기후

더운 기후. 봄철에 내리는 찬비에는 취약하지만, 가뭄은 잘 견딘다.

주요 재배지

프랑스_ 론, 루시용Roussillon
기타 지역_ 스페인, 오스트레일리아, 모로코, 미국 등

타닌이 적다　　　　　**타닌이 많다**

가메

GAMAY

과일류	레드체리	딸기	라즈베리	구즈베리	블랙베리	바나나
꽃류	재스민					
그 외	초콜릿					

와인의 특성

보졸레Beaujolais의 대표 품종으로 이 지역의 99%가 재배하는 가메는 과일향이 가장 풍부하고 매력적인 와인을 생산한다. 맛좋은 붉은 과일향에 유연하고 타닌이 적은 신선한 느낌의 와인으로, 쉽게 마실 수 있어 어떤 자리에나 어울린다. 보졸레 누보Beaujolais nouveau가 유행하면서 발효과정에서 바나나향과 사탕향이 나는 와인이 많이 생산되고 있다. 하지만 잘 만든 가메 와인은 숙성이 진행될수록 화려한 아름다움을 뽐낸다.

인기도

지나치게 대량생산되어 저급 와인으로 취급당했지만, 와이너리들이 고품질 와인을 생산하기 위해 집중적으로 노력한 결과 다시 격식을 차린 식사 테이블에 많이 오르고 있다.

알맞은 기후

시원한 기후와 온화한 기후. 수확량이 많고 빨리 익는 품종이다.

주요 재배지

프랑스_ 보졸레, 페이 드 루아르Pays de Loire, 아르데슈Ardèche, 부르고뉴Bourgogne
기타 지역_ 스위스, 칠레, 아르헨티나

타닌이 적다　　　　타닌이 많다

무르베드르

MOURVÈDRE

향

블랙베리

감초

수풀

계피

후추

무스크

장기 숙성하면

가죽

들짐승

트러플

와인의 특성

무르베드르 품종으로는 검은색에 가까우며, 강하고 대개 알코올 도수가 높은 와인을 생산한다. 어릴 때는 흙향이 강하고 다른 향이 별로 없지만, 숙성되면서 가죽향과 트러플향이 나타난다. 프랑스 남부지방에서 골격 있는 레드 와인과 로제 와인을 생산하기 위해 블렌딩한다.

인기도

사람들에게 별로 알려지지 않았으며, 재배에 많은 인내가 필요하다. 프로방스 Provence 지방에서 생산되는 고급 방돌 Bandol 와인이 유명하다.

알맞은 기후

더운 기후가 알맞다. 껍질이 두꺼워 포도가 익는데 햇빛이 많이 필요하다.

주요 재배지

프랑스_ 론Rhône, 랑그도크루시용Languedoc-Roussillon, 방돌
기타 지역_ 미국 캘리포니아, 오스트레일리아, 스페인

타닌이
적다

타닌이
많다

말베크

MALBEC

과일류

블랙체리

블루베리

자두

그 외

서양삼나무

가죽

와인의 특성

아르헨티나 와인의 주력 품종인 말베크로는 색이 진하고 풍부하며, 벨벳처럼 부드러운 와인을 생산한다. 그러나 프랑스 남부지방에서는 거칠고 타닌이 많은 와인이 나온다. 단품종이나 혼합 품종으로 레드 와인과 로제 와인을 만든다.

인기도

전에는 프랑스에서 많이 재배되었지만 지금은 재배 농가가 그리 많지 않다. 하지만 아메리카 대륙에서는 인기가 높다.

알맞은 기후

더운 기후가 낫다. 추위에 민감하다.

주요 재배지

프랑스_ 보르도Bordeaux, 남서부지방
기타 지역_ 아르헨티나, 칠레, 이탈리아, 미국 캘리포니아, 오스트레일리아, 남아프리카공화국

타닌이
적다

타닌이
많다

카리냥
CARIGNAN

과일류

 블랙베리

 바나나

 말린 자두

그 외

 수풀

 감초

 규석

와인의 특성

대량생산용 와인에 가끔 사용되는 카리냥 품종은 맛이 시고 향이 적어 인기가 없었다. 그러나 생산량을 줄이고, 화학비료 사용을 제한하면서 포도나무의 수령을 높이기 위해 노력을 기울였다. 그 결과 성격이 뚜렷하고, 강하며, 색이 진하고 알코올이 풍부한 와인이 생산되기 시작했다. 비록 거칠긴 하지만, 허브향과 흉내낼 수 없는 자갈향을 가진 와인이 태어난 것이다. 카리냥 품종은 블렌딩에 널리 이용된다.

인기도

지중해 연안에서 레드 와인과 로제 와인 생산에 많이 이용되고 있지만, 많은 사람들이 카리냥 품종을 잘 모른다. 재배가 어렵기 때문에 이 품종을 기르는 와이너리의 수도 적다. 하지만 몇몇 와이너리에서 단품종으로 생산한 와인은 와인애호가들의 사랑을 받고 있다.

알맞은 기후

더운 기후. 햇빛과 건조함, 바람을 좋아하는 품종이다.

주요 재배지

프랑스_ 론Rhône, 랑그도크Languedoc, 프로방스Provence
기타 지역_ 스페인, 마그레브Maghreb, 아프리카 서북부 지역을 일컬음, 미국 캘리포니아, 아르헨티나, 칠레

타닌이 적다   타닌이 많다

산지오베제

SANGIOVESE

향

블랙체리　구즈베리　블랙베리　말린 자두　바이올렛

차　후추　타임　로즈메리

장기 숙성하면

담배　가죽　부식토　커피　샌들우드

와인의 특성

뼛속까지 이탈리아 품종이다. 이탈리아 중부의 유명한 키안티 Chianti와 웅장한 그리고 비싼 브루넬로 디 몬탈치노 Brunello di Montalchino 등 다양한 와인이 「주피터의 피」라는 뜻의 산지오베제로 만들어진다. 연한 루비색, 블랙체리와 허브향, 생동감 넘치는 산도와 단단한 타닌이 특징이다. 고급 아펠라시옹에서 생산되는 산지오베제 와인은 40년 넘게 장기 보관할 수 있다.

인기도

이탈리아 특히 토스카나에서 가장 많이 재배하고, 「슈퍼 토스카나」의 명성을 만들어낸 장본인이지만, 코르시카의 산지오베제 역시 유명하다. 코르시카에서는 니엘루치오 nielluccio라고 불리며, 황홀한 파트리모니오 Patrimonio를 만든다.

알맞은 기후

낮에는 따뜻하고 밤에는 선선한 기후에서 잘 자란다. 제대로 익지 않은 포도로 만들면 색이 너무 연하고 산도가 높고 수렴성이 높은 와인이 된다.

주요 재배지

프랑스_ 코르시카 니엘루치오
이탈리아_ 토스카나, 움브리아, 캄파니아
기타 지역_ 미국, 아르헨티나, 칠레, 오스트레일리아

타닌이
적다

타닌이
많다

네비올로

NEBBIOLO

향

| 블랙베리 | 블루베리 | 자두 | 무화과 | 타르 | 장미 |

바이올렛　아이리스　아니스　카카오　감초

장기 숙성하면

| 트러플 | 잼 | 버섯 | 연기, | 가죽 |

와인의 특성

이탈리아에서 가장 명성이 높은 품종이다. 피에몬테 지방의 유명한 바롤로 Barolo와 바르바레스코 Barbaresco가 네비올로로 만들어진다. 어린 와인은 타닌이 강하고 수렴성이 매우 높다. 복합적인 여러 아로마가 제대로 표현되려면 보통 10년 이상 오랜 시간이 필요하다. 네비올로는 냉해와 병충해에 약해서 재배가 매우 까다롭다. 그래서 생산성은 낮지만 한 번 맛보면 잊을 수 없다.

인기도

사랑받을 자격이 충분하다. 생산량이 적고 매우 비싸다. 최적의 상태에서 마시려면 참을성을 갖고 기다려야 한다. 마실 때가 되면 전 세계 열성 와인 애호가들이 손에 넣기 위해 분주해진다.

알맞은 기후

따뜻하고 습한 기후에서 잘 자란다. 꽃은 빨리 피지만 포도는 천천히 익는다. 타닌이 제대로 익으려면 풍부한 일조량이 필요하다.

네비올로는 네비아 nebbia, 안개가 어원이다. 피에몬테는 안개가 많이 끼는 지역으로 가을 수확기에도 안개가 자주 낀다.

주요 재배지

이탈리아_ 피에몬테, 롬바르디아
기타 지역_ 오스트리아, 불가리아, 키프러스, 그리스, 미국, 멕시코, 칠레, 아르헨티나, 오스트레일리아 등

타닌이
적다

타닌이
많다

포도나무의 일생

와인은 서로 다른 두 가지 힘든 작업의 결정체다. 첫 번째는 포도나무를 기르는 재배작업이고, 다음은 저장창고에서 포도를 와인으로 변화시키는 양조작업이다.

포도나무의 사계절_ 성장, 가지치기, 성숙

겨울
휴면 포도나무는 겨울 동안 잠을 잔다. 겨울이 추울수록 다음 해 포도 수확이 풍성하다. 단, 뿌리에 모인 수액이 얼면 안 된다.

가지치기 수액이 흐르지 않을 때 포도나무를 가지치기한다. 잔가지가 너무 많으면 영양분을 충분히 공급할 수 없기 때문이다. 잔가지가 많을수록 짧게 가지치기한다.

초봄
마치 눈물을 흘리듯 수액이 줄기를 타고 올라와 잘라낸 가지 끝에 맺힌다.

밭갈기 포도나무 사이와 사이를 갈아서 흙에 공기가 통하게 하고, 땅속 생물들이 살아가기 쉽게 해주며, 빗물이 잘 스며들게 한다. 밭갈기를 잘하면 비가 몇 차례 내리는 것보다 나무의 생장에 훨씬 좋다.

발아 눈이 부풀고 열리며, 새싹이 올라오기 시작한다. 늦추위에 얼면 눈이 죽게 되므로 주의한다.

늦봄~초여름
발엽 잎이 하나씩 나오기 시작하고, 말려 있던 잎이 펴진다.

개화 일조량이 늘어나고 기온이 올라가면 아주 작고 하얀 꽃이 핀다. 이미 송이의 형태를 갖추고 있다.

결실 수정된 꽃에서 포도알이 맺힌다. 이 시기가 되어야 처음으로 와인메이커는 그 해 수확이 어떨지 가늠할 수 있다.

순지르기 가지 끝을 잘라 포도나무가 웃자라지 않고 영양분이 포도에 집중될 수 있게 유도한다.

잎 솎아내기 포도송이가 햇빛을 받는데 방해되는 잎을 제거한다. 포도알이 햇빛에 타지 않고 충분히 받을 수 있도록 지역마다 일조량을 고려하여 잎을 적당히 솎아낸다.

 포도나무가 자라면서 입을 수 있는 피해

바람이 충분히 불지 않고, 비나 더위가 심하면 수정이 잘 되지 않는다.
수액이 포도알까지 제대로 공급되지 않으면 열매가 떨어질 위험이 있다.
포도송이가 제대로 자라지 않는 결실 불량의 위험이 있다.
우박에 의해 포도알이 상할 위험이 있다.

여름
포도나무가 성장기에 접어든다. 별 문제가 없으면 포도알이 굵어진다.

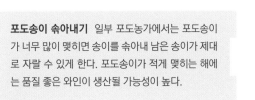

포도송이 솎아내기 일부 포도농가에서는 포도송이가 너무 많이 맺히면 송이를 솎아내 남은 송이가 제대로 자랄 수 있게 한다. 포도송이가 적게 맺히는 해에는 품질 좋은 와인이 생산될 가능성이 높다.

착색 지금까지 불투명한 녹색으로 단단하기만 하던 포도알은 이 시기에 접어들면 착색되기 시작된다. 화이트 와인 품종은 흐린노란색으로, 레드 와인 품종은 붉은색이나 검푸른색으로 착색된다.

성숙 수확기까지 계속된다. 이 시기는 그 해에 생산될 와인의 특성을 좌우하는 가장 중요한 시기다. 익어 가면서 포도알의 당도는 높아지고, 산도는 낮아지며, 껍질은 얇아진다. 날씨가 나쁘면 와인에 직접적인 영향을 미친다.

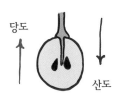

당도 ↑
산도 ↓

수확 개화 후 약 100일이 지나면 포도가 충분히 익어 수확할 수 있다. 와인메이커는 포도가 최적의 상태가 될 때까지 기다렸다 수확한다. 시기를 놓쳐 포도가 너무 익으면 오히려 좋지 않다.

가을
포도잎의 색이 변하고 낙엽이 지기 시작한다. 포도나무는 겨울 휴면에 들어간다.

포도나무의 모양

지역과 기후, 품종에 따라 와인메이커는 포도나무에 가장 알맞은 방법으로 가지치기를 한다. 포도나무는 덩굴성 식물이기 때문에 겨울에 가지치기를 잘해주지 않으면 열매가 열리지 않고 나무만 자란다.

다양한 가지치기

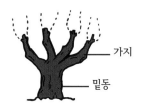

가지

밑동

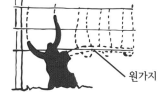

원가지

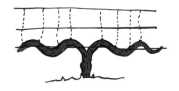

술잔형 고블레Goblet 가지치기

지중해 연안 프랑스 남부지방, 스페인, 포르투갈, 이탈리아에서 자주 볼 수 있는 형태로, 잎들이 햇빛을 가려 포도를 보호한다. 밑동이 매우 짧으며, 마치 손가락을 펼친 것처럼 원줄기에서 가지가 뻗어나와 있다. 가지가 위로 뻗도록 철사줄로 묶을 필요는 없지만 기계화 작업은 불가능하다.

귀요식 가지치기 단순방식과 이중방식이 있다

세계적으로 알려진 방법으로, 19세기에 이 형태를 보급한 쥘 귀요 Jules Guyot 박사의 이름에서 유래하였다. 부르고뉴Bourgogne에서는 단순방식 그림 참조, 보르도Bordeaux에서는 이중방식 양쪽으로 원가지가 길게 뻗음을 쓴다. 이 방식은 송이가 많이 달리지 않는 품종의 수확량을 늘려주고, 트랙터가 포도나무 사이로 다닐 수 있다는 장점이 있다. 하지만 포도나무가 쉽게 지치기 때문에 해마다 다른 원가지를 골라서 가지치기한다.

코르동 드 로야 Cordon de Royat 가지치기

밑동이 튼튼해 가지치기와 수확을 할 때 기계화 작업이 쉽다. 포도송이 사이 간격도 넓어 통풍이 잘 된다. 튼튼한 품종에 적합한 가지치기 방식이다.

어린 나무와 늙은 나무

포도나무는 수명이 길다. 평균 50년을 살며, 어떤 나무는 100년을 넘는다. 포도나무의 수령이 오래될수록 열리는 포도의 양은 줄어들지만, 생산되는 와인의 품질은 좋아진다. 따라서 와인메이커는 오래된 포도나무를 애지중지한다. 포도나무는 심은 지 3년 정도면 성장하지만, 이때 열리는 포도로는 좋은 와인을 생산할 수 없다.
대개 수령이 10년~30년 정도 된 포도나무가 가장 활력 있고, 많은 양의 와인을 생산한다. 30년이 넘어가면 수확량이 줄어드는 대신 포도알에 즙이 풍부해진다. 포도나무의 일생은 사람의 일생과 비슷하다. 성장, 활력의 시기를 거쳐 현명해지는 것이다.

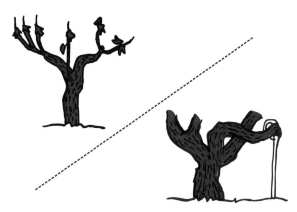

바탕나무의 역사

오늘날 프랑스에서 재배되는 99.9%의 포도나무는 심기 전에 접붙이기를 한 뿌리가 자란 것이다. 사실 전 세계 와인용 포도농장의 대부분이 접붙이기를 한다. 새 포도나무 묘목을 심을 때, 와인메이커는 접붙인 부분에 파라핀을 바른 바탕나무뿌리를 남겨 영양분을 공급해주는 나무를 구입한다.

바탕나무를 이용한 접붙이기가 시작된 것은 1863년 필록세라 Phylloxera, 포도뿌리혹벌레 가 나타난 시기로 거슬러 올라간다. 이전까지 유럽 전역의 포도나무는 별탈없이 잘 자랐다. 그러다 갑자기 프랑스 가르Gard 지방의 포도나무들이 병에 걸려 죽기 시작했다. 이후 병은 빠른 속도로 퍼져 프랑스 포도농가의 과반수 이상이 피해를 입었다. 이 병으로 인해 20년 동안 유럽의 포도농가와 와이너리는 큰 위기에 빠지게 되었다.

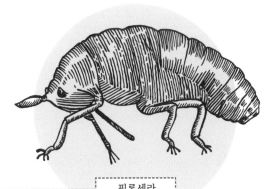

필록세라

원인은 북아메리카에서 건너온 전염성 강한 일종의 진드기였다. 필록세라라는 이 진드기는 포도나무 뿌리를 공격해 약화시키고, 결국 몇 주 만에 포도나무를 말라죽게 만든다.

미국에서 필록세라에 면역력이 있는 토종 포도나무가 발견되고 이를 활용하는 기술이 발전하면서 현대 포도농업에 일대 혁신이 일어났다. 미국 포도나무에 유럽 품종을 접붙인 것이다. 1880년에 바탕나무를 이용한 접붙이기 방식이 포도농가에 널리 보급되면서 포도농업이 새출발하는 계기가 되었다. 그러나 원상복구하는 데는 거의 반 세기 정도 걸렸다.

오늘날 전 세계 거의 모든 포도나무는 접붙이기를 한 나무들이다. 아주 드문 예외적인 경우를 제외하면, 현지에서 발생하는 병충해에 강한 품종이나 아예 해충이 살지 못하는 모래흙에서 자라는 포도나무가 바탕나무로 사용된다.

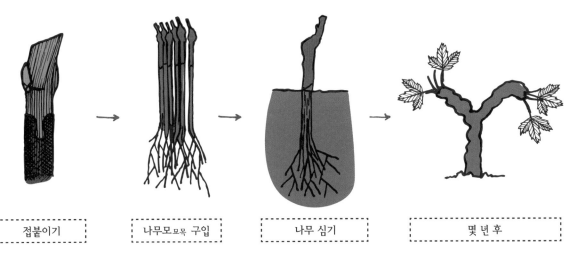

접붙이기 → 나무모묘목 구입 → 나무 심기 → 몇 년 후

포도밭을 위협하는 병충해

병충해는 포도나무의 생장과 수확에 영향을 주어 수확량을 감소시키고 포도의 맛을 변화시킨다. 심한 경우에는 포도나무가 죽기도 한다. 곰팡이에 의한 진균병과 벌레로 발생하는 병을 구분해야 한다.

노균병

노균은 포도밭을 가장 심각하게 위협하는 곰팡이다. 비가 많이 오고 따뜻한 봄에 주로 발생하지만 포도가 진한 색으로 익을 때 착색, 베레종 까지 위협적이다. 잎과 포도를 공격하기 때문에 수확량이 심각하게 줄어든다. 보르도액 황산구리 + 석회과 황을 살균제로 뿌려 예방한다.

흰가루병

노균병처럼 곰팡이 때문에 발생하는 병으로, 잎과 포도를 공격한다. 특히 덥고 습한 환경에서 잘 발생하는데 수확까지 조심해야 한다. 초반에는 곰팡이가 잘 안보이다가 회색가루의 곰팡이 포자가 끼면서 빠른 속도로 포도밭 전체로 번진다.

잿빛곰팡이병 귀부병

원래 이름은 보트리티스 시네레아 Botrytis Cinerea로 두 얼굴을 갖고 있다. 특정 테루아에서 발생하면 「귀부병noble rot」이라 부르는데, 이 병에 걸린 포도로 고급 스위트 와인을 만들지만, 일반 포도밭에서 잿빛곰팡이병이 발생하면 재앙이 아닐 수 없다. 착색시기부터 수확시기까지 발생하는데, 빠른 속도로 포도를 오염시키고 맛을 떨어뜨린다.

포도나무 줄기병

포도밭에서 발생하는 병 중 가장 오래된 것에 속하지만 매우 복잡해서 치료가 쉽지 않다. 포도나무 밑동을 괴사시켜 결국 죽게 한다. 특별한 방식의 가지치기로 병의 전염을 예방할 수 있다.

포도황화병

매미충이 전염시키는 병으로 한 해 포도 농사를 망치고 나아가 포도나무를 죽이는 무서운 병이다. 하지만 예방법이 없다. 일단, 황화병에 걸리면 포도나무를 뿌리까지 뽑아서 태워야 한다.

날씨의 영향

기후와 날씨는 완전히 다른 개념이다. 기후는 지리적으로 넓은 지역과 관련이 있다. 예를 들어, 프랑스의 보르도Bordeaux 와인은 해양성 기후, 부르고뉴Bourgogne 와인은 반대륙성 기후의 영향을 받는다. 기후는 포도의 재배방법을 결정짓는 중요한 요소이다. 품종 선택, 가지치기 방법 선택, 수확날짜 선택이 기후에 따라 결정된다.

날씨는 빈티지vintage, 여기서는 포도 수확을 뜻하지만 일반적으로 수확년도를 가리킨다에 영향을 준다. 덥고 건조한 해에 만든 와인은 춥고 비가 많은 해에 생산한 와인과 매우 다른 성격을 지닌다. 특히 수확을 몇 주 앞둔 시기의 날씨가 가장 큰 영향을 끼친다. 빈티지를 프랑스어로는 「밀레짐Millésime」이라고 한다.

안 좋은 날씨의 영향

폭염
포도의 생장을 늦춘다. 당도와 알코올 도수가 올라가고 산도는 낮아진다.

냉해
봄에 새싹이 올라올 때발아 냉해를 입으면 큰일이다. 싹은 얼어서 죽고 열매는 맺히지 않는다.

우박
1년 중 언제라도 피해를 입을 수 있으며, 우박은 와인 농부들에게는 악몽이다. 단, 10분 만에 포도밭을 초토화시키고 한 해 농사를 망쳐버린다.

비가 너무 많이 온다
포도나무가 너무 크게 자라고 열매도 너무 커진다. 당도와 산도가 낮고 껍질에 색소가 적어진다.
비가 너무 적게 온다
포도나무가 마르고 잘 자라지 못해 열매의 성숙이 멈춘다.

기후 온난화

지난 30년 동안 전통적인 와인 산지에서 포도의 성숙시기가 점점 빨라지는 것이 관측되고 있다. 포도가 빨리 그것도 너무 빨리 익고 있다. 그 결과, 포도의 당도는 갈수록 올라가고 알코올 도수도 높아져 와인이 끈적해지고 무거워졌다. 기후 온난화가 문제가 되는 지역은 프랑스 남부, 스페인, 이탈리아, 호주 그리고 미국의 일부지역이다. 그렇다면 어떻게 와인의 신선함을 유지할 수 있을까? 가지치기 방식, 수확시기 그리고 품종까지 기후 변화에 맞게 조정할 필요가 있다. 반면 기후 온난화로 뜻밖의 행운을 누리는 곳도 있다. 샹파뉴가 좋은 예로 이제는 포도가 잘 익을지 걱정할 필요가 없어졌다. 영국 해안의 포도들도 예전과는 달리 잘 익고 있다. 50년 후 와인산지의 지도는 어떻게 달라질까? 지중해 포도나무들이 고향을 떠나 극지방으로 옮겨가 있지 않을까! 새로운 품종과 새로운 테루아를 생각해 볼 필요가 있다.

포도나무의 관리

와인메이커는 포도나무가 해충, 곰팡이, 바이러스, 썩는 병 등의 피해를 받지 않도록 1년 내내 돌봐야 한다. 또 토양에 비료를 주어 영양분을 공급해야 한다.

여러 가지 재배방법

와인메이커는 다양한 방법으로 포도나무를 관리한다. 화학비료, 천연비료, 농약, 살충제, 보르도액 황산구리와 석회의 혼합액, 황, 쐐기풀 액체비료 등을 이용해 병충해를 막고 영양을 공급한다.
집중농법, 통합농법, 유기농법, 바이오다이나믹 농법 등 포도 재배방식에 따라 적절한 관리방법을 선택한다.

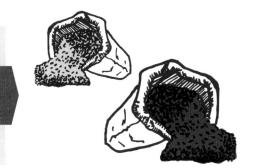

집중농법

사라지고 있는 농법이다. 화학비료를 과다 사용해 토양의 영양분을 고갈시키고, 무엇보다 포도를 재배하는 농부와 소비자의 건강에 해롭다.

통합농법

가장 많이 사용되는 농법이다. 화학비료를 제한적으로만 사용하고, 예방이 목적인 농약 살포는 금지된다. 일정 수준 이상의 피해가 있어야만 해당 병충해 방제작업을 한다.

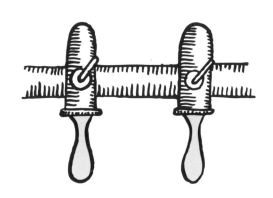

유기농법

유기농 와인이라는 말보다는 유기농 포도로 만든 와인이라고 해야 한다. 포도를 재배하는 농사법과 관련이 있기 때문이다.

포도 재배

유럽의 유기농 인증마크인 「AB_{Agriculture Biologique}마크」를 취득하려면 화학비료, 제초제, 살충제 등을 사용하면 안 된다. 그 대신 퇴비처럼 천연 비료를 사용해야 한다. 곰팡이가 발생하면 보르도액을 뿌린다. 포도 밭에 유황을 뿌리는 것은 허용되지만, 일반농법에 비해 사용량을 줄여야 한다. 일반 재배의 포도밭을 인증된 유기농 재배로 전환하는데 3년이 필요하다.

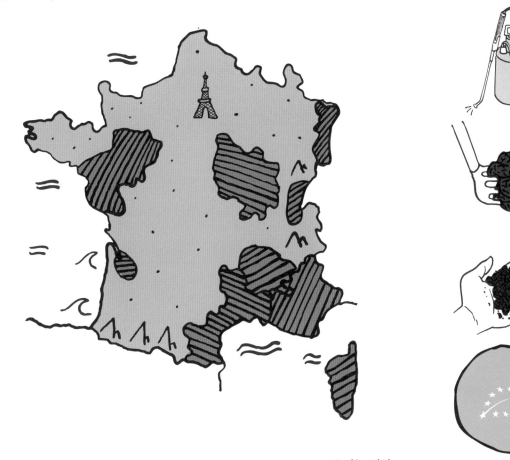

와인 양조

와인 양조과정은 다른 농법과 동일하다. 즉, AB마크가 있다고 더 좋은 와인은 아니다. 단지 토양에 덜 해롭고, 건강에 덜 해로운 와인이라는 뜻이다. 유기농법은 훨씬 더 많은 주의와 작업, 인력, 비용이 들어간다. 토질이 나쁜 곳에서는 적용하기 어렵다. 하지만 유기농법을 지속하면 영양분과 미생물이 풍부하고 건강한 토양을 유지할 수 있다.

유기농 지역

유기농 포도농업은 프랑스에서 급속히 늘어나고 있다. 프로방스_{Provence}, 코르시카_{Corse}, 쥐라_{Jura}에서 가장 활발하며, 알자스_{Alsace}, 랑그도크_{Languedoc}, 론_{Rhône}이 그 뒤를 잇고 있다. 2016년에는 프랑스 포도 재배지의 9% 이상이 유기농 재배 또는 전환 중에 있다.

바이오다이나믹 농법

바이오다이나믹 농법Biodynamic은 친환경 농작물 재배방법으로, 유기농법보다 한 걸음 더 나아간 것이다. 즉, 토양과 천연요소가 가진 힘을 최대한 활용하여 포도나무가 잘 자라게 하는 것이다. 아직까지는 도입한 농원이 많지 않지만, 바이오다이나믹 농법에 대한 소비자의 관심이 높아지면서 점차 늘어나고 있다.

바이오다이나믹 농법의 기원

바이오다이나믹 농법 이에 대한 반론도 있다은 오스트리아의 철학자 루돌프 슈타이너Rudolph Steiner가 1924년 농부들을 대상으로 수차례 강연한 내용과 그의 연구에 바탕을 두고 있다. 그의 이론에 따르면, 모든 농업환경은 자율적으로 살아 있는 다양한 생명체로 인식된다. 따라서 농업환경이 어떻게 작동하는지 이해하고 이를 존중해야 한다는 것이다. 이 농법을 채택한 농부는 병충해를 치료하기보다 병충해가 발생하게 된 불균형상태를 균형상태로 되돌리기 위해 노력한다.

방법

이 농법의 원칙은 유기농법과 같다. 여기에 달과 행성의 움직임을 고려한 특별한 달력을 바탕으로 만든 천연비료가 추가된다. 오로지 적당량의 천연비료만 뿌려서 포도나무를 튼튼하게 하고, 토양에 영양을 공급하며, 기생충의 발생을 막는다. 노균병이 발생하면 기존의 유기농법처럼 보르도액으로 처치한다.

데메테르 인증마크

바이오다이나믹 농법의 국제 인증마크는 독일의 유기농 인증기관인 데메테르Demeter 인증마크다. 이 인증마크를 취득하기 위해서는 유기농법과 동일한 재배법에 달, 태양, 행성의 움직임과 그 영향을 고려한 달력에 따라 방제작업 및 포도나무 손질을 해야 한다.

비오디뱅 인증마크

1996년에 국제 바이오다이나믹 농업 포도농조합에서 만든 비오디뱅Biodyvin 인증마크는 프랑스 유기농 인증기관인 에코서트Ecocert에서 인정한 바이오다이나믹 와인에 발급된다. 이 인증마크는 프랑스의 유명 와이너리 일부에서 채택하고 있다.

바이오다이나믹 농법의 예

소뿔 거름

우스꽝스럽게 보일 수 있지만, 바이오다이나믹 농법 중 가장 유명하고 또 널리 이용되고 있다. 땅속 생물의 활동에 도움을 주어 포도나무 뿌리가 잘 성장하도록 돕는 게 목적이다. 소의 뿔에 소똥을 채운 후 겨울 내내 땅에 묻어 발효시킨다. 다음 해 봄에 발효된 소똥을 물에 풀어 충분히 저은 후 포도밭에 뿌린다.

달의 기운 상승과 하강

바이오다이나믹 농법은 달이 물과 식물에 끼치는 영향을 아주 중요하게 여긴다. 뿌리 성장에 좋은 시기, 잎과 꽃, 과일에 좋은 시기가 각각 존재한다고 믿는다. 예를 들면 밭갈기와 퇴비 뿌리기는 달의 기운이 하강하는 기간에, 수확은 달의 기운이 상승하는 기간에 하는 것이 좋다고 되어 있다. 달의 기운 상승과 하강은 달이 차오르고 이지러지는 것을 뜻하는 달의 위상과는 다른 개념이므로 혼동해서는 안 된다.

달력

바이오다이나믹 농법을 택한 농부는 달의 운행 그리고 뿌리, 잎, 꽃, 과일 등 그 날의 상징에 대해 상세히 기록해놓은 태음력을 이용한다. 때때로 와인 시음도 이 달력을 참조하여 길일을 정하기도 한다.

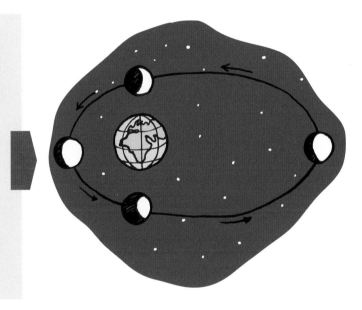

98%

2%

바이오다이나믹 농법   기타 농법

바이오다이나믹 농법의 효과

바이오다이나믹 농법이 포도 재배에 실제로 효과가 있는지에 대해서는 많은 의문이 있으며 이를 부정하는 사람들도 있다. 하지만 세계적으로 이름 있는 와인을 생산하는 소수의 와이너리에서 성공적으로 실시하고 있다. 포도농업에 바이오다이나믹 농법을 도입한 선구자인 니콜라 졸리 Nicolas Joly 의 도멘 쿨레 드 세랑 Coulée de Serrant, 루아르 Loire, 부르고뉴 Bourgogne 에서 가장 유명한 와이너리인 로마네 콩티 Romanée-Conti 가 대표적이다.

보급률

농약에 염증을 느낀 소비자들이 갈수록 바이오다이나믹 농법으로 생산된 와인을 찾는 반면, 이 농법을 도입한 와이너리는 극히 소수에 불과하다. 프랑스의 경우 전체 포도농원의 2% 미만에 그치고 있다.

빈티지는 포도가 수확되고 와인이 양조된 해를 가리킨다. 의무적인 표기사항은 아니지만 일반적으로 라벨에 빈티지를 표시한다. 빈티지는 그해 날씨와 와인의 성격을 이해하는 데 중요한 정보이다.

좋은 빈티지란?

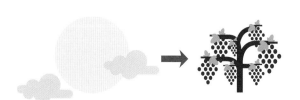

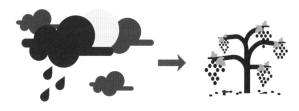

날씨가 좋아야 좋은 수확을 얻을 수 있다. 날씨가 좋으면 포도의 당도와 산도가 올라가고, 포도알이 떨어지거나 썩지 않아 수확이 풍성해진다.

반대로 날씨가 좋지 않은 해에는 그 영향이 고스란히 포도에 전달되어 와인의 맛도 변한다.
일반적으로 좋은 빈티지는 좋은 와인을 의미하고, 더 특별하게 좋은 빈티지는 보다 오랜 시간 숙성시킬 수 있는 와인임을 나타낸다.

빈티지에 따라 시음하는 방법?

날씨에 따라 어떤 지역은 수확이 좋은 반면, 다른 지역은 수확이 나쁠 수 있다. 수많은 변수가 있지만, 프랑스 와인은 대체적으로 2005년, 2009년, 2010년, 2015년의 빈티지가 좋다.

빈티지에 따라 와인이 어떻게 달라지는지 알려면 「수직 시음」을 해보는 것이 좋다. 이는 한 와인을 빈티지별로 맛보는 것이다. 이때 어린 와인에서 오래된 와인 순으로 시음하는 것이 좋다. 왜냐하면 숙성과 함께 와인이 생산년도에 따라 어떤 변화를 보이는지 이해할 수 있기 때문이다. 때로는 일부 어린 와인이 더 오래된 것처럼 느껴지기도 하는데 이는 빈티지가 숙성에 더 좋은 영향을 미치기 때문이다.

2005 2009 2010 2015

빈티지 차트를 어떻게 볼 것인가?

빈티지를 채점하는 것을 긍정적으로 생각하지 않기 때문에 이 책에서는 빈티지 차트를 다루지 않았다. 좋은 평가를 받은 빈티지 와인은 장기 숙성이 가능한 것이 사실이지만 모든 와인이 장기 숙성용으로 만들어지지는 않는다. 「평년작」이라고 평가받은 빈티지에서도 바로 마시기에 훌륭한 와인이 많다. 중요한 것은 와인메이커의 능력이다.

빈티지 차트는 부작용을 낳기도 한다. 좋은 평가를 받지 못한 빈티지는 좋은 와인이라도 소비자의 선택을 받지 못하고, 좋은 평가를 받은 빈티지는 아직 마실 때가 되지 않았는데도 소비자들이 고급 와인을 구매해서 마시도록 부추긴다. 뿐만 아니라 좋은 평가를 높게 받지 못했던 빈티지가 시간이 지나면서 처음 예상한 것보다 훨씬 좋게 혹은 더 나쁘게 발전하는 경우도 종종 볼 수 있다.

오래된 와인 ---------- 새로 수확한 와인 ----------

예외_ 논빈티지 샴페인과 크레망

샴페인 라벨을 살펴보면 대부분 빈티지가 적혀 있지 않다. 왜냐하면 스파클링 와인은 그 해 수확하여 생산한 와인과 좀더 오래된 와인을 혼합해서 만들기 때문이다. 이는 매년 동일한 특성과 품질의 와인을 생산하기 위해서이다. 만일 어느 해의 포도 품질이 특별히 좋다면 그 해의 포도로만 와인을 만들어 빈티지를 표시하기도 한다.

수확 시기

언제 수확하나?

수확 날짜를 정하는 것이 아주 중요하다

너무 일찍 수확한 포도는 당도가 부족하고 많이 시다. 따라서 당도는 부족하고 산도만 높은 와인이 만들어진다. 너무 늦게 수확하면 포도가 지나치게 익어 당도는 너무 높고 산도는 많이 부족하여 와인이 무겁고 텁텁해진다. 날씨의 변덕 역시 중요한 고려 대상이다. 강수량이 많으면 포도가 썩고, 폭염이 계속되면 포도알이 햇빛에 타버리기 때문이다.

다 익은 포도의 상태는 모두 다르다

포도의 상태는 품종에 따라 다르고, 토질에 따라서도 다르다. 토양의 성질, 포도밭의 고도, 지리적 위치에 따라 포도의 성숙 시기가 빨라지기도 하고 느려지기도 한다. 최적의 상태가 된 포도를 수확하기 위해 와인메이커는 다양한 요소들을 모두 고려한다. 예를 들어 그르나슈Grenache, 시라Syrah, 카리냥Carignan, 무르베드르Mourvèdre, 생소Cinsault 등 여러 품종을 재배하는 랑그도크Languedoc 지방에서는 2~3주에 걸쳐 포도를 수확한다. 가장 빨리 익는 품종부터 가장 늦게 익는 품종까지 구획별로 수확 순서를 정한다.

며칠 사이에 모든 것이 결정된다

포도를 수확할 적기가 되었는데 갑자기 강한 소나기가 쏟아지면 포도에 수분이 차고, 결국 농사를 망치게 된다. 와인메이커는 수확을 며칠 앞둔 시기에 날씨 상황과 포도의 상태를 신경 써서 꾸준히 점검해야 한다.

JOUR J

1	2	3	4	5	6
7	8	9	10		

수확량

계절, 토양, 빈티지, 품종별로 와인메이커가 어떻게 포도를 재배했느냐에 따라 일정 면적에서 거둬들이는 수확량이 달라진다. 대개 헥타르ha당 헥토리터 hL를 단위로 쓴다1hL=100l. 도멘의 최대 수확량을 알고 있어야 와인메이커가 그 해의 목표를 정할 수 있다. 많이 수확할 것인지, 아니면 포도즙이 농축되도록 수확량을 줄일 것인지를 정한다. 뱅 드 타블Vin de Table, 원산지 표시가 없는 대중적 와인과 스파클링 와인은 여러 가지 이유에서 일반적으로 헥타르당 80~90hL를 생산한다. 일반적인 AOC 와인은 평균 헥타르당 45hL를 생산한다. 반면 고급 와인들은 헥타르당 생산량이 35hL를 넘는 경우가 아주 드물다.

늦수확

관리가 어렵기 때문에 스위트 와인용 포도만 늦게 수확한다. 최고의 리코뢰 와인은 보트리티스 시네레아균에 감염된 이른바 「귀부병」에 걸린 포도로 생산한다. 보트리티스균에 감염되면 포도알의 수분이 줄어들어 당도와 향이 농축된다. 보트리티스균 감염은 모든 포도송이에서 고르게 진행되지 않기 때문에 몇 달에 걸쳐 수확한다 유럽에서는 9월~11월말까지 수확. 감염이 완전히 진행되어 마치 건포도처럼 말라붙은 포도알만 골라서 수확해야 한다.

겨울 수확

아이스와인을 만들려면 와인메이커는 영하 7℃ 이하로 기온이 내려가 포도알에 얼음막이 생길 때까지 기다려야 한다. 언 포도는 늦수확 포도보다 당도가 훨씬 높고, 수분이 거의 없다. 작업이 힘들 뿐만 아니라 수확량도 매우 적기 때문에 헥타르당 10hL 아이스와인의 가격이 비싼 것이다. 겨울 수확은 독일, 캐나다 등 기후가 허용하는 국가에서 이루어지지만, 최근 지구온난화로 인해 많은 어려움을 겪고 있다.

손으로 수확

어떻게 수확하는가?

와인메이커는 자신의 포도밭 크기에 따라 가족, 친구에게 도움을 청하거나, 계절노동자를 고용한다. 수확하는 사람은 포도송이를 잘라 바구니에 조심스럽게 담는다. 그 다음은 짐꾼들이 바구니의 포도를 모아 상하지 않도록 조심하면서 등에 지는 채통에 옮겨 담는다.

장점

수확하는 사람들이 포도를 분류하고 포도나무가 상하지 않도록 조심스럽게 잘라낸다. 어떤 지형에서도 작업할 수 있으며, 완전히 익은 포도송이만 골라 수확할 수 있다. 몇 주에 걸쳐 익은 포도만 골라가며 여러 차례 작업해야 하는 와이너리에서는 손으로 하는 수확이 반드시 필요하다. 최고급 와인을 생산하는 와이너리에서 주로 선택하는 방법이다.

단점

사람을 많이 고용해야 포도가 햇빛에 상하기 전에 수확할 수 있다. 또 압착기까지 운반하는 동안 포도알이 터지지 않도록 조심해야 한다. 포도알이 터지면 포도즙이 산화되어 품질이 떨어진다. 인건비 역시 부담스럽다는 것이 단점이다.

기계 수확

어떻게 수확하는가?

기계가 한 줄로 늘어선 포도나무 사이를 지나가면서 밑동을 흔든다. 그러면 잘 익은 포도알들이 송이에서 떨어져 나온다. 떨어진 포도알은 컨베이어 벨트를 이용해 모은다. 기계를 정확히 조종하고 운전을 잘하면 포도알들을 꽃자루에서 분리해 좋은 상태로 수확할 수 있다. 반대로 기계 조종이 미숙하고 운전도 거칠어 나무가 지나치게 흔들리면 포도알이 상하게 된다. 따라서 정밀한 기계와 정확한 조종이 필요하다.

장점

경제적이고, 빨리 수확할 수 있다. 일손이 많이 필요하지 않으며, 낮밤 구별 없이 적절한 시간에 작업할 수 있다.

단점

과도한 충격을 받은 포도나무는 일찍 죽는다. 수확한 포도의 성숙 정도가 다르기 때문에, 수확 전후에 분류 작업을 하여 좋은 송이만 골라내야 한다. 포도밭이 경사지에 있거나 기계가 들어가기 어려운 포도밭은 이 방법을 쓰기 어렵거나 불가능하다. 또 샹파뉴Champagne, 보졸레Beaujolais 등 일부 산지에서는 기계 수확이 아예 금지되어 있다.

레드 와인은 어떻게 만드는가?

수확한 포도송이들은 최대한 빨리 저장창고로 옮겨져 와인으로 재탄생하게 된다. 상태가 나쁜 포도알은 수확하면서 또는 수확 후 분류작업을 통해 걸러낸다.

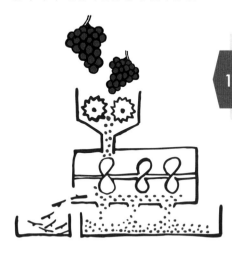

포도알 분리와 파쇄

1 포도알을 송이에서 분리한다. 이 과정에서 풀맛이 많이 나는 꽃자루줄기는 버린다. 예외적으로 부르고뉴Bourgogne에서는 타닌맛을 강조하기 위해 약간의 꽃자루를 포도알과 함께 넣는다. 포도알을 으깨 포도즙을 짜낸다.

침용

2 포도알과 포도즙을 탱크에 2~3주 정도 담가둔다. 껍질의 색소가 포도즙에 착색된다. 이 과정을 침용 또는 마세라시옹Macération 이라 한다.

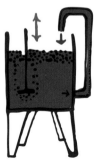

피자주 또는 르몽타주

3 침용 도중에 껍질과 과육, 씨가 위로 떠올라 단단한 층을 형성한다. 포도즙이 색과 향 그리고 타닌을 흡수할 수 있게 이 찌꺼기층을 막대기로 휘저어 즙 속으로 가라앉힌다. 이를 피자주Pigeage , 탱크 하단의 출구로 즙을 빼내 다시 섞어주는 것을 르몽타주Remontage 라고 한다.

추출과 찌꺼기 압착

와인과 찌꺼기를 분리한다. 찌꺼기를 압착하기 전에 흘러나온 와인을 뱅 드 구트Vin de goutte 라고 하고, 찌꺼기를 압착해 짜낸 와인을 뱅 드 프레스Vin de presse 라고 한다. 2번째 와인이 1번째 와인보다 타닌 함유량이 높고 색도 진하다.

5

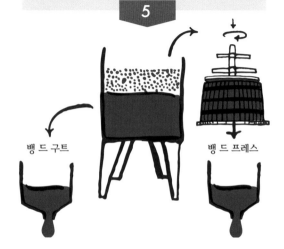

뱅 드 구트   뱅 드 프레스

알코올 발효

4 침용과정에서 효모천연효모 또는 인공효모 의 작용으로 과육에 함유된 당분이 알코올로 변환된다. 와인이 만들어지기 시작한 것이다. 알코올 발효는 10일 정도 걸린다.

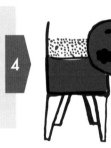

블렌딩

뱅 드 구트와 뱅 드 프레스를 배합한다.

6

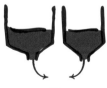

숙성과 젖산 발효

혼합한 와인을 숙성탱크나 오크통에서 몇 주에서 최대 36개월_{장기숙성용 와인의 경우} 동안 숙성시킨다. 와인이 휴식을 취하는 이 과정에서 향_{아로마}과 구조가 변화하고 타닌의 뻣뻣함도 풀어진다. 동시에 약 3~4주에 걸쳐 2차발효가 이루어진다. 이를 젖산 발효라고 한다. 젖산 발효로 와인의 산도가 낮아지고 맛이 안정된다.

7

이산화황

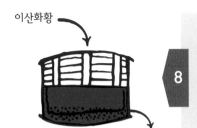

와인 옮겨담기와 이산화황 첨가

숙성탱크나 오크통 바닥에 가라앉은 효모와 불순물들을 제거하기 위해 와인을 다른 저장통으로 옮긴다. 이를 수티라주_{Soutirage}라고 한다. 필요에 따라 와인의 산화를 막기 위해 이산화황을 약간 첨가하기도 한다.

8

블렌딩

지역에 따라 다른 품종이나 농원의 다른 구역에서 자란 포도로 만든 와인을 배합한다.

9

콜라주 또는 필터링

계란흰자 같은 단백질 흡착제를 넣어 와인 속을 떠다니는 불순물을 제거하는 작업을 콜라주_{Collage}라고 한다. 와인을 보다 맑고 빛나게 하기 위해 필터링_{거르기}을 할 수도 있다. 하지만 콜라주와 필터링은 와인의 향과 구조에 영향을 미칠 수 있기 때문에 생략하기도 한다.

10

병입

와인을 병에 넣고 마개나 스크루캡으로 밀봉한다. 와인의 특성에 따라 병입 후 바로 판매하기도 하고, 병에 담은 상태로 좀더 오래 숙성시킨다.

11

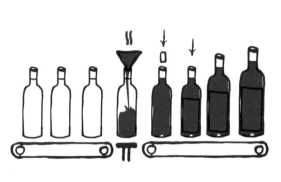

화이트 와인은 어떻게 만드는가?

레드 와인과 달리 화이트 와인은 침용과정 없이 저장창고에 옮겨진 포도를 바로 압착한다. 원하는 화이트 와인의 타입에 따라 숙성탱크드라이하고 새콤한 화이트 와인나 나무통숙성용으로 만드는 강한 화이트 와인에서 와인을 숙성시킨다.

압착

1 꽃자루에서 포도알을 분리한 후, 압착하여 껍질과 포도즙을 분리한다. 껍질은 버리고 즙만 모은다.

가라앉히기

포도즙을 탱크에 붓는다. 압착과정에서 제거되지 않은 불순물들이 포도즙 속을 떠다니다가 바닥에 가라앉으면 제거한다. 이 과정을 통해 더욱 정제된 화이트 와인을 얻을 수 있다. **2**

알코올 발효

효모천연효모 또는 인공효모의 작용으로 당분이 알코올로 변환된다. 와인이 만들어지기 시작한 것이다. 알코올 발효는 10일 정도 걸린다.

3

1번째 방법

젊은 새콤한 화이트 와인

4

숙성

알코올 발효된 와인을 다른 탱크에 옮겨 몇 주 동안 안정시킨다. 효모를 남겨 둔 채 숙성하는 것을 재강효모 앙금 숙성이라고 하며, 이렇게 만든 와인을 쉬르 리Sur lie라고 한다. 그렇지 않으면 수티라주를 하여 효모를 제거한다. **A**

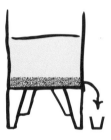

2번째 방법

장기숙성용의 강한 화이트 와인

4

A

오크통 숙성과 젖산 발효
와인을 나무통에 넣는다. 2차발효인 젖산 발효가 일어나고, 기름지고 유연한 와인이 만들어지기 시작한다.

B

휘젓기
몇 달간 숙성시키면서 긴 막대기로 와인을 휘저어준다. 이를 바토나주Bâtonnage라고 하는데, 풍미가 진하고 기름진 와인을 얻을 수 있다.

2가지 화이트 와인을 위해

이산화황

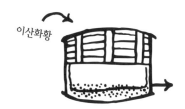

5

이산화황 첨가, 블렌딩, 콜라주 또는 필터링
산화 방지를 위해 와인에 이산화황을 조금 첨가할 수 있다. 지역에 따라 다른 품종이나 농원의 다른 구역에서 수확한 포도로 만든 와인을 블렌딩한다. 와인 속을 떠다니는 불순물을 없애기 위해 계란흰자 같은 단백질 흡착제를 넣어 콜라주를 하고, 와인이 보다 맑고 빛나도록 필터링을 할 수도 있다. 하지만 콜라주와 필터링은 와인의 향과 구조에 영향을 미칠 수 있기 때문에 생략할 수도 있다.

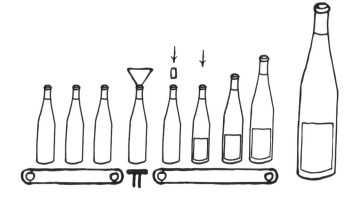

6

병입
와인을 병에 넣고 마개나 스크루캡으로 밀봉한다. 와인의 특성에 따라 병입 후 좀더 오래 숙성시키기도 하고, 바로 판매하기도 한다.

로제 와인은 어떻게 만드는가?

로제 와인은 레드 와인 포도품종으로 만든다. 만드는 방법은 크게 두 가지가 있다. 한 가지는 레드 와인 양조법과 비슷하고, 다른 하나는 화이트 와인 양조법과 비슷하다.

세니에 방식

세니에Saignée는 가장 많이 사용하는 방법이다. 레드 와인처럼 껍질과 포도즙을 침용하지만 시간은 훨씬 짧다. 이렇게 만든 로제 와인은 색이 짙고 바디가 단단하다.

직접압착 방식

뱅 그리 Vin Gris, 회색 와인이란 뜻이지만 실제로는 매우 옅은 핑크색에 사용하는 방법으로, 화이트 와인처럼 포도를 침용과정 없이 처음부터 압착하되 훨씬 느리게 압착한다. 이렇게 만든 로제 와인은 맑고 좀더 가볍다.

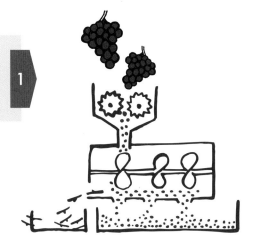

포도알 분리와 파쇄
포도알을 송이에서 분리하고 꽃자루는 버린다. 그 다음 포도알을 으깨 포도즙을 짜낸다. 하지만 직접압착 방식의 경우에는 생략하기도 한다.

1

2가지 방법

직접압착 방식 로제 와인

2

압착
압착기를 이용해 원하는 색이 나올 때까지 포도를 점점 강하게 압착한다. 짜낸 포도즙만 모은다.

A

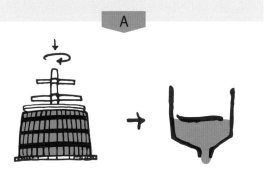

세니에 방식 로제 와인

2

침용 마세라시옹
포도알과 포도즙을 탱크에 넣어 포도즙에 껍질의 색소를 착색시킨다. 원하는 색을 얻을 때까지 8~48시간 동안 담가둔다. 그 다음에 포도즙과 껍질을 분리한다.

A

2가지 로제 와인을 위해

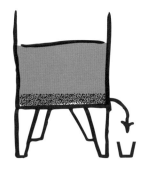

가라앉히기

포도즙을 탱크에 붓는다. 압착과정에서 제거되지 않고 포도즙 속을
떠다니던 불순물들이 바닥에 가라앉으면 제거한다. 이 과정을 통해
향이 훨씬 뚜렷한 로제 와인을 얻을 수 있다.

3

알코올 발효

효모 천연효모 또는 인공효모의 작용으로 당분이
알코올로 변환된다. 와인이 만들어지기 시
작한 것이다. 알코올 발효는 10일 정도 걸
린다.

4

숙성

알코올 발효된 와인을 다른 탱크에 옮겨 몇 주 동안 안정시킨다. 오크통
에서 숙성시키며, 젖산 발효는 거의 일어나지 않는다. 필요에 따라 이산
화황 첨가, 블렌딩, 콜라주 또는 필터링을 한다.

5

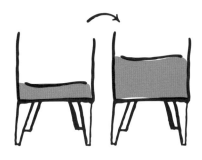

병입

와인을 병에 넣고 마개나 스크루
캡으로 밀봉한다. 대개 봄에 판매
한다.

6

로제 와인의 성공

로제 와인의 인기는 시대에 따라 등락을 거듭했다. 최근 15년 전부터는 인기가 상승하고 있다. 현재 프랑스뿐 아니라 전 세계에서 소비증가율이 가장 큰 와인이 로제다. 프랑스에서는 전 지역에서 로제 와인이 생산되고 있다.

로제 와인, 세계에서 가장 오래된 와인?

그럴 수도 있다. 로제 와인은 50년 전에 처음 만들어져서 지금 반짝 유행하는 그런 와인이 아니다. 고대의 양조기술은 오늘날 같지 않았다. 포도껍질에서 색을 추출하는 침용법 마세라시옹은 거의 사용되지 않았고 침용법 자체를 모르는 지역도 있었다. 그래서 검은색 포도로 만든 와인은 레드가 아니라 로제였다!

로제 와인의 인기는 시대에 따라 굴곡이 있었다. 중세의 13~18세기 보르도 와인은 오늘날 「클레레 clairet」라고 부르는 진한 핑크색이었다. 샹파뉴 와인도 마찬가지였다 그때는 아직 기포가 없었다. 레드 와인이 본격적으로 식탁을 점령하고 로제 와인을 밀어낸 것은 한참 뒤인 나폴레옹 시대였다. 1930년대에 들어서 사람들이 다시 로제 와인을 찾기 시작했고 1945년 이후에는 큰 인기를 누렸다. 하지만 1975년부터 2000년까지 풀바디 레드 와인이 유행하면서 로제의 인기는 급락했다. 그러던 것이 2000년에 들어서 소비자들이 상큼하고 가벼운 마시기 편한 와인을 찾기 시작하면서 로제 와인이 다시 빛을 보고 있다. 로제 와인은 여름을 위한 완벽한 와인이지만 다른 계절에도 소비가 점차적으로 늘어나고 있다.

지역별 로제 와인

프로방스 Provence
프로방스는 로제 와인의 왕국이다. 프랑스 뿐 아니라 전 세계적으로 유명하다. 색은 매우 연하고 거의 투명한 것도 있다. 감귤류, 붉은 과일, 꽃 향이 특징이다. 가볍고 아주 상쾌한 맛이다.

루아르 Loire
프랑스에서 프로방스 다음으로 로제 와인이 많이 생산되는 지역이다. 로제 당주 Rosé d'anjou가 유명하다. 색은 거의 꽃자주색에 가까운 진한 핑크색이고, 단맛이 특징이어서 식전주나 디저트 와인으로 마신다.

남서부와 랑그도크루시용 Sud-Ouest, Languedoc-Roussillon
생산자의 취향에 따라 연한 색부터 짙은 색까지 다양한 색의 로제 와인이 생산된다. 일반적으로 풍부한 과일향이 특징이지만 복합적인 아로마를 가진 것도 있다.

코르시카 Corse
2가지 스타일의 로제 와인이 생산되고 있다. 이웃인 프로방스의 영향을 받아 색이 연하고 과일향이 풍부한 것과 토착 품종인 시아카렐로 sciaccarello와 니엘루치오 nielluccio로 만들어 코르시카의 테루아르가 그대로 표현된 것이 있다.

론 Rhône
론 지방에서 가장 유명한 로제 와인 아펠라시옹 AOC은 타벨 Tavel 이다. 대부분 색이 진하고, 맛과 알코올이 강하다. 프로방스의 로제 와인과는 정반대의 스타일이다.

샹파뉴 Champagne
최근 로제 샴페인의 인기가 치솟고 있다. 레드 와인에 비교될 만한 진하고 힘 있는 로제 샴페인도 나오고 있다.

보르도 Bordeaux
보르도에는 클레레 clairet가 있다. 클레레는 색뿐만 아니라 향이나 질감 모두 로제 와인과 레드 와인 중간에 위치한다.

뱅 그리 vin gris
로제 와인의 변종으로 로제 와인보다 색이 훨씬 연하고 맛이 섬세하다. 로렌 Lorraine의 그리 드 툴 gris de Toul, 랑그도크루시용 Languedoc-Roussillon의 그르나슈 그리 로제 rosé de grenache gris, 상트르발 드 루아르 Centre-Val de Loire의 뢰이 Reuilly AOC에서 생산되는 피노 그리 로제 rosé de pinot gris가 유명하다.

식을 줄 모르는 로제 와인의 인기

몇 년 전부터 로제 와인의 시장이 폭발적으로 성장하고 있다. 프랑스에서 로제 와인은
전체 와인 소비의 30%를 차지하고 있다. 세계 시장에서도 빠르게 성장하고 있는데, 현
재는 전체 와인 소비에 10%에 불과하지만 12년 전과 비교하면 20%나 증가했다. 프랑
스에서 로제 와인은 비교적 저렴한 와인으로 인식되고 있다. 75cl에 2~4유로이고 병보
다는 주로 백인박스bag in box 형태로 판매된다. 하지만 만찬에 곁들일 수 있는 고급 로제
와인의 생산도 함께 증가하고 있다.

프랑스 와인
소비 현황

- 화이트 와인 17%

- 로제 와인 30%

- 레드 와인 53%

오렌지 와인은 어떻게 만드는가?

오렌지 와인은 새로운 것도 아니고 반짝 유행하는 상품도 아니다. 고대부터 존재한 아마도 인간이 만든 첫 와인일 확률이 높다. 프랑스에서는 이제야 알려지기 시작했지만 이탈리아와 조지아에서는 큰 인기를 누리고 있고, 미국에서도 15년 전부터 이미 오렌지 와인Orange Wines이라는 정식 명칭으로 불리고 있다. 오렌지 와인은 화이트 와인과 레드 와인의 중간에 정확히 위치하는데, 양조 방식은 레드 와인과 같지만 화이트 와인 품종을 사용한다. 그 결과 타닌을 함유한 향과 텍스처가 강한 진한 오렌지색의 와인이 된다알코올 도수도 그에 상응. 화이트 와인보다 산도가 낮아 소화가 잘 된다.

침용

1 줄기에서 포도를 분리한 후 껍질을 터뜨려 포도즙이 흘러나오게 한다. 포도알과 즙을 양조통이나 오크통 또는 암포라에 담아 껍질때로는 꽃자루도에서 색, 향, 타닌이 흘러나오게 한다. 이렇게 포도껍질과 즙을 여러 주, 길게는 8개월 동안 침용시킨다.

피자주

침용 초기와 알코올 발효가 일어나는 동안 포도와 포도즙의 접촉면을 늘이기 위해 양조통 상단에 떠있는 포도를 아래로 눌러 주는 작업이다. 그렇게 하면 향, 색, 타닌이 더 많이 추출된다. **2**

알코올 발효

침용을 하는 동안 효모는 당분을 알코올로 전환시킨다. 효모는 자연적으로 생기므로 오렌지 와인을 양조할 때 인위적으로 효모를 추가하는 일은 거의 없다. 와인이 거의 완성되었다! 발효가 끝나면 항아리암포라를 막는다.

3

수티라주와 병입

발효된 와인과 포도찌꺼기를 분리한다. 필요하다면 양조통이나 오크통 또는 대형 오크통에서 숙성을 좀 더 시킨 후 병입한다.

4

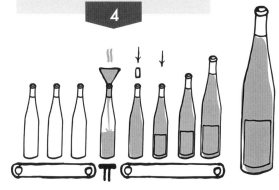

뱅 존은 어떻게 만드는가?

뱅 존은 쥐라Jura 지방의 특산품이다. 쥐라의 테루아와 특별한 효모 덕분에 「효모막 숙성」이라는 매우 드문 방식으로 뱅 존이 만들어진다. 「산화 숙성」이라고도 하는데, 오크통 내에 공기층이 있고 그 공기층이 뱅 존 특유의 아로마를 만들기 때문이다. 뱅 존의 호두, 카레, 말린 과일의 진한 향은 매우 유명하다. 사바냥Savagnin 단일 품종으로만 만들고 포트와인이나 셰리와인과 동일한 방식으로 양조한다.

양조
첫 단계는 화이트 와인과 동일하다.
압착, 가라앉히기, 알코올 발효.

1

숙성
오크통에서 최소 6년 3개월 동안 숙성시켜야 한다.

2

No 보충 우야즈
일반 화이트 와인과는 다르게 우야즈ouillage를 하지 않는다. 원래는 오크통에서 자연적으로 증발하는 와인의 분량그 유명한 「천사의 몫」을 보충하여 공기 접촉으로 인한 산화 방지를 위해 정기적으로 와인을 채워 넣는데우야즈, 뱅 존은 일부러 오크통에 공기가 들어가도록 놔둔다.

3

병입
와인이 진한 황금색으로 변하면 62cl620㎖ 용량의 클라블랭clavelin이라는 병에 담는다.

5

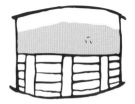

효모막 형성
오크통 안에서 자연적으로 생긴 효모는 와인 표면에 보호막을 형성시켜 공기가 와인을 식초로 변질시키는 것을 막는다. 바로 이 막이 뱅 존 특유의 맛을 만든다. 막이 제대로 형성되지 않은 오크통에서는 뱅 존이 만들어지지 않는다.

4

샴페인은 어떻게 만드는가?

샴페인은 화이트 와인 품종샤르도네Chardonnay과 레드 와인 품종피노 누아Pinot noir, 피노 뫼니에Pinot meunier을 섞어 만든다. p.162, p.164 참고 정통적인 샴페인은 이 세 품종을 블렌딩한다. 하지만 양조된 와인은 언제나 화이트 와인이다. 샴페인은 화이트 와인과 양조기술이 같지만, 화려한 거품을 만들어내는 2차발효 단계가 추가된다. 샹파뉴 지방에서 시작되어 샹파뉴영어발음 샴페인 방식이라고 부르는 이 전통적인 발효법은 크레망을 양조할 때도 사용된다.

압착

필요에 따라 꽃자루에서 포도알을 분리한 후, 레드 와인 품종과 함께 화이트 와인 품종을 바로 압착해 껍질과 포도즙을 분리한다. 무색인 포도즙만 모은다. 이 포도즙은 스틸 와인에 비해 산도가 좀더 높고, 당도는 낮다.

1

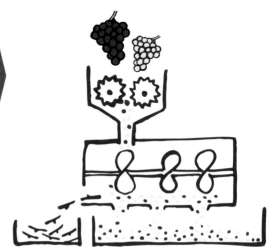

알코올 발효

포도즙을 탱크나 나무통에 넣고 가라앉힌다. 효모가 당분을 알코올로 변환시킨다. 와인이 만들어지기 시작한 것이다. 숙성탱크에서 발효된 와인은 드라이하며, 나무통에서 발효시킨 와인은 기름지다.

2

블렌딩

알코올 발효가 끝난 와인은 탱크나 나무통에서 숙성시킨다. 이 과정에서 젖산 발효가 일어난다. 3품종으로 만든 와인을 블렌딩하고, 빈티지가 없는 대부분의 샴페인은 여기에 더 오래된 빈티지 와인을 섞는다. 오래된 와인을 블렌딩하는 이유는 매년 동일한 특성을 지닌 샴페인을 만들기 위해서다.

3

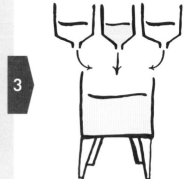

 로제 샴페인의 경우

레드 와인 품종의 일부로 레드 와인을 만든다. 이 레드 와인총량의 약 10%을 블렌딩하여 화이트 와인을 로제 와인으로 착색한다. 로제 샴페인은 레드 와인과 화이트 와인의 블렌딩이 허가된 유일한 와인이다.

병입

와인을 병에 넣는다. 발효를 촉진하기 위해 효모와 당분을 섞은 리쾨르 드 티라주 Liqueur de tirage 를 첨가하고 임시마개로 막아놓는다.

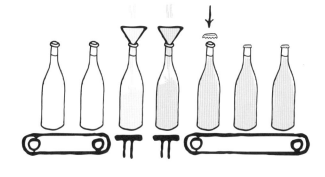

거품 형성

첨가한 효모가 당분을 먹으며 2차발효가 일어난다. 이때 생성된 탄산가스가 병 안에 갇혀 거품을 만들기 시작한다.

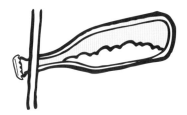

숙성과 르뮈아주

병입된 샴페인은 그 특성에 따라 지하저장고에서 2~5년 동안 보관하며, 고급 퀴베 Cuvée, 원래는 양조용 통이나 블렌딩한 후 최종 생산된 와인을 뜻하지만, 샴페인의 경우 처음 압착해서 나온 가장 좋은 포도즙으로만 만든 최고급 샴페인을 뜻함은 더 오래 보관하기도 한다. 병은 구멍 뚫린 나무판에 입구를 아래로 비스듬히 기울여 꽂고, 정기적으로 병을 돌려준다. 이 작업이 르뮈아주 Remuage 이며, 손으로 하던 것을 지금은 기계가 한다. 르뮈아주를 하면 효모 찌꺼기가 마개 쪽에 쌓이게 된다.

침전물 제거

병 입구를 얼린다. 마개를 빼내면 병 내부 탄산가스의 압력 때문에 효모 찌꺼기들이 병 밖으로 배출된다. 이 과정을 데고르주망 Dégorgement 이라고 한다.

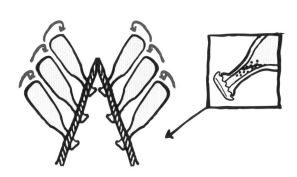

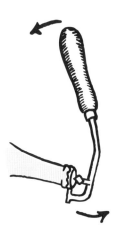

보당도자주

마지막에 마개와 철사망을 씌우기 전에 와인과 사탕수수 설탕을 섞은 리쾨르 덱스페디시옹 Liqueur d'expedi-tion 을 샴페인에 첨가한다. 이 첨가물로 샴페인의 당도를 조절하는 것을 보당 또는 도자주 Dosage 라고 한다.

 와인 용어

보당에 따른 샴페인의 당도 표현_ 농 도제 non dosé, 설탕무첨가, 엑스트라브뤼트 extra-brut, 매우 드라이한, 브뤼트 brut, 드라이한, 세크 sec, 세미스위트, 드미세크 demi-sec, 스위트한, 두 doux, 매우 스위트한.

다양한 스파클링 와인

스파클링 와인은 전 세계 와인 생산량의 7%를 차지하고 있으며 약 24억병에 해당한다. 그 생산량과 소비량은 지속적으로 증가하고 있다. 주요 생산국은 프랑스전 세계 생산 병수의 1/4 차지, 이탈리아, 독일이다.

기포는 어떻게 만들어지는가?

기포는 발효와 계절의 영향으로 여러 지역 와인에서 우발적으로 발생한다. 겨울에 추워지면 발효가 자연적으로 멈췄다가 식당이나 술집 같은 따뜻한 장소에 보관하거나 봄이 와서 날씨가 따뜻해지면 발효가 다시 시작된다. 이때 발생된 가스는 병 안에 갇히게 되고 자연적으로 스파클링 와인이 된다.

스파클링 와인의 종류

미발포성 와인

일반적인 드라이한 화이트 와인인 스틸 와인 Still Wine 에 가깝다. 병 속 이산화탄소 압력이 0.5~1기압으로 뚜껑을 열었을 때 코르크 마개가 치솟지 않고 흰 거품도 생기지 않는다. 때로는 기포가 눈에 보이지 않고 혀에서 가볍게 느껴지기도 한다. 미발포성 와인은 대부분 재강 쉬르 리, sur lie, 발효탱크 바닥에 가라앉은 침전물으로 숙성시킨 화이트 와인이다. 시간이 지나면 기포가 사라진다.

약발포성 와인

병 속 압력이 1~2.5기압이다. 발포성 와인보다 기포가 적다. 코르크 마개는 금속 캡슐이 아닌 철사망으로 고정시켜야 한다. 대체적으로 알코올이 낮은 편이다. 루아르 Loire 지방에는 앙주 페티앙 화이트, 로제, 소뮈르 페티앙, 몽루이 페티앙, 부브레 페티앙이 있다. 이탈리아에서는 비노 프리잔테 vino frizzante 라고 부르고 프로세코 프리잔테, 람브루스코 프리잔테가 있다. 포르투갈은 비뉴 프리잔치 vinho frisante, 스페인은 비노 데 아꾸하 vino de aguja 독일은 페를바인 perlwein 이라고 부른다.

발포성 와인

하얀 거품이 생기는 가장 전형적인 스파클링 와인이다. 프랑스에서는 거품 와인 vin mousseux 이라고 약간 낮춰 부르기도 하지만 샹파뉴 champagnes 와 크레망 crémant 이 모두 거품 와인에 해당한다. 병 속 이산화탄소 압력이 3기압 이상이어서 대개 6기압 내외 병은 두껍고 코르크 마개는 철사로 조여져 있다. 프랑스에는 샹파뉴, 크레망, 이탈리아에는 프로세코 스푸만테 prosecco spumante, 프란치아코르타 franciacorta, 스페인에는 카바 cava, 독일에는 젝트 sekt, 크레망, 미국에는 스파클링 와인이 있다.

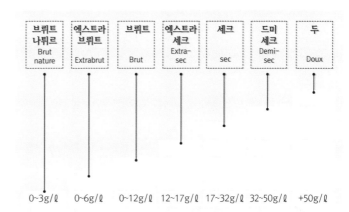

브뤼트 나튀르 Brut nature	엑스트라 브뤼트 Extrabrut	브뤼트 Brut	엑스트라 세크 Extra-sec	세크 sec	드미 세크 Demi-sec	두 Doux
0~3g/ℓ	0~6g/ℓ	0~12g/ℓ	12~17g/ℓ	17~32g/ℓ	32~50g/ℓ	+50g/ℓ

당도 표기

스파클링 와인은 와인과 사탕수수 설탕을 섞은 리쾨르 덱스페디시옹 liqueur d'expédition을 첨가한 후보당, 도자주 당도를 라벨에 의무적으로 표기해야 한다.

옛 방식

가장 오래된 스파클링 와인 양조 방식이다. 시골방식 méthode rurale, 수공예방식 méthode artisanale이라고도 한다. 알코올 발효가 완료되기 전에 병입을 해서 병 안에서 발효를 끝내는 방식이다. 발효가 마무리 되는 동안 가스가 발생하고 그 결과 와인에 기포가 생긴다. 가야크 Gaillac, 뷔제 bugey, 세르동 cerdon, 블랑케트 드 리무 blanquettes-de-limoux가 옛 방식으로 양조된다.

전통 방식

크레망은 의무적으로 전통 방식으로 양조되어야 한다. 샹파뉴를 만드는 방식이기도 하다. 그래서 샹파뉴 방식 méthode champenoise이라고도 한다. 병 안에서 2차 발효를 하는 것이 전통 방식의 특징이다 p.128~129 참조. 1차 발효가 끝나면 설탕과 효모를 첨가한 후 병입한다. 그러면 병 안에서 2차 발효가 일어나고 그 과정에서 이산화탄소가 발생하여 병 안에 갇히게 된다.

 프랑스 전역에서 생산되는 크레망

알자스 Alsace, 보르도 Bordeaux, 부르고뉴 Bourgogne, 디 Die, 론지방, 쥐라 Jura, 리무 Limoux, 랑그도크 지방, 루아르 Loire, 사부아 Savoie. 프랑스의 모든 와인 생산 지역에 「크레망」 아펠라시옹 AOC 이 존재한다. 룩셈부르크에서도 크레망이 생산되고 있다. 크레망의 양조 방식은 샹파뉴와 동일하지만 각 지역의 품종을 사용하고 최소 9개월 이상 숙성시켜야 한다.

와인의 숙성

알코올 발효가 끝나고 병입하기 전까지의 중간단계인 숙성과정은 아주 중요하다. 숙성은 탱크나 나무통을 이용한다.

와인을 숙성시키는 이유

와인의 향을 향상시 킨다

와인을 성숙시킨다

색을 안정시킨다

타닌을 부드럽게 한다
레드 와인의 경우

부유물예를 들어 발효를 일으 키는 효모을 가라앉힌다

탱크에서 숙성시키기

스테인리스, 콘크리트, 수지로 만든 숙성탱크는 와인 향을 빼거나 보 태지 않는 중립적인 재료다. 대개 과일향이 풍부하고, 새콤하며 가 벼운 화이트, 로제, 레드 와인을 만들 때 사용한다. 숙성탱크에서 숙 성하는 기간은 상대적으로 짧아 가벼운 와인은 1~2개월, 그보다 좀 더 숙성이 필요한 와인은 12개월 숙성시킨다. 12개월 숙성 와인은 양조한 후 최소 1년을 숙성시켜야 판매할 수 있는 레드 와인이 대 부분이다.

나무통에서 숙성시키기

나무통에서 숙성시킬 때는 통의 재료인 나무와 와인이 서로 영향을 많이 주고받는다. 새 것일 경우 더욱 그렇다. 선택한 나무에 따라, 어 느 정도의 화력으로 나무를 구웠는가에 따라 와인에 배는 숙성향구운 향, 토스트향, 바닐라향, 브리오슈향 등이 다르다. 나무 틈새와 마개를 통해 미 세하게 공기가 통하는데, 이때 와인이 조금 증발한다. 이를 「천사들 이 마셨다」고 표현한다. 공기순환시 숙성되면서 생기는 탄산가스가 배출되어 와인을 변화시킨다. 타닌의 뻑뻑함이 풀리며 와인이 성숙 해진다. 와인은 병입된 후에도 계속 숙성된다. 나무통을 이용한 숙성 법은 강한 와인에 적절하다. 나무통, 즉 나무의 영향을 미세하게 조 절하기 위해 와인메이커는 일반적으로 연령이 다른 통을 이용한다새 로 만든 통부터 4차례 이용된 숙성통 중에서 적절히 선택. 와인은 12개월에서 최장 36개월까지 숙성시킨다.

젖산 발효

숙성하는 동안 레드 와인, 일부 로제 와인, 강한 화이트 와인은 젖산 발효가 일어난다. 젖산 발효는 사과산_{청사과를 먹을 때 느끼는 산도와 비슷}이 젖산_{우유에 들어 있는 산}으로 변환되는 현상이다. 젖산은 사과산에 비해 부드럽고, 농도가 진하며, 톡 쏘는 맛이 덜하다. 일정 온도_{약 17℃}가 되어야 발효가 시작되며, 기온이 너무 낮으면 일어나지 않는다. 가벼운 화이트 와인이나 로제 와인은 젖산 발효가 일어나지 않는다.

산화 숙성

일반적으로 와인 숙성을 할 때는 나무통에 와인을 가득 채운다. 와인 메이커는 정기적으로 증발한 양만큼 와인을 보충한다. 와인이 직접 산소와 접촉하는 것을 막기 위해서다.

하지만 일부 와인은 일부러 나무통에 공기층을 남겨둔 상태에서 숙성시킨다. 공기에 닿아 산화되면서 호두, 카레, 말린 과일, 쓴 오렌지향 같은 독특한 향이 만들어진다.

가끔 와인 표면에 효모가 보호막을 형성하는 경우도 있다_{특히 쥐라 와인}.

산화 숙성으로 양조하는 와인에 쥐라_{Jura} 지방의 뱅 존 Vin Jaune, 헤레스 피노_{Jerez fino}, 토니 포트_{Tawny port}, 바 뉠스_{Banyuls}, 마데이라_{Madeira} 등이 있다.

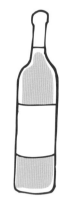   

 미량 산소 투입기술_{Micro Oxygenation}

인위적으로 적은 양의 산소를 와인에 투입하는 방법이다_{대개 숙성탱크에 쓰는 방법이며, 나무통에는 거의 쓰지 않는다}. 이 기술은 나무통에서 얻을 수 있는 효과를 내거나 그 효과를 높이기 위해 사용한다. 타닌을 부드럽게 하고 와인을 빨리 숙성시키는 효과가 있다. 하지만 와인의 개성을 사라지게 한다는 비판도 받고 있다.

무알뢰 와인 · 리코뢰 와인

스위트 와인 중에서 무알뢰Moelleux와 리코뢰Liquoreux는 차이가 있다. 무알뢰는 알코올 발효 후 남아 있는 당분잔여당분이 20~45g/l 정도이며, 리코뢰는 45~200g/l 이다.

가격이 저렴한 스위트 와인을 만드는 방법은 간단하다. 양조과정에서 포도즙에 설탕을 첨가하는가당 것이다. 이후 알코올 발효가 일어나 적정 알코올 도수인 12.5% 정도가 되면 이산화황을 첨가해 발효를 멈춘다.

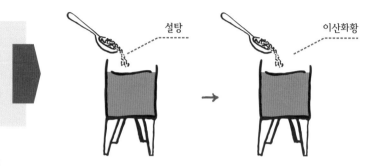

스위트 와인을 만들기 위한 포도 수확 방법

품질 좋은 무알뢰나 리코뢰 와인은 가당을 하지 않고 평균보다 당도가 높은 포도만을 골라 수확하여 만든다. 그 방법은 다음과 같다.

늦수확 드라이 와인용 포도보다 늦게 수확하는 방법으로, 가장 좋은 경우는 귀부병, 즉 보트리티스 시네레아균에 감염된 포도이다. 이 곰팡이는 포도에 당분을 축적시키고, 구운 과일향을 더해준다 보트리티스 감염 포도라고도 한다.

뱅 드 파유 Vin de Paille 포도송이를 일찍 수확한 후 밀짚 위에서 몇 달간 건조시킨다. 이탈리아, 그리스, 스페인, 프랑스 쥐라Jura 지방에서 사용하는 방법이다.

파스리아주Passerillage 포도를 수확하지 않고 가을 햇빛과 바람에 말리는 방법이다. 기후가 가을까지 덥고 건조해야 하며, 바람이 많이 부는 지역에서만 가능하다. 프랑스 남서부 지방과 스위스의 발레Valais주 등지에서 사용한다.

귀부포도 골라 따기 또는 베렌아우스레제 Beerenauslese
보트리티스 감염 포도만 일일이 손으로 따는 방법이다. 늦수확 포도보다 당도가 더 높고 수확기가 더 늦다.

겨울 수확
추운 지방에서 가능한 방법으로, 겨울이 되길 기다려 포도가 언 다음 수확한다. 독일, 오스트리아, 특히 캐나다에서 활용한다.

양조과정에서 포도를 아주 천천히 압착하여 포도에 아주 약간 남아 있는 즙을 최대한 추출한다. 발효 역시 천천히 이루어진다. 적정 수준까지 발효되면 이산화황을 첨가하여 발효를 멈추고 냉각시킨다. 그 다음은 와인을 바로 필터링하여 효모를 걸러낸다.

뮈타주·뱅 두 나튀렐

「뱅 두 나튀렐Vin Doux Naturel」, 「뱅 뮈테Vin Mute」, 「주정강화 와인fortified wine」은 알코올을 첨가한 레드 와인이나 화이트 와인을 가리킨다. 이 와인들은 대개 많이 달지만, 때때로 드라이한 레드 와인이나 화이트 와인도 있다. 주정강화 와인의 알코올 함유량은 15%를 넘는다.

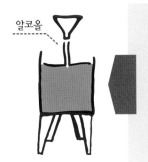

양조
알코올 발효 초기에 포도 알코올순도 96% 을 첨가하여 효모의 활동을 중지시킨다. 이 과정을 뮈타주Mutage라고 한다. 이 중성주정은 맛과 향이 없으며, 효모를 죽인다. 효모가 죽으면 포도의 당분이 알코올로 변하지 않는다.

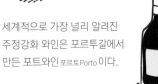

프랑스의 뱅 두 나튀렐 화이트 와인은 뮈스카 드 봄드브니즈Muscat de Beaumes-de-Venise, 뮈스카 드 리브잘트Muscat de Rivesaltes, 뮈스카 드 프롱티냥Muscat de Frontignan, 뮈스카 뒤 카프 코르스Muscat du Cap Corse다.

세계적으로 가장 널리 알려진 주정강화 와인은 포르투갈에서 만든 포트와인 포르토Porto 이다.

레드 와인은 라스토Rasteau, 바뉠스Banyuls, 모리Maury 등이며, 모두 그라나슈Grenache 품종으로 만든다.

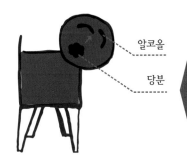

셰리와인
스페인 헤레스Jerez에서 개발된 셰리와인Sherry은 발효와 숙성이 끝난 후 병입 직전에 알코올을 첨가한다. 포도에 들어 있는 당분은 발효과정에서 모두 알코올로 변환되기 때문에 본래 셰리와인 자체는 드라이하지만, 일부 셰리와인은 병입 직전에 당분을 추가한다. 때때로 산화숙성을 거치는 경우도 있다.

마데이라
마데이라Madeira는 발효 도중에 주정을 첨가한 후, 대형탱크에서 몇 개월 동안 45℃로 가열한다. 고급 마데이라는 이후의 숙성기간에도 숙성통에서 계속 가열한다. 이 숙성방식을 이용하면 많이 산화된 와인을 얻을 수 있다.

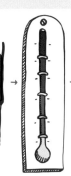

리쾨르 와인
양조과정은 뱅 두 나튀렐과 같지만, 중성주정 대신 브랜디를 첨가하는 점이 다르다. 리쾨르Liqueur 와인 중 코냑을 첨가한 피노 데 샤랑트Pineau des Charantes, 아르마냑Armagnac, 아르마냑 지역 브랜디를 첨가한 플록 드 가스코뉴Floc de Gascogne, 프랑슈 콩테Franche Comté 지역 브랜디를 넣은 막뱅 뒤 쥐라Macvin du Jura 등이 유명하다.

콜라주와 필터링

콜라주

와인에 단백질을 넣어 와인을 맑게 하는 작업이다. 단백질이 타닌과 떠 있는 찌꺼기에 붙어 아래로 가라앉는다. 그렇게 해서 찌꺼기는 와인과 분리되고 제거된다. 이미 로마시대부터 활용한 방식이다.

콜라주 물질_ 계란 흰자 고급 레드 와인에 주로 사용, 우유 단백질 화이트 와인에 사용, 생선아교, 점토, 젤라틴 등.

필터링

와인을 필터에 통과시켜 찌꺼기를 제거하는 방식이다. 한 번에 끝내기도 하고 두께와 구멍 크기가 다른 여러 필터를 사용하여 여러 차례 필터링을 하기도 한다.

장점

콜라주와 필터링을 통해 찌꺼기나 혹시 모를 불순물을 제거해 와인을 더 맑고 윤기 나게 한다. 안 좋은 냄새도 제거할 수 있다.

단점

콜라주나 필터링은 페놀 화합물과 방향족 화합물의 일부도 제거해 와인의 맛과 향이 변할 수 있다. 그래서 라벨에 콜라주와 필터링을 하지 않았다고 표시한 와인도 있다.

콜라주나 필터링 과정은 와인 양조와 관련 있는 작업이다. 양조 후 와인을 1년 넘게 숙성시키면 찌꺼기가 양조통이나 오크통 바닥에 충분히 가라앉기 때문에 이 경우에는 콜라주나 필터링이 필요하지 않다. 반대로 숙성을 시키지 않는 와인에는 필요한 과정이다.

변화하는 와인 맛의 역사

인류는 수세기 동안 같은 와인을 마시지 않았다. 달콤하거나 짭짤한 와인, 진하거나 연한 와인 등 양조 방식에 따라서 다양한 특징의 와인이 만들어졌다. 옛 와인이 더 순수했다고 생각하지 않았으면 한다. 옛 사람들은 맛을 좋게 하거나 약용으로 즐기기 위해 와인에 여러 재료를 첨가했다. 지금 우리가 마시고 있는 와인은 몇 백 년 전에 마셨던 와인과는 전혀 다르다.

이집트 그랑크뤼 와인

4천 년 전 고대 이집트 왕국에서는 와인을 암포라에 담아 코르크 마개로 밀봉한 후 보관했다. 포도밭과 수확한 해도 암포라에 표시했다. 이를 통해 이집트인들이 와인을 숙성시켰고 테루아르와 품질에 따라 등급을 매겼다는 사실을 알 수 있다. 당시 와인은 대부분 화이트였다.

타임 또는 계피?

고대 그리스 로마시대의 와인은 투명하거나 노랗거나 오렌지색이었고, 레드나 로제는 매우 드물었다. 그리고 와인 자체를 그대로 마시지 않고 타임, 계피, 꽃, 뿌리, 꿀, 바닷물 등을 섞어서 마셨다. 그래서 와인은 대부분 달았다. 와인이 담긴 암포라를 바닷물이 담긴 통에 넣어 보관했는데 이때도 라벨을 붙였다. 그 당시에도 그리스의 섬처럼 평가가 좋은 포도 산지가 있었기에 라벨을 붙여 구분했다.

가볍고 깨끗한 와인

중세시대에는 포도밭을 주로 수도사, 영주, 귀족들이 관리했다. 1224년에는 국제와인경연대회가 열렸는데 대회 말미에 공식적으로 와인에 등급을 매겼다. 그때 등급을 받은 와인들 중 오늘날까지도 명성을 유지하고 있는 와인이 있다. 중세에도 화이트 와인이 여전히 주를 이루었지만 레드 와인도 서서히 퍼지고 있었다. 오크통이 암포라를 대체한 것도 이 시기다. 맛은 지금의 와인과 크게 다르지 않았지만 장기 보관은 불가능해서 발효가 끝난 후에 바로 마셨다 유리병이 아직 없었다. 그리고 지금 와인보다 가벼워서 알코올 도수 9~10% 그 당시의 사람들은 하루에 평균 3 ℓ 의 와인을 마셨다. 물이 깨끗하지 않아 질병의 원인이 되던 시대였기에 물 대신 와인을 마셨다. 물에 비해 와인은 위생적인 음료였다.

접목하지 않은 시대

1880년 이전의 와인 맛을 생각해볼 기회는 별로 없다. 양조와 숙성 방식이 오늘날과 크게 다르지 않았지만 가지치기 방식에는 차이가 있었다. 유럽 전역의 포도밭이 필록세라 phylloxéra로 초토화된 후 거의 모든 포도나무는 다른 포도나무의 뿌리 위에서 자랐다. 접목하지 않은 포도나무로 만든 매우 희귀한 와인을 시음한 전문가들은 맛의 차이는 크지 않지만 농도가 더 진하고 향도 오래 지속된다고 말한다.

다양한 와인병

카르 Quart 또는
스플리트 Split
18.75cl 또는 20cl.
1cl =10㎖

드미 Demi 또는
하프 Half
37.5cl

클라블랭 Clavelin
62cl

부테유 Bouteille 또는
보틀 Bottle
75cl
가장 일반적인 병

매그넘 Magnum
부테유 2병 = 1.5l

마튀잘렘 Mathusalem 또는
임페리얼 Imperial
부테유 8병 = 6l

르호보암 Rehoboam
부테유 6병 = 4.5l

발타자르 Balthazar
부테유 16병 = 12l

나뷔코도노조르 Nabuchodonosor
또는 Nebuchadnezzar
부테유 20병 = 15l

제로보암 Jeroboam 또는
더블 매그넘
부테유 4병 = 3l

살마나자르 Salmanazar
부테유 12병 = 9l

보르도Bordeaux

뮈스카 드
프롱티냥
Muscat de Frontignan

샴페인
Champagne

헤레스 피노
Jerez fino

샹파뉴
Champagne

토니 포트
Towny port

뮈스카 드 봄드브니즈
Muscat de Beaume-de-Venise

마데이라
Madeira

부르고뉴
Bourgogne

쥐라Jura의
클라블랭Clavelin

알자스
Alsace

코드뒤론
Côtes-du-Rhône

쥐라Jura의
뱅 존Vin jaune

바뉠스
Banyuls

프로방스 Provence
화이트 와인

뮈스카 드
리브잘트
Muscat de Rivesaltes

프로방스 Provence
로제 와인

코르크 마개의 비밀

고대로부터 사용된 코르크 마개는 암포라고대 그리스 · 로마의 양손잡이가 달린 단지에 와인을 담고 입구를 막는 데 주로 쓰였다. 이후 더 이상 사용되지 않다가 17세기 유리병의 등장과 함께 다시 사용하였다.

제작

굴참나무의 주요 생산지는 포르투갈, 스페인, 모로코, 알제리다. 수령이 최소 25년 이상인 굴참나무 껍질층만 코르크 마개 제작에 사용할 수 있다. 최초 수확 이후 9년마다 껍질 수확이 가능하며, 굴참나무의 평균 수명은 125년이다. 벗겨낸 껍질은 건조, 세척 후 자른다.

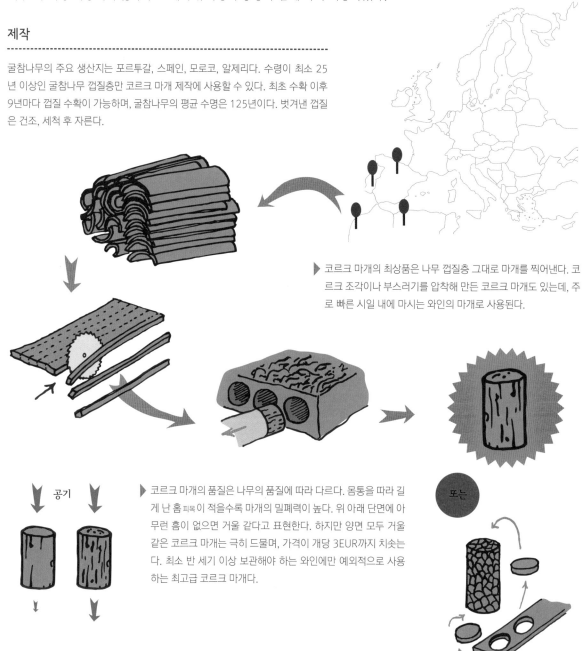

▶ 코르크 마개의 최상품은 나무 껍질층 그대로 마개를 찍어낸다. 코르크 조각이나 부스러기를 압착해 만든 코르크 마개도 있는데, 주로 빠른 시일 내에 마시는 와인의 마개로 사용된다.

공기

▶ 코르크 마개의 품질은 나무의 품질에 따라 다르다. 몸통을 따라 길게 난 홈피목이 적을수록 마개의 밀폐력이 높다. 위 아래 단면에 아무런 흠이 없으면 거울 같다고 표현한다. 하지만 양면 모두 거울 같은 코르크 마개는 극히 드물며, 가격이 개당 3EUR까지 치솟는다. 최소 반 세기 이상 보관해야 하는 와인에만 예외적으로 사용하는 최고급 코르크 마개다.

또는

장점

▶ 와인을 개봉할 때 맛있고
독특한 소리가 난다.

▶ **가장 중요한 특성**
병을 밀폐하여 산소가 병 안으로
들어가는 것을 막아준다.

▶ **소비자들이 선호하는 점**
천연재료, 역사가 있다.
품질 좋은 와인을 의미한다 아닌 경우도
있다 는 이유로 코르크 마개를 선호한다.

▶ 탄성이 있어 병 입구에 정확하게
밀착되며, 온도 변화에 따라 팽창하고
수축하여 수십 년이 지나도 와인을
완벽하게 보존한다.

5년   15년   30년

단점

▶ 코르크 마개의 가장 큰 단점은 코르크의 오염이 와인에 영향을 미친다는 것이다.
오염된 와인은 「부쇼네Bouchonne」라고 부른다. 오염된 목재에서 나타나는 일종의
분자TCA라고 부른다로 인해 곰팡이맛이 나며, 약간만으로도 와인 한 병 전체가 마실
수 없게 변질된다. 코르크 마개 제조과정에서 엄격한 위생관리와 철저한 오염 제거
를 통해 TCA 오염률을 많이 줄였다. 전체 와인 중 약 3~4%가 부쇼네된다고 추정
된다. 운이 나쁘면 부쇼네 와인을 살 가능성도 있으므로 주의한다.

3~4%가
부쇼네 와인
이라고?

ⓘ 병은 눕혀서 보관한다

코르크 마개는 젖어 있지 않으면 말라버리므로 주의해야 한다.
따라서 코르크가 와인에 항상 젖어 있도록 와인 병을 눕혀서 보
관한다. 와인이 닿지 않아 말라버린 코르크 마개는 탄력을 잃고
밀폐력이 떨어져 와인이 산화된다.

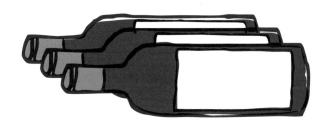

다른 마개들의 구조

합성 코르크 마개

천연 코르크 마개보다 만드는 비용이 싸다. 대부분 실리콘으로 제작하며, 단기적으로 천연 코르크 마개와 특성이 같다.

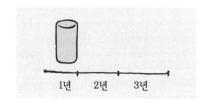

합성 코르크 마개의 탄성은 시간이 지나면서 크게 줄어든다. 2~3년 후면 딱딱해져서 밀폐력이 떨어진다. 그러나 장기보관용 와인이 아니라면 합성 코르크 마개를 사용해도 큰 무리가 없다.

스크루캡

일반 대중들에게 큰 인기를 끌지는 못하지만 천연재료가 아닌 금속, 개봉할 때 소리가 없다, 와인오프너에 대한 향수 등의 이유, 와인을 쉽고 빨리 개봉할 수 있다. 피크닉을 갈 때 유용하다. 스위스와 뉴질랜드에서는 1970년대부터 거부감 없이 스크루캡을 와인 마개로 많이 사용하고 있다.

장점

▶ 완벽하게 밀폐된다.
▶ 온도가 급격히 변하거나 많은 시간이 흘러도 밀폐력이 떨어지지 않는다.
▶ 와인이 부쇼네될 위험이 없다.

하지만 밀폐력이 너무 뛰어나 코르크 마개를 이용했을 때보다 와인이 숙성되지 않는다는 와인전문가들의 의견도 있다. 실제로 동일한 와인을 10년간 숙성시킨 후 비교 시음한 결과, 코르크 마개와 스크루캡을 사용한 와인은 향이 서로 다르다는 것이 확인되었다.
최근 기술 발달로 미세한 구멍이 뚫린 패킹을 끼워 천연 코르크 마개와 거의 비슷한 효과를 얻을 수 있는 스크루캡이 선보이고 있다.

스크루캡의 사용량은 크게 증가했다. 연간 판매되는 170억 병의 와인 중 약 40억 병에 스크루캡이 사용되고 있으며, 앞으로 그 수는 더욱 늘어날 것으로 예상된다.

와인에서 이산화황의 역할

이산화황의 장점

▸ 이산화황은 산화방지제다. 발효과정에서 포도즙을 산소로부터 보호하고 산화를 방지해 와인의 품질 저하를 막는다.
▸ 발효를 막고 잔여당분을 유지시켜 스위트 와인을 만들 수 있다.
▸ 병입할 때 와인을 안정시켜 산화를 막고, 와인이 지나치게 빨리 숙성되는 것을 방지한다.

이산화황의 단점

▸ 이산화황은 특유의 고약한 냄새썩은 달걀 냄새가 난다.
▸ 이산화황은 산화방지제다. 와인을 환원시켜산화의 반대 개봉할 때 나쁜 냄새배추 냄새가 날 수 있다.
▸ 산소와 쉽게 결합하는 이산화황의 특성 때문에 와인을 마신 후 두통이 생길 수 있다.
▸ 와인의 숙성을 막고 특성을 약화시킬 수 있다.

이런 이유 때문에 와인메이커들은 점차 이산화황의 사용량을 줄이고 있다. 이를 위해서는 포도 수확 후 운반할 때 포도가 상하지 않도록 주의해야 하며, 와인 저장창고를 청결하게 유지하고 와인이 산화되지 않도록 신경써야 한다.

일반적으로 아래 순서에 따라 사용하는 이산화황의 양이 증가한다.

레드 와인   스파클링 와인   로제 와인   화이트 와인   스위트 와인

이산화황 사용량
와인에 첨가하는 이산화황의 양은 3~300mg/ℓ로 차이가 많다. 황의 사용량은 와인에 따라 다르다.

 ## 이산화황 무첨가 와인

일부 와인메이커들은 아직은 초기단계라 그 수가 매우 적다 이산화황을 첨가하지 않은 퀴베를 만들고 있다. 이산화황 무첨가 와인은 안정되지 않기 때문에 보관에 엄격한 조건보관 온도를 16℃ 이하로 유지이 필요하다. 이 조건을 유지하지 못하면 발효가 다시 일어나 와인은 급격히 산화되고 만다. 이산화황 무첨가 와인은 시음할 때 깜짝 놀랄 만큼 신선하고 활력이 넘친다. 하지만 보관을 제대로 못한 와인은 썩은 사과 냄새와 마굿간 냄새가 난다.

와인을 만드는 사람들

와인 양조사

와인메이커 생산자와 밀접한 협력관계에 있는 전문가이다. 포도나무와 포도밭에 필요한 조치를 제안하고, 포도를 분석해서 와인의 당도와 알코올 도수를 예측하며, 수확날짜에 대해 조언한다. 양조장에서는 생산과정을 감독하며 실험분석과 관능검사 organoleptic test 를 실시하고 품종별, 재배구역별 블렌딩을 지휘한다. 와인 양조사 자격은 수년 동안 화학 분야의 교육과정을 수료해야만 취득할 수 있다.

생산자 와인메이커

포도를 재배해서 와인을 양조하고 병입해서 때로는 소비자에게 판매까지 하는 농부이면서 양조가이며 영업사원이다. 포도밭에서는 가지치기에서부터 수확까지 모든 작업을 하고, 양조장에서는 와인을 양조한다. 그렇다고 이 모든 작업을 혼자 하는 것은 아니다. 필요하다면 전문가의 도움을 받기도 한다. 와인메이커는 포도 재배만 하고 양조작업은 하지 않는 재배자와는 다르다. 포도밭과 양조장 모두를 담당하는 비티비니컬처리스트 vitiviniculturist 라고나 할까.

양조 책임자

규모가 큰 와이너리의 경우에는 와인 생산 공정 전체를 한 사람이 담당할 수 없다. 그래서 업무가 분야별로 나뉘어져 있다. 셀러 마스터 cellar master 는 양조장과 저장고 책임자로 와인의 양조, 숙성, 보관을 감독한다. 와인이 잘 양조되고 있는지 계속 시음을 하고 재고를 관리하며 시판 시기를 정한다. 보통 와인 양조사와 함께 협력하여 일한다.

재배 책임자

규모가 큰 와이너리에서 양조 책임자가 양조장과 저장고를 담당한다면, 재배 책임자는 포도밭 관리와 포도 재배 작업을 담당한다. 포도밭 작업자들의 관리도 그의 몫이다.

플라잉 와인메이커

기본적으로 와인 양조사이며, 양조와 숙성 그리고 와이너리의 전반적인 업무를 조언하는 국제적인 컨설턴트이다. 프랑스에서 이 용어는 잘 사용하지 않지만 플라잉 와인메이커로 불리는 유명한 몇몇 인사가 있다. 이들은 보통 비행기를 타고 다니며 여러 나라에 있는 와이너리에 컨설팅 서비스를 제공하기 때문에「날아다니는 와인메이커 Flying Winemaker」라는 별명이 붙었다.

네고시앙

생산자 와인메이커 와 유통업자를 연결하는 중간자이다. 네고시앙은 여러 생산자에게서 구매한 와인을 블렌딩하여 자신의 상표를 붙여 판매한다. 와인을 선정해서 구매하고 블렌딩하기 때문에 대량 판매가 가능하고 매우 다양한 아펠라시옹 AOC 을 유통시킨다. 이러한 형태는 부르고뉴 지방의 네고시앙처럼 작황이 좋지 않은 해에 빛을 발한다. 충분한 양의 와인을 확보하고 질적인 면에서도 균일한 품질을 유지할 수 있기 때문이다. 수출에도 유리하다. 하지만 보르도 네고시앙의 일하는 방식은 다르다. 보르도 네고시앙은 와인을 구매해 블렌딩을 하는 것이 아니라 그랑크뤼 샤토와 작은 샤토에서 병입한 와인을 구매해 전 세계로 유통시킨다. 그래서 보르도 샤토는 개인에게 직접 와인을 판매하지 않고 네고시앙에게 판매를 맡긴다. 와인의 가격도 회사들이 보르도 광장에 모여 있어「보르도 광장」이라고도 불리는 네고시앙들이 결정한다.

소믈리에

음식과 와인의 페어링 전문가이다. 호텔업 전문학교에서 공부하고 레스토랑에서 근무한다. 소믈리에가 갖춰야 할 자질은 시음 능력, 와인에 대한 지식, 서빙 능력이다. 업무는 와인 리스트를 만들고 와인을 구매하며 고객에게 와인을 권하는 것이다. 아울러 와인 저장고를 관리하고, 와인의 변화 상태를 확인해서 와인을 마실 시기를 결정하며, 서빙 온도 확인에서부터 와인잔 선정까지 최적의 서빙 조건을 점검한다.

기타 직업

이외에도 와인과 관련한 여러 직업이 있다. 포도 묘목을 취급하는 묘목업자, 오크통을 만드는 오크통 제작자, 생산자와 구매자 사이에서 가격 협상을 담당하는 중매인 쿠르티에, courtier, 와인을 수입 판매하는 에이전트, 마케팅과 홍보 담당자, 코르크 마개 제작자, 라벨 인쇄업자 등등, 와인을 판매하는 와인쇼핑몰이나 와인샵도 잊지 말자.

배낭을 메고 차에 올라타 길을 떠나는 카롤린Caroline. 고된 일상에 지쳐 갑자기 자연을 찾아 떠나고 싶은 충동을 느꼈다. 물론 무작정 길을 떠나는 것이 아니라 도시를 떠나 와인을 맛보고 싶었다. 처음엔 내비게이션을 켰지만 곧 신경쓰지 않기로 했다. 그냥 길을 따라가다가 비포장도로로 들어선 후 눈에 띄는 도멘이나 와이너리 또는 샤토에 멈춰 서기로 마음먹었다. 군데군데 「와인가도Routes des Vins」포도밭 사이로 뚫린 도로를 뜻하며, 프랑스 알자스Alsace 지방을 남북으로 가로지른다라고 써놓은 표지판들이 보이자 그 길을 따라 언덕으로 골짜기로 계속 차를 몰았다. 햇빛을 머금은 포도송이를 보기 위해 멈춰서기도 했다. 어떤 포도밭에는 자갈이, 또 다른 포도밭에는 점토가 많았다. 가끔은 포도나무 아래 굴러다니는 자갈을 발로 툭툭 차보기도 했다.

언젠가 엑토르Hector는 이런 말을 했다. "지방과 테루아에 따라 재배되는 포도나무 품종이 상당히 달라." 정말 그랬다. 언덕배기에서 자라는 포도나무, 수령이 오래된 포도나무 그리고 앞으로 훌륭한 와인을 생산할 어린나무들도 보았다. 그리고 알자스Alsace의 날카로운 화이트 와인, 랑그도크Languedoc의 기름진 화이트 와인, 포르투갈의 그린 와인비뉴 베르드Vinho Verde를 가리킨다. 이름이 의미하듯 와인이 녹색을 띠지는 않으며, 덜 익은 포도로 만들어 어리고 신선하기 때문에 어린 와인이라고도 한다, 실크 같은 리오하Rioja 레드 와인, 근육질 바디를 가진 토스카나Toscana 레드 와인까지 다양한 와인들을 마셔보았다. 그동안 수백 장의 사진과 각각의 와인 맛을 기록한 자료를 차곡차곡 모았다. 카롤린은 와이너리를 방문하며 지역, 기후, 고도, 건조함, 역사와 더불어 와인을 만드는 와인메이커들의 결단과 노동 덕분에 각각의 와인에 개성이 생긴다는 사실을 이해하게 되었다. 개념을 정확히 정리할 수 없었던 「테루아」라는 단어가 와인과 떼려야 뗄 수 없는 관계라는 걸 실감할 수 있었다.

지금부터 나오는 전 세계 곳곳의 와이너리 정보들을 여행과 탐험을 사랑하고 현장에서 와인을 배우고 싶은 모든 코랄리에게 바친다.

CAROLINE

카롤린, 포도농장을 방문하다

테루아
프랑스 와인
유럽 와인
세계의 와인

테루아

「테루아Terroir」는 쉽게 정의하기 어려운 단어다. 그래서 다른 언어로 번역되는 경우가 드물며, 영어에도 정확히 해당하는 단어가 없다. 간단히 말해 테루아는 한 와인의 특징을 결정짓는 모든 요소를 아우르는 단어라고 할 수 있다.

지리적 조건

기후
날씨와 달리, 기후는 어떤 지방의 전반적인 기상조건 전체를 의미한다.
다음 요소들을 통해 한 지방의 기후를 정의할 수 있다.
▶ 평균 최저기온과 최고기온
▶ 평균 강수량
▶ 바람의 성질_ 건조한 바람, 시원한 바람, 더운 바람 겨울에 결빙현상이 일어나지 않는다
▶ 결빙, 우박, 폭풍 같은 자연재해

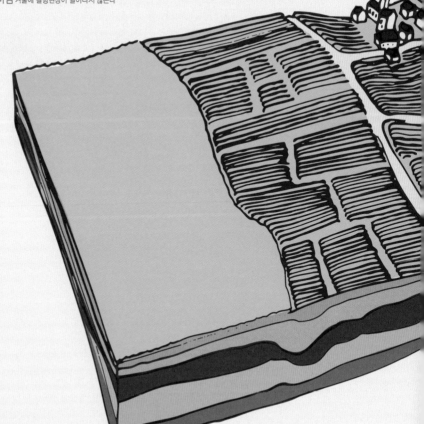

기후는 크게 대륙성 기후, 해양성 기후, 산악성 기후, 지중해성 기후 등으로 나눌 수 있다.
같은 기후대에 속하는 곳이라도 분지, 구릉, 습지, 숲 등 지역의 지리적 특성에 따라 더 작은 세부 기후로 나눌 수 있다.

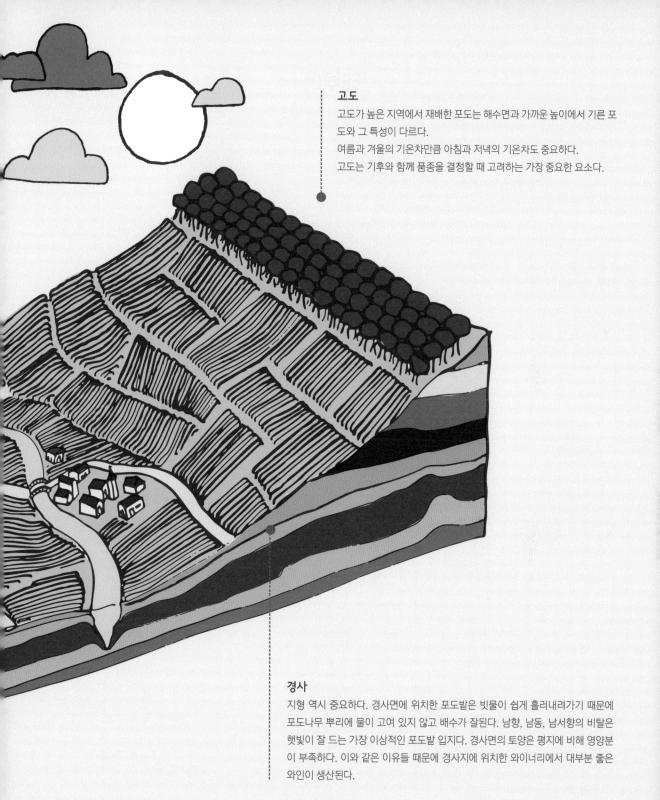

고도

고도가 높은 지역에서 재배한 포도는 해수면과 가까운 높이에서 기른 포
도와 그 특성이 다르다.

여름과 겨울의 기온차만큼 아침과 저녁의 기온차도 중요하다.

고도는 기후와 함께 품종을 결정할 때 고려하는 가장 중요한 요소다.

경사

지형 역시 중요하다. 경사면에 위치한 포도밭은 빗물이 쉽게 흘러내려가기 때문에
포도나무 뿌리에 물이 고여 있지 않고 배수가 잘된다. 남향, 남동, 남서향의 비탈은
햇빛이 잘 드는 가장 이상적인 포도밭 입지다. 경사면의 토양은 평지에 비해 영양분
이 부족하다. 이와 같은 이유들 때문에 경사지에 위치한 와이너리에서 대부분 좋은
와인이 생산된다.

여러 가지 토양

대개 흙으로 이루어진 지표면보다 나무가 뿌리를 내리는 하층토심토, 즉 기반암이 중요하다.

하층토의 여러 종류

- 점토, 석회질, 점토성 석회질
- 원래 바다였다가 육지가 되면서 생긴 이회암
- 산악지형에서 생성된 편암, 화강암, 편마암
- 바다, 강, 삼각주에서 생성된 모래, 조약돌, 자갈
- 고운 자갈, 백악질, 현무암, 화산암 등

같은 지방에서도 와이너리마다 토질이 다르거나, 한 와이너리에 여러 토질이 함께 있는 경우가 많아 테루아를 명확히 파악하기가 더욱 어렵다.

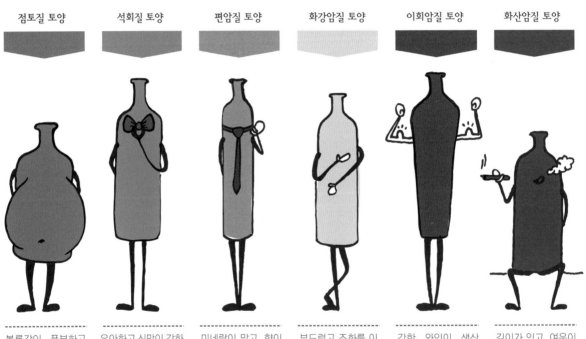

점토질 토양	석회질 토양	편암질 토양	화강암질 토양	이회암질 토양	화산암질 토양
볼륨감이 풍부하고 기름지며 타닌이 많은 와인이 생산된다.	우아하고 신맛이 강하며, 섬세한 와인이 생산된다.	미네랄이 많고, 향이 강하고 신맛이 균형을 이룬 와인이 생산된다.	부드럽고 조화를 이룬 향이 풍부한 와인이 생산된다.	강한 와인이 생산된다.	깊이가 있고, 여운이 오래 남으며, 연기향이 나는 와인이 생산된다.

 토양의 영양분

포도나무는 영양분이 적은 도양을 신호한다. 좋은 와인은 척박하고 수분과 영양분이 부족한 땅에서 태어난다. 포도나무는 생존하기 위해 뿌리를 땅 속 몇 미터 아래까지 뻗어 영양분을 찾는다.

뿌리가 길면 길수록 와인은 좋아진다. 포도나무는 영양분이 너무 부족하거나 지나치게 많이 흡수해도 안 된다. 영양분이 풍부한 비옥한 땅은 포도나무를 칡처럼 길게 자라게 만들어 포도에 즙이 농축되지 않는다.

와인메이커가 하는 일

사람의 노력이 없다면 테루아는 가능성에 그칠 뿐이다.

포도나무 재배와 와인 양조과정에서 테루아의 가치를 돋보이게 하기 위해 와인메이커는 다음과 같은 일을 한다.

토양과 기후에 가장 적합한 품종을 고르고, 덩굴이 뻗어나가게 유인하며, 가지치기를 하여 포도나무의 모양을 잡는다. 또한 포도나무를 관리하고 수확 시기를 결정한다.

포도나무를 심을 와이너리 내에 구역을 정한다.
11세기 부르고뉴에서는 수도사들이 직접 흙맛을 보고 어떤 품종을 어떻게 재배할지를 정했지만, 오늘날에는 복잡한 분석과정을 통해 토양의 pH를 측정하고 과학적으로 평가하여 결정한다.

와인 양조와 숙성에 가장 적합한 방식으로 와인창고를 관리한다. 양조기술을 지나치게 중시하거나, 반대로 너무 무관심하면 테루아의 특성이 와인에 제대로 나타나지 않는다. 테루아가 와인을 통해 충분히 표현될 수 있도록 꾸준히 관리한다.

개량, 관개시설 정비 등을 통해 농토를 유지하고 영양분을 공급한다.

와인메이커는 테루아를 존중하고, 이해하고, 가공한다. 단순한 「품종 와인」이 아닌 「테루아 와인」은 와인메이커의 이러한 노력을 거쳐 생산된다.

테루아 와인이란 무엇인가?

▸ 와인이 생산된 지역의 지질, 지리적 특성이 살아 있는 와인
▸ 역사와 전통에 따라 지역 특유의 양조기술로 생산된 와인 지역 특성이 살아 있다고 표현한다
▸ 유행과 상관 없이 생산되는 와인

품종 와인이란 무엇인가?

▸ 오로지 품종의 향만 표현되는 와인 원료인 포도 품종에 따른 향의 차이를 이야기한다
▸ 지리적 특징이 나타나지 않는 와인
▸ 지역의 전통 양조기법이 반영되지 않은 기술적으로 만든 와인
▸ 원산지와 상관 없이 유행에 따라 양조되는 와인

알자스 와인
Alsace

화이트 와인
약 90%
레드 와인·로제 와인
약 10%

어떤 특징이 있는가?

포도 품종

프랑스의 다른 와인 생산지와는 다르게 알자스에서는 뮈스카Muscat, 실바너Sylvaner 등 사용한 포도 품종을 표시한다.

알자스에서는 품종 선택이 테루아보다 더 중요하다. 리슬링Riesling은 광물향, 게뷔르츠트라미너Gewürztraminer는 향신료향, 피노 그리Pinot gris는 독특한 연기향 등 품종마다 특성이 있다. 모임의 성격에 따라 스파클링 와인 대개 피노 블랑Pinot blanc으로 만든 크레망, 드라이 와인, 무알뢰나 리코뢰 와인을 선택하기도 한다.

흔히「귀족」품종이라고 부르는 뮈스카, 피노 그리, 게뷔르츠트라미너, 리슬링으로 두Doux, 스위트한 와인을 만든다. 스위트 와인은 원하는 포도 당도에 따라 늦수확이나 귀부포도를 골라 수확하여 생산한다.

그랑 크뤼

품종을 선택한 후에는 4대 귀족 품종으로 만든 최고급 와인을 뜻하는「그랑 크뤼Grand Cru」등급의 와인을 선택한다. 현재 알자스 와이너리 중에서 오스테르베르크Osterberg, 랑겐Rangen, 슐로스베르크Schlossberg, 징쾨플레Zinnkoepflé 등 51개 테루아에서 생산된 와인에만 그랑 크뤼 표기가 허가되어 있다.

알자스는 지질학적으로 프랑스에서 가장 복잡한 지방으로 화산퇴적암, 편마암, 사암 등 모두 13가지 토질이 뒤섞여 있다. 하지만 어렵게 생각할 필요 없이 적당한 가격에 좋은 와인을 사면 된다. 와인에 얽힌 자세한 내용은 와이너리에 가면 친절하게 설명해준다.

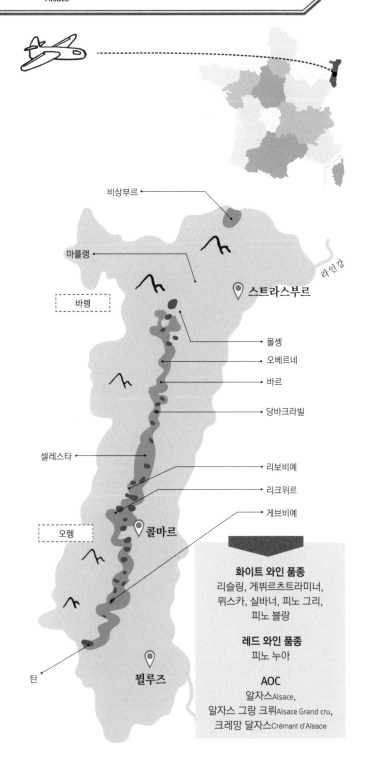

비상부르
마를랭
바렝
스트라스부르
라인강
몰솅
오베르네
바르
당바크라빌
셀레스타
리보비예
리크위르
오렝
게브비예
콜마르
탄
뮐루즈

화이트 와인 품종
리슬링, 게뷔르츠트라미너,
뮈스카, 실바너, 피노 그리,
피노 블랑

레드 와인 품종
피노 누아

AOC
알자스Alsace,
알자스 그랑 크뤼Alsace Grand cru,
크레망 달자스Crémant d'Alsace

보졸레 와인
Beaujolais

레드 와인
약 98%

화이트 와인·스파클링 와인
약 2%

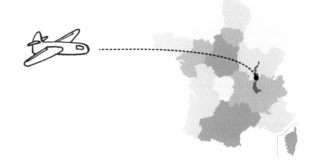

보졸레와 보졸레 누보

대중들에게 보졸레 와인은 보졸레 누보Beaujolais nouveau 와
인과 같은 것으로 대개 인식되고 있다. 11월 셋째 목요일
에 전 세계에서 축제를 여는 보졸레 누보 와인은 양조되자
마자 병입한다. 따라서 복합적인 향으로 발전될 시간이 없
어 와인애호가들은 보졸레 누보가 너무 단순하고「바나나
맛」이 난다고도 한다.

하지만 원래 보졸레 와인은 훨씬 깊이가 있는 와인이다. 과
일향이 풍부하고 타닌이 적은 가메Gamay 품종의 원산지인
보졸레에서는 마시기 쉬운 와인이 주로 생산되지만, 동시
에 최소 10년 이상 숙성한 후에 마시는 것이 좋은 크뤼Cru
등급의 복합적인 와인들도 꽤 있다.

어떤 와인을 선택해야 하는가?

마시기 쉽고 가벼우며 생기발랄한 와인을 찾는다면 보졸
레빌라주Beaujolais-Villages가 괜찮다. 그러나 그리 비싸지
않으면서 품질도 좋은 와인은 크뤼 등급에서 찾을 수 있
다. 모르공Morgon, 셰나Chénas, 물랭아방Moulin-à-Vent의 와인
은 바디가 있고 타닌 성분이 좀더 많아 장기숙성용 와인으
로도 좋다. 반면에 시루블Chiroubles과 생타무르Saint-Amour
에서 생산된 보졸레는 좀더 섬세하고 가볍다. 플뢰리Fleurie
에서는 붉은 열매의 향과 꽃향이 진한 훌륭한 와인을 만
날 수 있다.

화이트 와인 품종
샤르도네

레드 와인 품종
가메

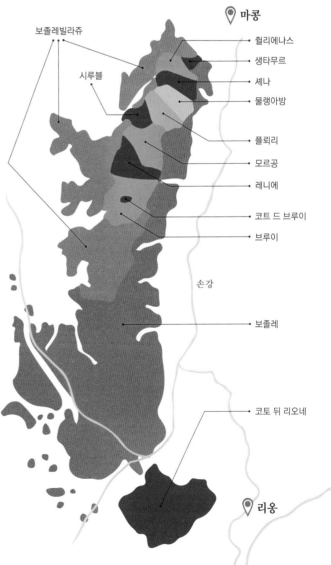

마콩

보졸레빌라쥬

쥘리에나스
생타무르
셰나
물랭아방

시루블

플뢰리

모르공

레니에

코트 드 브루이

브루이

손강

보졸레

코토 뒤 리오네

리옹

부르고뉴 와인
Bourgogne

화이트 와인·스파클링 와인
약 70%
레드 와인 약 30%

어떤 특징이 있는가?

부르고뉴에는 샤토는 없고, 도멘이나 오래된 벽이 포도밭을 둘러싼 클로Clos가 있다. 욘Yonne에서 조금 떨어진 샤블리Chablis와 그랑 오세르와Grand Auxerrois를 제외하면 부르고뉴의 모든 와이너리는 북쪽에서 남쪽으로, 즉 디종Dijon에서 리옹Lyon에 걸쳐 폭이 겨우 몇 km밖에 안 되는 가는 띠 모양으로 분포한다. 부르고뉴 지방의 와인 산지는 북쪽부터 남쪽으로 코트 드 뉘이Côte de Nuits, 코트 드 본Côte de Beaune, 코트 샬로네즈Côte chalonnaise, 마코네Mâconnais 등 크게 네 지역으로 나뉜다.

화이트 와인과 레드 와인

샤블리는 언제나 화이트 와인이다. 코트 드 뉘이는 레드 와인 주브레샹베르탱Gevrey-Chambertin, 샹볼뮈지니Chambolle-Musigny 등으로 유명하다. 코트 드 본은 화이트 와인 뫼르소Meursault, 샤사뉴몽라셰Chassagne-Montrachet 등의 명성이 높지만, 포마르Pommard와 볼네Volnay에서는 레드 와인만 생산된다. 부르고뉴 전역에 걸쳐 화이트 와인과 레드 와인이 생산되지만, 스파클링 와인인 크레망 드 부르고뉴Crémant de Bourgogne 역시 빼놓을 수 없다.

화이트 와인 품종
샤르도네, 알리고테

레드 와인 품종
피노 누아, 가메

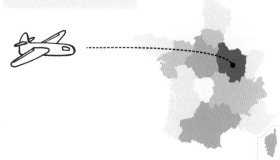

품종

부르고뉴 와인의 품종은 아주 간단하다. 레드 와인은 거의 피노 누아 단일 품종으로 만들고, 화이트 와인은 샤르도네로 만든다 알리고테, 생브리에서는 예외적으로 소비뇽 사용. 보르도나 다른 와인 지역과는 다르게 부르고뉴에서는 블렌딩을 하지 않는다. 블렌딩은 와인에 개성을 부여하고 빈티지가 좋지 않을 경우 결점을 보완하기 위해 하는 것이다. 그런데 부르고뉴 와인메이커들은 단일 품종 즉, 같은 무기를 갖고 전투에 임한다. 그럼에도 불구하고 생산자의 능력과 테루아의 특징에 따라 놀라울 정도로 다양한 와인이 만들어진다.

등급

부르고뉴에는 100여 개 AOC가 있으며, 지방명 AOC부터 그랑 크뤼까지 등급이 매겨져 있다. AOC에 덧붙여 세분화된 명칭을 붙일 수 있다.

등급과 AOC의 예

지방명 AOC 부르고뉴
지역명 AOC 코트 드 뉘이
마을명 AOC 주브레샹베르탱, 생베랑Saint-Véran
프르미에 크뤼1er cru AOC 주브레샹베르탱 프르미에 크뤼 오 콩보트Gevrey-Chambertin 1er cru Aux Combottes, 주브레샹베르탱 프르미에 크뤼 벨레르Gevrey-Chambertin 1er cru Bel-Air
그랑 크뤼 AOC 샤블리 그랑 크뤼 보데지르Chablis Grand Cru Vaudésir, 코르통 그랑 크뤼 레 르나르드Corton Grand Cru Les Renardes, 레 그랑에슈조Les Grands-Échezeaux

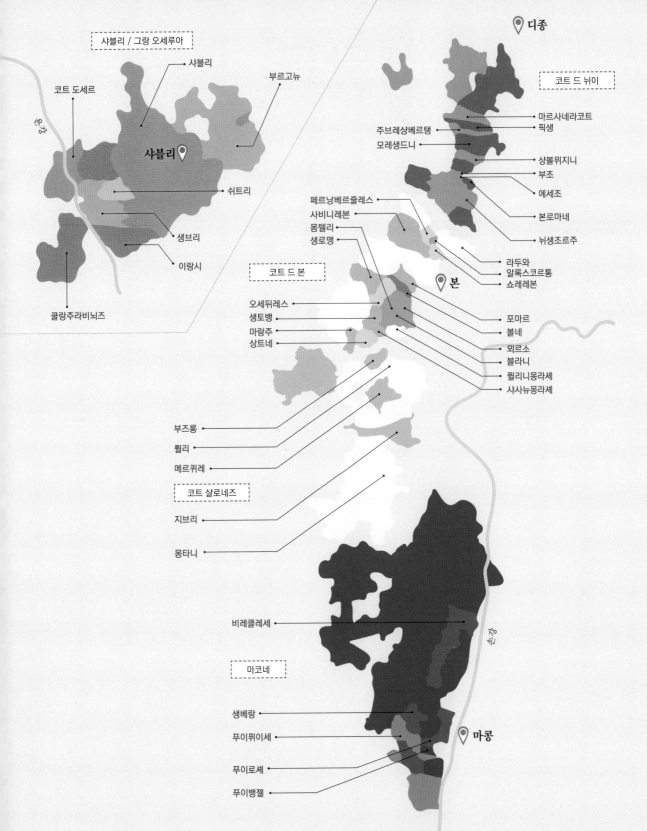

샤블리 / 그랑 오세루아

코트 도세르

샤블리

부르고뉴

샤블리

쉬트리

생브리

이랑시

쿨랑주라비뇌즈

디종

코트 드 뉘이

마르사네라코트
픽생

주브레샹베르탱
모레생드니

샹볼뮈지니
부조
에세조

본로마네

뉘생조르주

라두와
알록스코르통
쇼레레본

본

페르낭베르즐레스
사비니레본
몽텔리
생로맹

코트 드 본

오세뒤레스
생토뱅
마랑주
상트네

포마르
볼네
뫼르소
블라니
퓔리니몽라셰
샤사뉴몽라셰

부즈롱
륄리
메르퀴레

코트 샬로네즈

지브리

몽타니

비레클레세

마코네

생베랑

푸이뷔이세

푸이로셰

푸이뱅젤

마콩

부르고뉴 와이너리

클리마

다른 지방에서는 포도밭의 구획을 「구역parcel」 또는 「테루아」로 부르지만, 부르고뉴의 포도밭은 모자이크처럼 작게 쪼개져 있는 「클리마climat」로 이루어져 있다. 클리마는 16세기부터 내려온 전통적인 지역 구분과 명칭이 그대로이다. 심지어 더 오래 전부터 있을 수도 있다. 부르고뉴에는 공식적으로 2,500개가 넘는 클리마가 있고 2015년에 유네스코 세계문화유산에 등재되었다. 클리마가 프랑스어로 기후를 의미하지만, 부르고뉴의 와인메이커가 클리마를 얘기한다면 하늘 말고 땅을 봐야 한다!

클리마의 명칭을 라벨에 표시할 수 있다. 본의 르 클로 데 무슈Le Clos des Mouches, 뉘생조르주의 레 보크랭Les Vaucrains, 샤블리의 그르누이유Grenouilles가 유명한 클리마이다. 재밌는 이름도 있는데, 라 쥐스티스La Justice, 정의의 여신, 수라페Sous la Fée, 포도밭 요정, 앙 라 뤼 드베르지En la Rue de Vergy, 베르지 옛길 등등 이름에서 부르고뉴 사람들의 시적 감성이 느껴진다.

모자이크

부르고뉴 와이너리는 여러 아펠라시옹AOC에 포도밭을 조각조각 소유하고 있는 경우가 많다. 다른 지역처럼 한 필지의 드넓은 포도밭을 갖고 있는 와이너리는 부르고뉴에서는 보기 힘들다. 여기 1㏊ 저기 2㏊ 이런 식으로 포도밭을 소유하고 있는 것이 일반적이다. 한 클리마에 여러 와이너리가 정말 손바닥만 한 포도밭을 나눠 갖고 있다.

가격

최근 몇 년 동안 부르고뉴는 폭발적인 인기와 좋지 못한 날씨의 후유증을 앓고 있다. 유명 아펠라시옹AOC의 와인 생산량이 줄어들고 가격이 치솟았다. 가격으로만 보자면 부르고뉴 와인이 보르도 와인을 위협할 정도다. 와인정보사이트 와인 서처Wine Searcher가 2015년 발표한 「세계에서 가장 비싼 10대 와인」 중에서 부르고뉴 와인 7종류가 포함되어 있다. 하지만 다행인 것은 부르고뉴에는 그랑 크뤼 이외의 와인도 있다는 것! 스파클링 와인인 클레망과 마코네와 샬로네즈 지역의 와인은 품질과 가격의 밸런스가 매력적인 것이 많다.

현명한 선택

먼저 아펠라시옹AOC을 정하는 것이 좋다. 부르고뉴 지방 전역에서 수확한 포도로 만든 일반 아펠라시옹이나 지역 아펠라시옹보다는 잘 알려지지 않았더라도 마을 아펠라시옹을 선택하는 것을 추천한다. 여기에서 유명 빌라주AOC 옆에 있는 잘 알려지지 않은 빌라주 AOC를 선택하는 것도 요령이다. 예를 들어, 레드 와인의 경우는 볼네Volnay 보다는 몽텔리Monthélie, 화이트 와인의 경우는 뫼르소Meursault 보다는 생토뱅Saint-Aubin을 고른다. 가격 대비 품질 좋은 마코네의 화이트 와인도 주저하지 말고 마셔보자.

네고시앙

부르고뉴 와인의 라벨에는 아펠라시옹AOC, 클리마, 생산자 또는 네고시앙의 이름도 표기되어 있다. 부르고뉴의 네고시앙은 와이너리에서 포도나 와인을 구매해 자신의 브랜드로 판매하기 때문이다. 대부분 여러 아펠라시옹의 와인을 구비하고 있고, 규모가 큰 네고시앙의 경우에는 부르고뉴의 모든 아펠라시옹 와인을 유통하기도 한다. 항상 충분한 재고를 보유하고 있기 때문에, 생산량이 적을 때에도 적당한 가격으로 시장에 내놓을 수 있는, 품질도 그리 나쁘지 않는 재고를 항상 갖고 있다. 물론 개성이 강한 와이너리의 와인도 취급한다..

맛

북부의 피노 누아는 세련미를 자랑한다. 주브레샹베르탱Gevrey-Chambertin은 우아하고, 샹볼뮈지니Chambolle-Musigny는 섬세하다. 남쪽으로 내려갈수록 힘이 느껴진다. 포마르Pommard는 강하고, 메르퀴레Mercurey는 단단하다. 샤르도네chardonnay도 마찬가지다. 샤블리Chablis는 순수하고 광물성이 특징인 반면, 코트 드 본côte de Beaune은 부드럽고 마코네Mâconnais는 기름지다 미끈거리기까지 하다.

HENRI JAYER

앙리 자이에
(1922~2006)

부르고뉴의 전설 앙리 자이에는 세상을 떠난 후에 더 큰 사랑을 받고 있다. 그가 만든 와인의 가격이 멈추지 않고 상승하더니 현재 세계에서 가장 비싼 와인이 되었다. 오래된 와인 전문 경매에서 전설적인 크로 파랑투Cros Parantoux, 본 로마네가 병당 15,000유로에 낙찰되었다.

앙리 자이에 와인의 인기와 가격이 치솟는 이유는 간단하다. 그의 와인은 순수하고 우아하며 놀라울 정도로 균형이 잡혀 있다. 하지만 그것이 전부는 아니다. 앙리 자이에는 포도나무 재배와 양조에 혁신을 가져온 장본인으로, 부르고뉴 와인에 혁명을 일으켰다.

앙리 자이에는 본로마네Vosne-Romanée에서 태어나 디종대학교에서 양조학을 공부했다. 대부분 에셰조Échezeaux에 있는 포도밭 3㏊를 물려받아 1950년대부터 자신의 이름으로 와인을 만들기 시작했다.

「좋은 와인은 좋은 포도밭에서 만들어진다.」 오늘날에는 너무나도 당연한 이 생각을 처음 주장한 사람이 앙리 자이에다. 그는 과도한 화학제품 사용에 반대하고 대신 밭갈이로 땅을 건강하게 하여 와인의 품질을 높이기 위해 생산량을 줄였다. 양조에서도 포도줄기 제거, 발효 전에 침용, 필터링 거부 등 혁신적인 기술을 도입했다.

앙리 자이에는 1년에 3,500병 소량의 와인만 생산했다. 2001년 은퇴하고 조카 엠마뉘엘 루제에게 와이너리를 물려주었다.

보르도 와인
Bordeaux

레드 와인·로제 와인
약 90%
화이트 와인
약 10%

화이트 와인 품종
소비뇽, 세미용, 뮈스카델

레드 와인 품종
카베르네 소비뇽, 메를로, 카베르네 프랑, 프티 베르도, 말베크

어떤 특징이 있는가?

전 세계에서 가장 유명하고 비싼 레드 와인의 본고장 보르도에는 아직 알려지지 않은 샤토나 저렴한 와인도 많아 와인을 고르기가 상당히 어렵다. 라벨의 AOC, 샤토의 이름, 빈티지를 확인하고 구입한다.

AOC

보르도와 보르도 슈페리어 bordeaux supérieur 와 같은 일반적인 이름은 지리적으로 더 정확하게 구분할 필요가 있다. 이 지역 전체의 AOC이 있고, 메도크처럼 지리적으로 더 좁은 지역의 AOC이 있으며, 그리고 포이약, 마르고, 생테밀리옹 등과 같은 더 좁은 지역의 유명한 AOC이 있다.

보르도 슈페리어

슈페리어이기는 하지만 포므롤 pomerol 이나 생쥘리앵 saint-julien 보다 더 낮지 않다. 보르도 전 지역의 포도밭에서 수확한 포도로 만들지만 보르도 AOC보다 더 까다로운 생산 기준을 충족시켜야 한다. 예를 들어, 수령이 20년 넘은 포도나무에서 수확한 포도로 만들어야 하며, 시판 전 최소 12개월 동안 숙성시켜야 한다.

샤토

보르도에는 도멘보다 샤토가 훨씬 많다. 하지만 샤토라고 해도 포도밭이 농가를 둘러싸고 있는 정도에 불과한 경우가 많다 원래 프랑스어로 샤토는 성. 샤토 중에는 이름이 알려져 있고 와인 품질도 좋은 곳도 있지만 가격 역시 비싸다, 어떤 곳은 알려지지 않아 저렴하면서 품질도 뛰어나 관심을 가질 만하다. 그러나 적극적인 마케팅 덕분에 이름만 알려졌을 뿐 와인은 별로 맛없는 샤토도 있다.

빈티지와 프리뫼르 와인

보르도에서 빈티지는 중요하다. 빈티지에 대한 평가에 따라 와인의 가격 특히 그랑 크뤼의 가격이 정해지기 때문이다.

매년 4월 전 세계 와인전문가들이 양조를 갓 마친 프리뫼르 와인 그랑크뤼 와인을 시음하기 위해 보르도로 모여든다. 전문가들이 시음하고 와인의 품질을 평가하면 그 와인을 판매할 「보르도 시장」의 네고시앙들이 가격을 결정한다.

한 마디로 그랑 크뤼 와인은 빈티지의 평가에 따라 가격이 정해진다고 해도 과언이 아니다. 같은 샤토라 해도 높은 평가를 받은 2010년이나 2015년 빈티지는 2011년이나 2013년 빈티지보다 더 비싸다. 좋은 빈티지는 작은 샤토의 와인이라도 훌륭한 품질을 기대할 수 있고, 유명 샤토에서는 장기 보관의 잠재성이 뛰어나다는 것을 의미한다.

최근 우수 빈티지

2016	2015	2010	2009	2005

맛

200년 전부터 보르도 와인은 전 세계 와인의 기준이 되었고 모방되었다. 예를 들어, 메를로와 카베르네 소비뇽을 블렌딩한 와인을 영미권에서는 통상적으로 「보르도 블렌드」라고 부른다. 보르도 와인은 타닌이 강하면서도 신선하고 오크통 숙성으로 구조가 탄탄하다. 그래서 어릴 때도 종종 나무향이 난다.

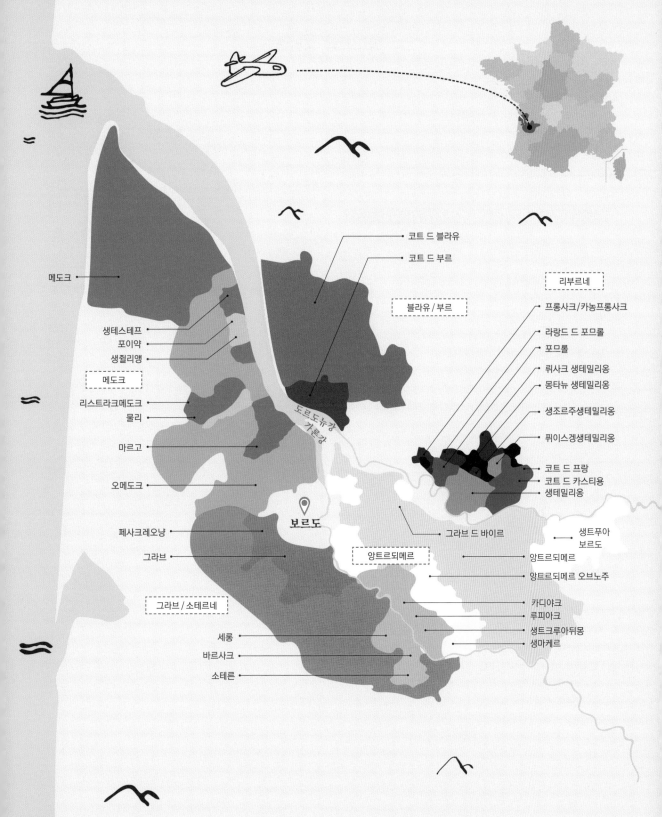

메도크

코트 드 블라유
코트 드 부르

블라유 / 부르

리부르네

생테스테프
포이약
생쥘리앙

프롱사크/카농프롱사크
라랑드 드 포므롤
포므롤
뤼사크 생테밀리옹
몽타뉴 생테밀리옹
생조르주생테밀리옹
퓌이스겡생테밀리옹

메도크

리스트라크메도크
물리

마르고

오메도크

도르도뉴강
가론강

코트 드 프랑
코트 드 카스티용
생테밀리옹

보르도

그라브 드 바이르

생트푸아
보르도

앙트르되메르

페사크레오냥

앙트르되메르
앙트르되메르 오브노주

그라브

카디야크
루피아크
생트크루아뒤몽
생마케르

그라브 / 소테르네

세롱
바르사크
소테른

보르도 와이너리

■ 좌안

카베르네 소비뇽이 주요 품종인 지역으로 장기 숙성용 와인을 만든다. 모든 특징이 제대로 표현되려면 오랜 기간이 필요하다. 어린 와인은 나무향이 강하고 타닌이 세고 떫지만, 10년 후 나아가 30년, 40년 후에는 만약 그랑 크뤼라면 놀랍게 변할 것이다. 그라브 와인도 마찬가지로 여러 해가 지나야 순해진다.

좌안_ 오메도크, 메도크
주요 품종_ 카베르네 소비뇽, 메를로

■ 우안

이 지역의 와인은 어릴 때 마셔도 기분 좋게 마실 수 있다. 부드러운 메를로가 주요 품종이고, 카베르네 프랑은 사촌인 카베르네 소비뇽보다 덜 단단하고 신선하다. 하지만 이 지역의 와인도 몇 년 숙성시켜야 최적의 상태에서 마실 수 있다.

우안_ 포므롤, 생테밀리옹
주요 품종_ 메를로, 카베르네 프랑

■ 보르도 화이트

앙트르되메르 Entre-Deux-Mers 와인은 상큼하고 생동감이 넘치고 가볍다. 반면, 그라브는 앙트르되메르보다 단단하고 나무향이 진하고 힘차다. 소테른, 바르사크, 루피아크, 카디아크의 스위트 와인은 전 세계 스위트 와인의 표준이다.

보르도 와인의 등급

메도크, 그라브Graves, 생테밀리옹, 소테른Sauternes의 유명 와인에는 등급이 매겨져 있다 등급에 대한 반론도 많다. 예를 들어 메도크 레드 와인은 1855년 가격을 기준으로 등급체계가 매겨진다. 1등급 프르미에부터 5등급 그랑 크뤼 클라세가 최고급 와인을 나누는 등급이며, 그 아래 등급은 크뤼 부르주아Crus bourgeois이다.

메도크 프르미에
그랑 크뤼 클라세 (1855)

샤토 라투르Château Latour, 포이약

샤토 라피트 로쉴드
Château Lafite-Rothschild, 포이약

샤토 무통 로쉴드
Château Mouton-Rothschild, 포이약

샤토 오브리옹Château Haut-Brion, 그라브

샤토 마르고Château Margaux, 마르고

소테른 프르미에
그랑 크뤼 쉬페리외르 (1855)

샤토 디켐Château d'Yquem

생테밀리옹 프르미에
그랑 크뤼 클라세 A (2012)

샤토 오존Château Ausone

샤토 슈발 블랑Château Cheval Blanc

샤토 파비Château Pavie (2012)

샤토 앙젤뤼스Château Angélus (2012)

 ## 보르도 와이너리를 방문하려면

보르도 와인을 시음하고 싶으면 메도크 마라톤 대회에 참가해 보자. 9월에 포도밭 사이를 달리면서 곳곳에 마련된 시음 부스에서 보르도 와인을 마실 수 있다. 좀 더 편하고 천천히 샤토를 방문하고 싶다면 자동차나 자전거를 이용해보는 것도 좋다. 그랑 크뤼 샤토도 방문할 수 있다 시음이 유료인 곳도 있다. 하지만 작은 샤토들도 들려보자. 새로운 발견을 할 수도 있다.

주의! 방문객을 받지 않거나 개인에게 와인을 판매하지 않는 샤토도 있으니 방문 전에 전화로 꼭 확인한다.

LES ROTHSCHILD
로쉴드 가문

보르도에서 로쉴드라는 이름은 은행보다는 와인을 먼저 떠올리게 한다. 제임스 드 로쉴드James de Rothschild 남작을 시작으로 로쉴드 가문은 대대로 보르도의 여러 훌륭한 샤토를 소유하고 있다. 1등급 그랑 크뤼 5개 샤토 중 두 곳이 로쉴드 가문의 소유이다.

1868년 제임스 드 로쉴드 남작이 포이약에 있는 샤토 라피트를 매입한 이래 제임스 드 로쉴드는 샤토 라피트Château Lafite 의 상징이 되었다. 현재 샤토 라피트는 로쉴드 남작 5대손인 에릭 드 로쉴드Eric de Rothschild 가 이끌고 있다. 에릭의 삼촌이며 라피트 로쉴드 회사의 주주인 에드몽 드 로쉴드Edmond de Rothschild는 메도크에 있는 샤토 클라르크Château Clarke를 소유하고 있고, 에드몽의 아들 뱅자멩Benjamin은 생테밀리옹에 있는 샤토 데 로레Château des Laurets 의 소유주다. 여기에 그치지 않고 에드몽 드 로쉴드 그룹은 샹파뉴 브랜드와 아르헨티나, 뉴질랜드, 남아프리카에 와이너리를 소유하고 있다.

하지만 와인 업계에서 가장 유명한 로쉴드는 필립 드 로쉴드이다Philippine de Rothschild, 1902~1988, 그림 인물. 겨우 20세에 샤토 무통 로쉴드Château Mouton-Rothschild를 인수하고, 와인 품질을 보장하기 위해 당시 관행과는 달리 1924년부터 샤토에서 직접 병입을 했다. 또 보르도의 다른 그랑 크뤼 샤토와 가격을 합의하는 시스템도 개발했다. 이 관행은 오늘날까지 계속 이어지고 있다.

필립 드 로쉴드가 세상을 떠나자 그의 딸 필리핀 드 로쉴드Philippine de Rothschild 가 무통 로쉴드를 물려받았다. 현재는 필리핀의 세 자녀가 샤토를 공동 소유하고 있으며, 네고시앙 브랜드인 바론 필립 드 로쉴드Baron Philippe de Rothschild도 공동 경영하고 있다. 세 자녀 중 장남은 캘리포니아에 와이너리를 소유하고 있으며, 딸은 칠레 와이너리에 투자하고 있다. 로쉴드 가문은 언제나 와인 중심으로 돌아간다.

샹파뉴 와인
Champagne

전 세계 사람들에게 파티 와인으로 가장 명성이 높은 샴페인은 프랑스 북부 샹파뉴 지방 와이너리에서 생산된다. 샴페인은 샤르도네Char-donnay, 피노 누아Pinot noir, 피노 뫼니에Pinot meunier 세 품종을 주로 사용하며, 흔히 이 세 품종을 블렌딩해서 만든다. 샤르도네 품종만으로 만든 샴페인을 화이트 와인 품종으로 만든 화이트 샴페인이란 뜻으로 블랑 드 블랑Blanc de Blancs 이라고 부른다.

피노 누아와 피노 뫼니에로 만든 샴페인은 블랑 드 누아Blanc de Noirs 라고 한다. 로제 샴페인은 침용시켜 착색하거나, 일반적으로 레드 와인과 화이트 와인을 섞어 만든다.

어떤 특징이 있는가?

샹파뉴 지방에는 진정한 의미의 AOC가 없다. 최고급 와인도 샹파뉴 전역에서 수확된 포도를 섞어 양조하기 때문이다. 하지만 코트 데 블랑Côte des Blancs에서는 샤르도네가 주를 이루고, 몽타뉴 드 랭스Mon-tagne de Reims에서는 피노 누아가 잘 자라며, 피노 뫼니에는 마른Marne 밸리와 코트 데 바르Côte des Bar에서 주로 재배한다.

샴페인은 크게 샹파뉴, 샹파뉴 프르미에 크뤼, 샹파뉴 그랑 크뤼 등으로 등급을 구분한다. 프르미에 등급과 그랑 크뤼 등급은 해당 코뮌에서 수확한 포도의 품질로 정한다.

맛

샴페인에 따라 맛은 미묘한 차이가 있지만, 향은 별 차이가 없다. 샤르도네가 절반 이상 블렌딩된 샴페인과 블랑 드 블랑은 대개 섬세하고 새콤하기 때문에 식전주나 가벼운 식사와 잘 어울린다. 블랑 드 누아와 로제 와인은 좀더 강하고 와인에 가까운 향과 유연한 질감이 와인을 연상시킨다 풍미이므로 일반적인 식사에도 곁들일 수 있다.

토양 역시 맛에 영향을 끼친다. 백악질 토양이 많은 랭스Reims와 에페르네Épernay의 와인은 섬세하면서 광물향이 많이 느껴진다. 반면 점토질 토양에서는 좀더 풍부하고 기름진 와인이 생산된다.

화이트 와인 품종
샤르도네

레드 와인 품종
피노 누아, 피노 뫼니에

빈티지 vs. 논빈티지

샴페인은 일반적으로 빈티지가 없다. 매년 품질과 스타일이 같은 샴페인을 만들기 위해 그 해에 수확한 포도로 만든 와인과 이전에 만들어두었던 와인을 블렌딩하기 때문이다. 그래서 샴페인은 양조한 와이너리의 이름이 중요하다.

하지만 어떤 해에 수확한 포도의 품질이 특별히 좋다면, 와이너리에서는 100% 그 해에 수확한 포도로만 샴페인을 양조하고 빈티지를 표기한다. 이렇게 빈티지가 붙은 와인은 개성이 뚜렷하고 보관성도 좋아 수십 년 보관했다가 마셔도 된다. 당연히 훨씬 비싸다.

브뤼트 Brut vs. 두 Doux

병입 직전에 첨가하는 리쾨르 덱스페디시옹Liqueur d'expédition, 와인과 사탕수수 설탕의 혼합물은 당분량이 0~50g/l 이상이기 때문에 큰 차이가 있기 때문에 샴페인의 특성이 극단적으로 달라지게 된다.

즉, 당도에 따라 샴페인이 나튀르Nature 또는 농 도제non dosé, 설탕무첨가, 엑스트라브뤼트extra-brut, 매우 드라이한, 브뤼트brut, 드라이한, 세크sec, 세미스위트, 드미세크demi-sec, 스위트한, 두doux, 매우 스위트한로 구분된다.

엑스트라브뤼트와 브뤼트 샴페인은 순수하고 시원한 맛이 돋보이며, 모든 종류의 파티나 식전주로 어울린다. 세크, 드미세크, 두 샴페인은 무알뢰 와인 대신 디저트와 함께 마시기 좋다

브랜드 vs. 와인메이커

샹파뉴는 브랜드가 우선하는 지방이다. 유명 와이너리에서 생산된 샴페인은 세계적으로 명성이 높으며, 어디서나 판매하기 때문에 다른 와인들과 달리 샴페인을 선택하기가 그다지 복잡하지 않다. 유명 와이너리는 동일한 품질의 샴페인을 생산하기 위해 필요한 포도 대부분을 주변의 포도농장에서 구입한다.

그러나 일부 브랜드는 이름만 높을 뿐 별다른 개성이 없어 오히려 소규모 와이너리에서 가격 대비 품질이 뛰어난 샴페인을 발견하는 일도 자주 있다.

좋은 소규모 와이너리는 현지에서 직접 발품을 팔아야 할 정도로 찾기 힘들다. 차라리 샹파뉴에서 믿을 만한 와인메이커를 알아놓으면 고급 샴페인을 상대적으로 싼 가격에 구입할 수 있다.

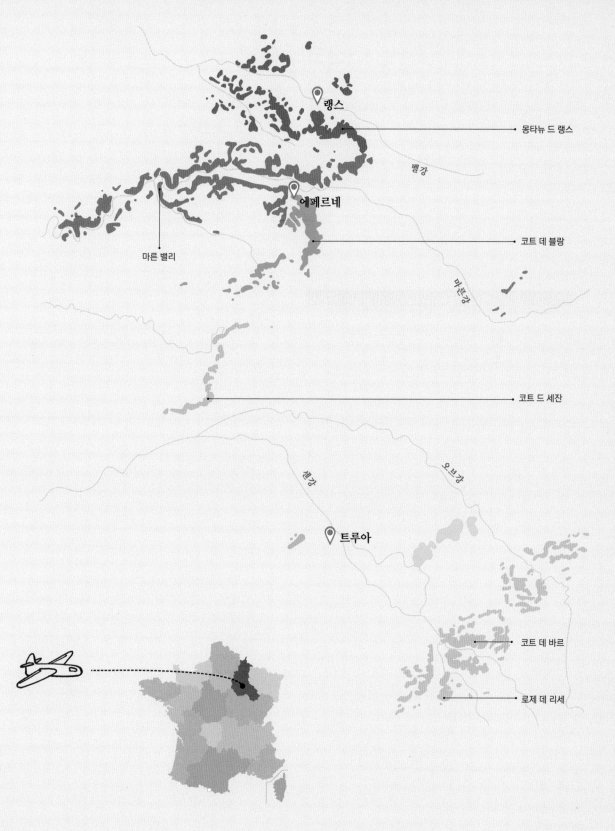

랭스

몽타뉴 드 랭스

벨강

에페르네

코트 데 블랑

마른 밸리

마른강

코트 드 세잔

센강

오브강

트루아

코트 데 바르

로제 데 리세

샹파뉴 와인

샴페인은 왜 샹파뉴인가?

북부 와인
샹파뉴는 프랑스에서 가장 북쪽에 위치한 와인 산지다. 그래서 춥고 연간 60일 이상 결빙 비가 많이 오며 일조량이 적어 포도가 잘 익지 않는다. 과거에는 제대로 익지 않은 신 포도를 수확하는 일이 종종 있었다. 하지만 샹파뉴는 이 약점을 강점으로 바꾸었다. 기포 덕분이다.

비밀 병기
샹파뉴에서는 포도가 다른 곳에서보다 덜 달 때, 잠재 알코올 도수가 약 9도일 때 수확한다. 기포가 만들어지는 2차 발효 때 양조 책임자는 와인에 설탕을 첨가하는데, 이 설탕이 알코올로 변하면 샴페인의 알코올 도수는 일반 와인과 비슷한 12~12.5도가 된다.

백악질 토양
샹파뉴 지방의 하부토는 백악질 토양이다. 특히 가장 훌륭한 샤르도네가 심어져 있는 코트 데 블랑côte des Blancs의 토양은 더 그렇다. 그래서 샴페인은 매우 광물적이고 입 안에서 짝짝 달라붙는다. 때로는 와인에서 분필향까지 맡아질 정도다. 이 향은 우아함의 상징이고 블랑 드 블랑 샴페인이 추구하는 향이다.

샴페인은 왜 비싼가?

포도
대부분의 샴페인은 샴페인 회사가 재배자에게 구매한 포도로 만든다. 그런데 고급 크뤼 포도의 수확량이 충분하지 않아 가격이 비쌀 수밖에 없다. 매년 다르지만 포도 1kg의 평균 가격은 5.50유로다. 그랑 크뤼는 최대 7유로까지 올라간다.

단가 계산
샴페인 1병에 최소 1.2kg의 포도가 들어간다. 그러면 포도값만으로 샴페인 1병은 7~7.5유로가 된다. 여기에 병과 코르크 마개 비용, 기포 제작 비용, 저장고 보관 비용 나무막대 위에서 15~36개월, 고급 샴페인의 경우 10년 넘게 보관 등을 더해야 한다. 슈퍼마켓에서 10유로짜리 샴페인을 봤다면 그다지 좋지 않은 샴페인이라고 생각하면 된다.

개인 샴페인 메이커
샴페인 회사와는 달리 개인 샴페인 메이커는 자신의 포도밭에서 수확한 포도만으로 양조하기 때문에 포도 가격의 변동에 크게 영향 받지 않는다. 높은 토지세를 지불하긴 하지만 좋은 품질의 샴페인을 착한 가격에 판매할 수 있다.

 로제 샴페인은 예외

유럽연합에서는 화이트 와인과 레드 와인을 섞어 로제 와인을 만드는 것을 법으로 금지한다. 하지만 샴페인은 예외다. 「세니에saignée」 방식p.122 참조으로 양조한 로제 샴페인「침용」로제라고도 함이 드물게 있지만 대부분은 블렌딩으로 만든다. 보통 샴페인 회사들은 샴페인을 양조할 때 소량의 레드 와인도 함께 양조한다. 그 레드 와인을 기포가 생기기 전에 샴페인에 조금 첨가해서 10~15% 색을 조절한다.

DOM PÉRIGNON

돔 페리뇽
(1639~1715)

샴페인을 창조한 것으로 유명한 피에르 페리뇽Pierre Pérignon은 양조가도 연금술사도 아니다. 베네딕도회 수도사였다. 사실 페리뇽 수도사가 샴페인을 처음 만든 것은 아니지만 에페르네Épernay, 현재 샹파뉴 지방의 수도에서 멀지 않은 오빌레 수도원에서 샴페인을 만들면서부터 전 세계적으로 유명해진 것은 사실이다.

피에르 페리뇽은 30세에 오빌레 수도원에 들어가 와인저장고와 포도밭 관리를 담당했다. 수도원에서는 이미 와인을 만들고 있었는데 기포가 없었고 품질도 고르지 않았다. 뿐만 아니라 관리가 제대로 되지 않아 포도밭이 엉망이었고 압착기도 망가져 있었다.

페리뇽 수도사는 포도밭을 재정비하고 기계를 고쳤다. 그러다가 놀라운 아이디어 하나를 생각해냈다. 에페르네 주변의 토지에서 재배한 포도를 모아 블렌딩하는 것이었다. 그렇게 하면 빈티지의 특징에 따라 각 테루아에서 좋은 포도만을 취해 보다 균형 잡힌 와인을 만들 수 있다. 실제로 돔 페리뇽 수도사가 품종과 테루아를 조화시켜 만든 와인은 놀라울 정도로 품질이 뛰어났다. 이 방식은 오늘날 샹파뉴 와인 양조의 기본이다. 하지만 샴페인의 유명한 기포를 생각해낸 것은 페리뇽 수

도사가 아니다. 원래 샴페인에는 기포가 없었다. 있더라도 우연히 생긴 것이다. 당시 기포는 오히려 골칫거리였고 페리뇽 수도사는 악마처럼 뽀글뽀글 올라오는 기포를 제거할 방법을 오랫동안 고민했다.

그렇다면 어떻게 해서 샴페인은 기포 있는 와인이 되었을까? 전해 내려오는 이야기에 따르면 돔 페리뇽이 1670년 랑그도크 지방 리무Limoux 근처에 있는 생틸레르 수도원으로 순례를 갔다고 한다. 그런데 그곳에서 기포가 있는 와인을 생산하고 있었고, 사람들이 병 속 기포를 즐기고 있는 것이 아닌가! 그것을 보고 페리뇽이 과연 무릎을 내리쳤을까? 정확히 알 수는 없지만 한 가지 확실한 것은 돔 페리뇽이 없었다면 샴페인은 샴페인이 아니었을 것이다. 그리고 그의 이름을 딴 유명 샴페인도 없었을 것이다.

랑그도크루시용 와인
Languedoc-Roussillon

레드 와인·로제 와인
약 80%
화이트 와인
약 20%

랑그도크루시용은 생산량전체 생산량의 40%이나 재배면적에서 프랑스 제일의 포도 생산지다. 이 지방은 코트뒤론Côtes-du-Rhône과 맞닿아 있는 님Nîmes에서부터 스페인 국경지대까지 넓게 펼쳐져 있다. 랑그도크루시용에서는 화이트, 레드, 로제 와인 그리고 드라이 와인과 스위트 와인 모두 생산한다.

어떤 특징이 있는가?

오랫동안 와인의 품질보다는 많은 생산량으로 유명했던 랑그도크루시용에서는 매력적이고 개성 있는 와인을 생산하기 위해 노력해왔다. 이러한 노력들이 결실을 맺어 많은 와이너리에서 합리적인 가격에 품질 좋은 와인을 만들어내기 시작했다.
예를 들어 리무Limoux의 화이트 와인이나 코르비에르Corbieres, 픽 생루Pic Saint-Loup의 레드 와인, 점점 인기가 치솟고 있는 뱅 두 나튀렐Vin Doux Naturel이 있다.

맛

론 밸리Rhône valley, 즉 발레 뒤 론Vallée du Rhône 남부지역 와인과 포도 품종이 거의 같아서 맛이 비슷하다. 랑그도크루시용을 대표하는 품종이라고 할 수 있는 카리냥Carignan은 원래 맛이 거칠지만, 오래된 포도나무에서 수확한 포도를 잘 양조하면 단품종으로도 투박하면서 알코올이 풍부하고 광물성이 강한 놀라운 맛을 보여준다.
화이트 와인은 뛰어난 와인을 생산하는 샤르도네Chardonnay의 재배면적이 갈수록 늘어나고 있다. 샤르도네에 다양한 품종을 블렌딩하여 열대과일향, 헤이즐넛향, 흰꽃향 등이 풍부한 와인을 생산하고 있다.

AOC

생시니앙Saint-Chinian, 포제르Faugères, 미네르부아Minervois 와인은 코르비에르, 랑그도크Languedoc, 코트 뒤 루시용Côtes du Roussillon 와인에 비해 좀더 부드럽고 덜 투박하다. 고도가 높은 곳에서 생산된 와인은 더 신선하고 섬세하다. 그 밖의 지역에서 생산된 와인은 타임, 월계수 등 포도나무 주변에서 자라는 허브향이 강한 특성이 있다.
랑그도크 지방에 있는 라 클라프La Clape, 픽 생루 같은 17개 마을에서는 뛰어난 마을명 AOC 와인을 생산한다. 그러나 AOC가 없어도 최선을 다해 좋은 와인을 생산하는 와인메이커들이 꽤 많다. 따라서 신경 써서 둘러보면 값싸고 질 좋은 와인을 찾을 수 있다.

뱅 두 나튀렐

랑그도크루시용은 레드 와인, 화이트 와인을 가릴 것 없이 뱅 두 나튀렐로 이름이 높다.
화이트 와인은 뮈스카Muscat 품종으로 만든 뮈스카 드 뤼넬Muscat de Lunel, 뮈스카 드 미레발Muscat de Mireval, 뮈스카 드 프롱티냥Muscat de Frontignan, 뮈스카 드 리브잘트Muscat de Rivesaltes 와인이 강렬한 향과 부드러운 맛으로 널리 알려져 있다.
레드 와인인 모리Maury와 바뉠스Banyuls는 카카오, 커피, 감초, 무화과, 절인 과일, 아몬드, 호두맛이 부드러운 질감과 어우러지면서 고급 포트와인Porto에 가까운 복잡한 풍미를 선사한다.

화이트 와인 품종
샤르도네, 클레레트, 그르나슈 블랑, 부르불랑, 픽풀,
마르산, 루산, 마카뵈, 모자크, 뮈스카

레드 와인 품종
카리냥, 시라, 그르나슈, 생소, 무르베드르, 메를로

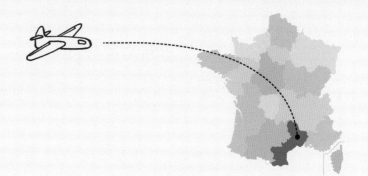

클레레트 드 벨가르드 •
코스티에르 드 님 •

픽생루 •
뮈스카 드 프롱티냥 •
클레레트 뒤 랑그도크 •

코토 뒤 랑그도크 •

픽폴드피네 •
포제르 •
생시니앙 •

라 클라프 •

피투 •
미네르부아 •
코르비에르 •
카바르데 •

코트 드 말페르 •

리무 •

코트 뒤 루시용 빌라주 •
모리 •
리브잘트 •

코트 뒤 루시용 •

콜리우르 •
바뉠스 •

님
아비뇽
몽펠리에
페르피냥

프로방스 와인
Provence

로제 와인 약 85%
레드 와인 약 12%
화이트 와인 약 3%

어떤 특징이 있는가?

프로방스 하면 생각나는 바다, 매미, 라벤더, 올리브나무 그리고 로제 와인. 그래서 이 지방에서 생산되는 와인은 휴가와 어울리는 와인이라는 이미지가 있다. 프로방스에서 생산되는 엄청난 로제 와인의 양을 생각하면 틀린 이야기는 아니다. 게다가 화이트 와인이나 레드 와인에 비해 로제 와인의 생산량은 갈수록 늘고 있다. 프로방스는 프랑스 로제 와인 생산량의 절반 정도를 생산하며, 전 세계에서 로제 와인을 가장 많이 생산하는 곳이기도 하다. 이 지방에서 생산되는 맑고 투명한 화이트 와인과 장기 보관이 가능한 깊은 맛의 레드 와인이 품질 좋은 프로방스 로제 와인의 명성에 가려지는 것이 아쉽다.

AOC

프로방스에서 가장 유명하고 가장 면적이 넓은 아펠라시옹AOC이 코트 드 프로방스 côtes-de-provence 이다. 바르, 부슈 뒤 론, 알프마리팀 3개 도에 걸쳐있는 코트 드 프로방스 AOC에서 프로방스 로제 와인의 3/4이 생산된다. 그 중에서 특별히 마을 이름이 붙는 AOC이 몇 개 있는데 코토 바루아 Coteaux Varois 서쪽에 있는 생트 빅투아르 Sainte-Victoire , 동쪽에 피에르푸 Pierrefeu , 라롱드 La Londe , 프레쥐스 Fréjus 등이다. 코토 덱상프로방스 Coteaux d'Aix-en-Provence 와 코토 바루아는 고도가 약간 높아 와인이 더 상큼하다. 그 외 AOC은 면적은 작아도 모두 자기만의 개성이 있어 와인애호가들에게 사랑받고 있다.

로제 와인

가장 심플한 로제 와인도 딸기와 산딸기, 과일사탕향이 놀라울 정도로 가득하다. 그 반면에 비슷한 향이 많아서 가끔씩 좀 질리기도 한다. 하지만, 여름 바캉스 시즌이 끝난 후에도 즐길 수 있는, 풀코스의 식사에도 잘 어울리는 깊은 맛의 로제 와인도 있다. 예를 들어, AOC 방돌Dandol처럼 타닌이 풍부한 깃도 있고, AOC 벨렛Bellet저럼 브라케 braquet 품종에서 유래한 꽃향이 인상적인 것도 있다. 프로방스 고지대에서 만들어진 내추럴함이 강한 로제 와인은 야생허브, 민트, 아니스의 향이 산뜻하다.

화이트 와인

프로방스에도 훌륭한 화이트 와인이 생산된다. 종종 요오드가 느껴지기도 하지만 주로 상큼하고 풍성한 꽃향이 특징이다. 특히 엑상프로방스Aix-en-Provence 근처 팔레트 Palette 와 카시스 Cassis 에서는 여러 품종을 블렌딩하여 양조하는 화이트 와인이 놀라울 정도로 기품이 있다. 벨레Bellet의 화이트 와인 역시 우아하고, 코르시카에서 베르멘티노로 불리는 롤 rolle 품종 덕분에 펜넬, 아니스, 보리수의 향이 풍성하다.

레드 와인

레 보드프로방스 Les Baux-de-Provence 의 우아한 레드 와인은 거의 대부분 유기농 또는 바이오다이나믹 농법으로 생산된다. 힘이 세고 향신료 향이 강해서 부드러워지려면 몇 년 기다려야 한다. 벨레 와인 역시 전량 유기농이다. 프로방스 지역 밖에서는 잘 알려지지 않은 낯선 품종인 폴 누아르 folle noire 는 미네랄이 풍부한 기품 있는 와인이 만들어진다. 방돌의 레드 와인, 특히 강한 무르베드르 품종으로 만든 것은 프랑스의 위대한 와인 중 하나이다. 10년 정도 숙성시키면 트러플, 숲속 풀, 블랙베리, 감초 향을 발산한다.

> **화이트 와인 품종**
> 롤 베르멘티노, 그르나슈 블랑, 클레레트,
> 부르불랑, 위니 블랑
>
> **레드 와인 품종**
> 카리냥, 시라, 그르나슈, 생소, 무르베드르, 카베르네 소비뇽

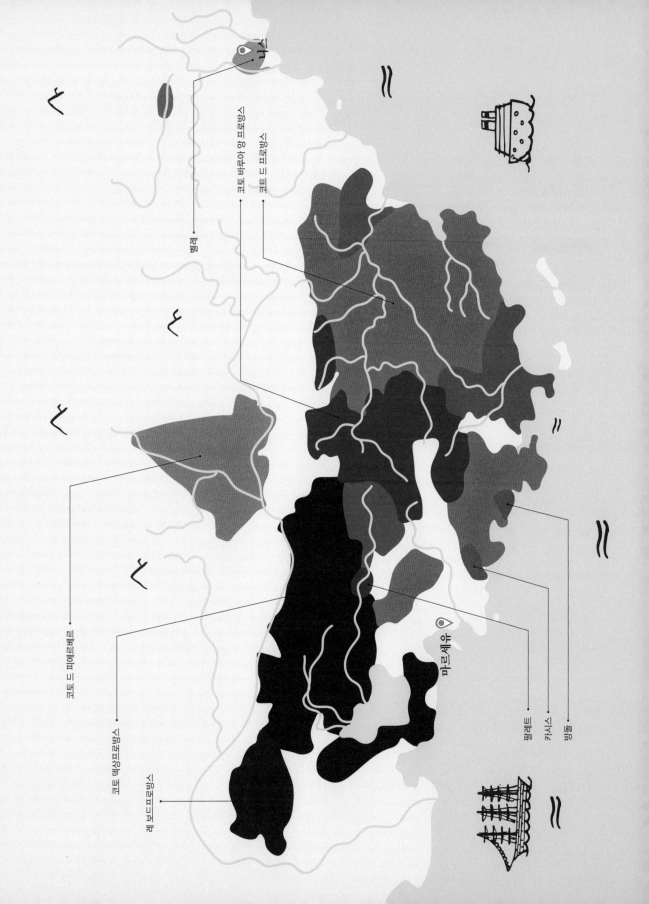

코트 바루아 앙 프로방스

코트 드 프로방스

룩베리

코트 드 피에르베르

코트 뒤 엑상프로방스

레 보드프로방스

마르세유

팔레트

카시스

방돌

코르시카 와인
Corse

로제 와인 약 45%
레드 와인 약 40%
화이트 와인 약 15%

어떤 특징이 있는가?

코르시카에서는 2,500년 전부터 와인 생산을 시작했고, 고대 르네상스 시대에서부터 이미 좋은 품질로 인정을 받아 명성이 자자했다. 하지만 코르시카가 프랑스령이 된 후에는 와인 스타일이 본국의 요구에 따라 달라져 품질보다는 양에 치중하게 되었다. 20세기 중반에는 사정이 더 안 좋았다. 생산량에 치중하여 크기만 큰 포도로만 만든 낮은 품질의 코르시카 와인을 소비자들은 외면했고, 그 결과 포도밭의 2/3가 사라졌다. 하지만 20년 전부터 훌륭한 토착 품종 덕분에 코르시카 와인이 개성을 되찾기 시작했다. 아직 과거의 영광을 되찾지는 못했지만 관심을 가져볼 만한 와인임은 분명하다.

AOC

포도밭이 산과 바다 사이에 해안가를 따라 조성되어 있다. 일조량이 풍부하고 바람이 시원하며 강우량도 적어 포도가 잘 자란다. 코르시카 와인의 본산지는 서쪽 해안이다. 생산량의 절반이 뱅드페이vins de pays이고 나머지 반은 코르스 AOC 또는 뱅 드 코르스 AOC로 판매된다. 뱅 드 코르스에는 피가리Figari, 칼비Calvi, 사르텐Sartène, 포르토베키오Porto-Vecchio 마을 이름을 붙인 AOC도 있다. 아작시오Ajaccio 포도밭을 거쳐 코토 뒤 카프 코르스Coteaux du Cap Corse와 뮈스카 뒤 카프 코르스Muscat du Cap Corse까지 오면 섬을 일주하게 된다. 아름다운 풍광을 배경으로 포도나무가 가지런히 심어져 있는 칼비, 아찔한 언덕 꼭대기에 펼쳐져 있는 계단식 포도밭, 섬 남쪽 끝에서 광풍을 온몸으로 받아내고 서 있는 오래된 포도나무가 경이롭다.

맛

섬세하고 향기로운 화이트 와인을 꼭 마셔봤으면 한다. 화이트 와인은 지중해 황무지의 야생 풀내음과 우아한 꽃향이 잘 어우러진 아로마의 향연을 선사한다. 코르시카 와인의 주요 품종인 베르멘티노vermentino는 아작시오에서는 광물성과 꽃향이 더 강하고, 포르토베키오에서는 과일향이 더 강하다. 뱅 두 나튀렐vin doux naturel, VDN인 뮈스카 뒤 카프 코르스는 당도와 산도가 놀라울 정도로 균형이 잘 잡혀있어 인기가 계속 올라가고 있다. 색깔이 진하고 때로는 힘이 느껴지는 레드 와인도 정말 시음해볼만하다. 시아카렐로sciaccarello나 놀라운 파트리모니오patrimonio를 만드는 니엘루치오nielluccio 모두 시간이 흐르면 더 깊어져 와인에 복합미를 선물한다. 로제 와인은 지역에 따라 상큼하고 과일향이 강한 것에서부터 아작시오에서처럼 향신료 향이 강하고 종종 미네랄이 느껴지는 것 등 다양하다.

화이트 와인 품종
베르멘티노, 뮈스카 아 프티 그랑

레드 와인 품종
니엘루치오, 시아카렐로, 그르나슈

 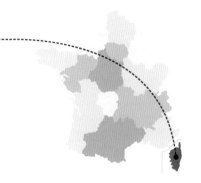

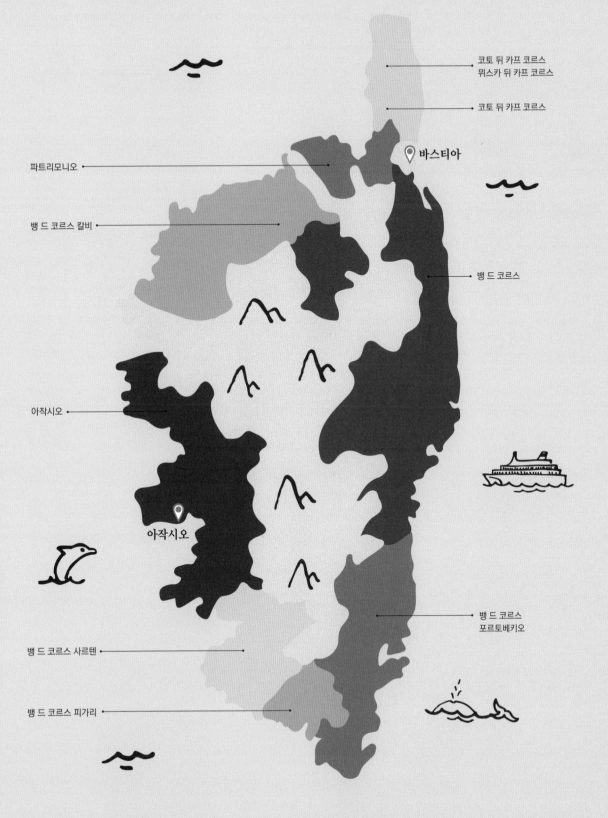

코토 뒤 카프 코르스
뮈스카 뒤 카프 코르스

코토 뒤 카프 코르스

바스티아

파트리모니오

뱅 드 코르스

뱅 드 코르스 칼비

아작시오

아작시오

뱅 드 코르스
포르토베키오

뱅 드 코르스 사르텐

뱅 드 코르스 피가리

남서부지방 와인

레드 와인·로제 와인
약 80%
화이트 와인 약 20%

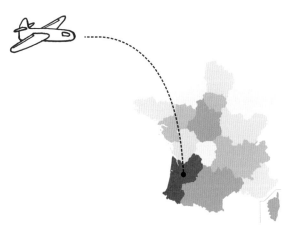

어떤 특징이 있는가?

쉬드우에스트Sud-ouest, 즉 프랑스 남서부지방의 와이너리들은 규모가 작다. 위로는 보르도Bordeaux, 아래로는 바스크Basque 사이의 넓은 지역에 흩어져 있다. 이곳에서 생산되는 와인은 공통적으로 따스함이 강하게 느껴지고, 투박하면서 정감이 있다. 지역이 넓은 만큼 여러 품종이 재배되며, 다양한 테루아가 살아 있는 와인이 생산된다.

값싸고 품질 좋은 와인

이 지방의 와인은 품질이 빠르게 향상되는 데 비해 가격 상승 속도는 낮아 값싸고 질 좋은 와인을 구할 수 있다. 특히 리코뢰 화이트 와인은 맛이 좋으면서도 보르도 와인보다 훨씬 싸다. 최근 몇 년간 품질이 좋지 않았던 몽바지야크Monbazillac는 산도가 올라가면서 나아지고 있고, 쥐랑송Jurançon은 품질이 꾸준히 좋아지고 있다. 사람들에게 잘 알려지지 않은 파슈랑 뒤 빅빌Pacherenc du Vic-Bilh은 복합적이면서 섬세한데도 정말 저렴하다. 드라이 화이트 와인 역시 일반적으로 비싸지 않다. 레드 와인도 부드러운 와인이나 숙성용 와인 할 것 없이 가격이 싸다. 마디랑Madiran은 일부 가격이 천정부지로 오른 스타 샤토들을 제외하면 오래 보관하며 숙성시킬 수 있다는 점에서 충분히 구입할 만한 가격이다.

포도 품종

지롱드Gironde 주의 주도인 보르도 시와 가까운 베르주라크Bergerac와 마르망데Marmandais 지역은 보르도와 같은 카베르네 소비뇽Cabernet sauvignon과 메를로Merlot 품종을 재배한다. 카오르Cahors에서는 말베크Malbec 품종이 대다수를 차지한다. 프롱통Fronton은 토착 품종인 네그레트Négrette, 마디랑 역시 토착 품종으로 풀바디 와인이 생산되는 타나트Tannat 품종을 재배한다.

화이트 와인 품종도 지역에 따라 많이 다르다. 보르도 품종인 소비뇽Sauvignon과 세미용Sémillon이 가장 기본이며, 남쪽으로 내려가면 전통적인 프티 망상 Petit Manseng 과 그로 망상 Gros Manseng 품종의 재배지가 늘어난다.

맛

테루아가 다양하게 혼재된 지역이기 때문에 와인의 맛도 많이 다르다. 보르도 지방에 가까울수록 보르도 와인과 비슷하지만 좀더 순한 느낌이다. 내륙으로 들어갈수록 와인의 바디가 탄탄해지고, 골격은 특특해지며, 향이 짙어지고, 마실 때 꽉 찬 느낌을 준다. 카오르 지역 와인은 다채로운 초콜릿, 카카오, 프랄린 향이 난다. 이룰레기Irouléguy의 와인은 야생화와 숲의 향이 더 감돌고, 프롱통의 네그레트 품종 와인은 바이올렛 특유의 향이 많이 난다.

숙성용 와인

프롱통과 가야크Gaillac 와인은 어릴 때 마시기 좋은 반면, 마디랑이나 카오르 와인은 타닌이 단단하고 거칠기 때문에 부드러워지려면 수년이 걸린다. 따라서 마디랑과 카오르는 숙성용 와인으로 이름이 높으며, 보통 10년에서 20년 후에 개봉하는 것이 좋다.

화이트 와인 품종
소비뇽, 세미용, 뮈스카델, 모자크,
쿠르뷔, 프티 망상, 그로 망상

레드 와인 품종
카베르네 소비뇽, 카베르네 프랑, 메를로, 말베크,
타나트, 네그레트, 페르 세르바두

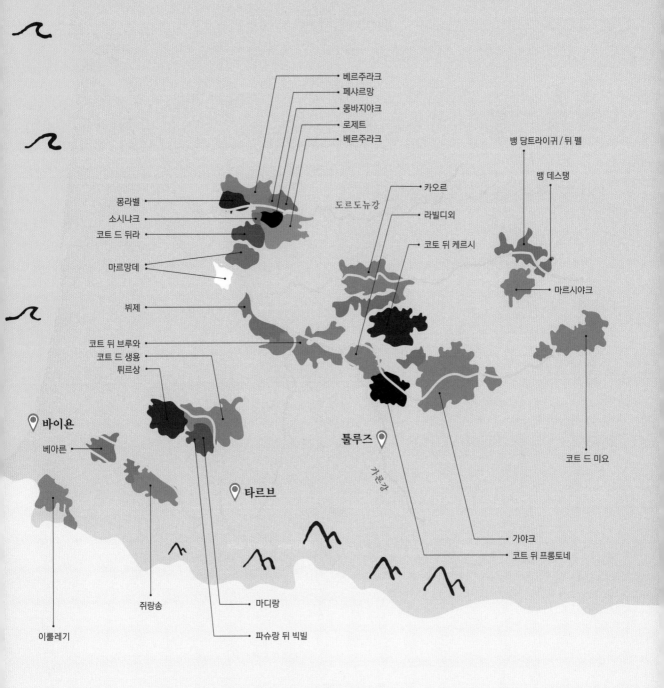

베르주라크
페샤르망
몽바지야크
로제트
베르주라크

뱅 당트라이귀 / 뒤 펠

뱅 데스탱

몽라벨
소시냐크
코트 드 뒤라

마르망데

뷔제

도르도뉴강

카오르

라빌디외

코토 뒤 케르시

마르시야크

코트 뒤 브루와
코트 드 생용
튀르상

🔵 바이욘
베아른

🔵 타르브

코트 드 미요

툴루즈 🔵

가론강

가야크
코트 뒤 프롱토네

이룰레기

쥐랑송

마디랑

파슈랑 뒤 빅빌

루아르 밸리 와인
Loire Valley

화이트 와인
약 55%
레드 와인·로제 와인
약 45%

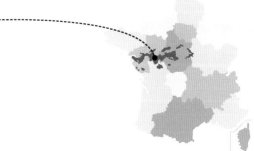

어떤 특징이 있는가?

루아르 밸리는 프랑스에서 와이너리들이 가장 넓게 분포되어 있는 곳이다. 대서양이 가까이에 있는 낭트Nantes에서부터 루아르 강을 거슬러올라 오를레앙Orléans과 부르주Bourges까지 포도가 재배된다.

이곳에서는 화이트, 로제, 레드, 무알뢰와 리코뢰, 스파클링 와인 등 모든 종류의 와인이 생산된다. 특히 이 지방에 정착한 젊은 와인메이커들이 신기술을 받아들이고 값싼 와인에서부터 고급 와인까지, 그야말로 다양한 스타일의 뛰어난 와인을 생산한다.

이 지방은 크게 페이 낭테Pays nantais, 앙주Anjou, 투렌Touraine, 상트르발 드 루아르Centre-val de Loire 등 4개 지역으로 나뉘며, 각 지역마다 특색 있는 와인이 생산된다.

광대한 와인 생산지

워낙 넓은 지역이므로 수많은 AOC가 존재하지만 등급은 없다. 반면에 와인간 차이는 상당히 크다. 지역별로 선호하는 품종도 다르다.

페이 낭테

믈롱 드 부르고뉴Melon de Bourgogne 품종으로 만드는 뮈스카데Muscadet 와인의 왕국이라 할 수 있다. 뮈스카데는 낮은 품질 때문에 오랫동안 비난받았지만 지금은 새롭게 태어난 와인이다. 고급 뮈스카데 와인은 드라이하면서 고급스러운 산도를 갖추고 있어 수년 동안 숙성한 후 마실 수 있으며, 적당한 가격의 식전주로도 손색이 없다. 코토 당스니Coteaux d'Ancenis에서는 가메Gamay 품종으로 만든 새콤하고 가벼운 레드 와인이 생산된다.

앙주, 소뮈르Saumur, 투렌

이 지역에서 생산되는 와인은 풍부하면서 균형잡힌 맛이다. 화이트 와인은 슈냉Chenin 품종으로 양조하며, 드라이 와인과 스위트 와인 모두 향이 풍부하다.

대부분의 드라이 와인은 무척 저렴하지만, 품질은 고급 와인에 비해 뒤떨어지지 않고 오히려 뛰어난 경우도 있다. 디저트와 잘 어울리는 무알뢰와 리코뢰 와인은 수십 년 동안 보관할 수 있으며, 흰꽃향, 꿀향, 모과향이 섞인 와인 향은 상당히 복합적이고 깊이가 있다. 슈냉 품종으로는 우아한 스파클링 와인도 생산한다.

2년에서 10년을 숙성시킬 수 있는 레드 와인은 카베르네 프랑Cabernet franc 품종으로 양조하며, 시원하고 유연하다. 향은 라즈베리와 딸기향이 강하다. 마시기 쉽기 때문에 파리의 와인바에서 선호한다. 가메 품종으로 만든 레드 와인은 좀더 심플하고 가볍다. 하지만 앙주에서 생산한 로제 와인은 그리 흥미로운 맛은 아니다.

상트르루아르

주된 품종은 소비뇽Sauvignon이다. 투렌에서도 소비뇽을 재배하지만, 상세르Sancerre의 소비뇽 와인은 부드러운 허브, 레몬, 자몽이 어우러진 표현력 높은 향으로 세계적 명성을 얻고 있다. 하지만 가격이 워낙 올라서 주변 마을인 므느투살롱Ménetou-Salon이나 뢰이Reuilly에서 생산한 와인을 고르는 것이 경제적이다. 상트르발 드 루아르의 레드 와인은 부르고뉴와 마찬가지로 피노 누아 품종으로 만든다. 유연하고 과일향이 풍부해 생선요리에도 곁들일 수 있다.

> **화이트 와인 품종**
> 믈롱 드 부르고뉴, 슈냉, 소비뇽, 샤르도네
>
> **레드 와인 품종**
> 카베르네 프랑, 가메, 피노 누아

론 밸리 와인
Rhône Valley

레드 와인·로제 와인
약 90%
화이트 와인
약 10%

 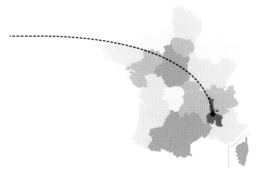

어떤 특징이 있는가?

지역과 품종

코트뒤론Côtes-du-Rhône의 와이너리는 발랑스Valence를 중심으로 크게 론 북부지역과 론 남부지역으로 구분한다. 북쪽에서는 레드 와인은 모두 시라Syrah 품종으로 생산하고, 화이트 와인은 절대 다수가 비오니에Viognier 품종이며 드물게 마르산Marsanne과 루산Roussanne 품종도 찾아볼 수 있다. 남쪽에서 재배하는 포도 품종의 수는 훨씬 많다. 예를 들어 샤토뇌프뒤파프Châteauneuf-du-Pape에서는 13개 포도 품종을 블렌딩하여 레드 와인을 만든다.

화이트, 로제, 레드 와인 외에 론 강 유역에서는 뱅 두 나튀렐Vin Doux Naturel도 생산된다. 화이트 와인인 뮈스카 드 봄드브니즈Muscat de Beaumes-de-Venise는 뮈스카Muscat 품종으로, 레드 와인 라스토Rasteau는 그르나슈Grenache 품종으로 만든다. 그 밖에 뮈스카, 클레레트Clairette 품종으로 만든 스파클링 와인인 클레레트 드 디Clairette de Die도 있다.

맛

코트뒤론 북부지역의 시라 품종은 강하고 타닌이 많으며, 후추와 카시스 향이 돋보이는 기품 있는 와인을 만들어낸다. 어린 와인은 타닌 때문에 투박하게 느껴질 수 있지만, 수년이 지나면 탁월한 맛에 감탄하게 된다.

남부지역 와인 역시 강하다. 북부지역 와인보다 더 강할 수도 있지만, 그르나슈 품종 때문에 훨씬 유연하다. 북부지역에서는 코트로티Côte-Rôtie와 에르미타주Hermitage, 남부지역에서는 샤토뇌프뒤파프가 각각 유명 와이너리다.

화이트 와인의 경우 북부지역의 콩드리외Condrieu와 샤토 그리예Châ-

teau Grillet는 전 세계적으로 가장 향이 뛰어난 와인에 속한다. 비오니에 품종이 꽃, 크림 그리고 살구 향을 폭발적으로 발산하기 때문이다. 남부지역의 화이트 와인은 품질의 편차가 크다. 매력적인 밀랍, 캐모마일이나 허브 향이 나는 와인이 있는 반면, 포도가 햇빛을 너무 많이 받으면 향이 너무 강해져 매스껍게 느껴진다.

타벨Tavel의 레드 와인과 로제 와인도 마찬가지다. 향이 지나치지만 않으면 얼마든지 훌륭한 와인을 만날 수 있다. 특히 이 지방에서 생산되는 와인의 알코올 도수는 15%를 넘는 경우가 빈번하므로 과음하지 않도록 주의해야 한다. 와인이 기름지다보니 알코올이나 타닌이 별로 느껴지지 않아 쉽게 마실 수 있지만, 자신도 모르게 술에 취할 수 있다.

화이트 와인 품종
비오니에, 마르산, 루산, 클레레트, 부르불랑,
픽풀, 그르나슈 블랑, 위니 블랑

레드 와인 품종
시라, 그르나슈, 무르베드르, 카리냥,
생소, 쿠누아즈, 바카레즈

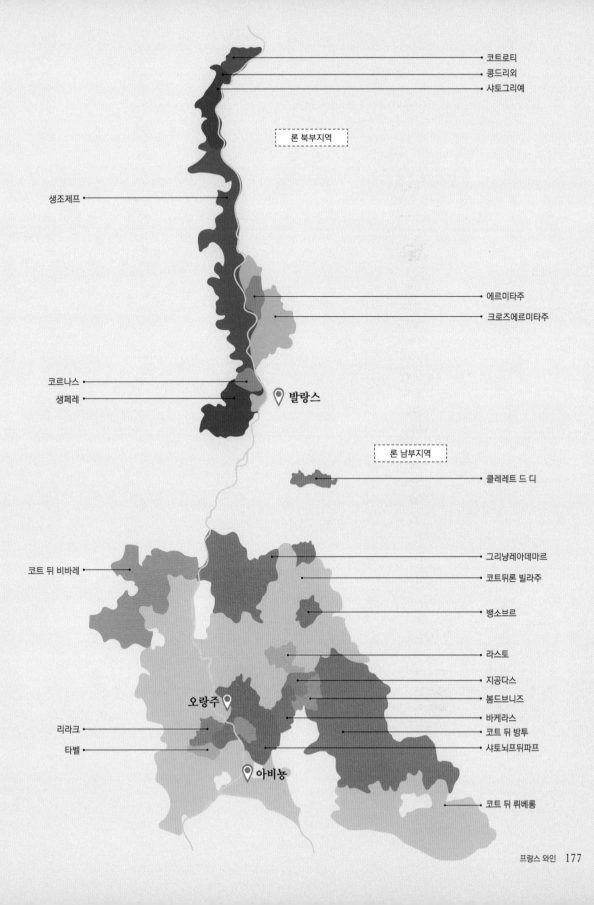

코트로티
콩드리외
샤토그리예

론 북부지역

생조제프

에르미타주
크로즈에르미타주

코르나스
생페레

발랑스

론 남부지역

클레레트 드 디

코트 뒤 비바레

그리냥레아데마르
코트뒤론 빌라주

뱅소브르

라스토

지공다스
봄드브니즈
바케라스
코트 뒤 방투
샤토뇌프뒤파프

오랑주

리라크
타벨

아비뇽

코트 뒤 뤼베롱

프랑스 다른 지방의 와인

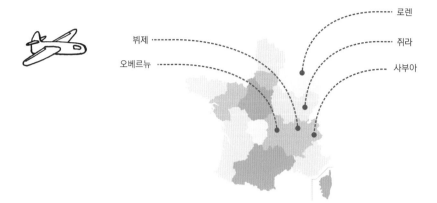

로렌
뷔제
쥐라
오베르뉴
사부아

쥐라 Jura

쥐라 지방의 와인은 다른 지방의 와인과는 전혀 다른 독특한 성격을 지닌다. 옐로 와인이란 뜻의 뱅 존 Vin Jaune은 수년에 걸친 산화 숙성을 통해 만들어지며, 짙은 호두향이 매우 유명하다. 더불어 샤르도네 Chardonnay 또는 사바냥 Savagnin 두 품종을 블렌딩하기도 한다 으로 만들어 섬세한 꽃향에 향신료향이 감도는 화이트 와인도 빼놓지 말고 맛을 봐야 한다. 쥐라 지방의 레드 와인은 야성적인 느낌이 강하다.

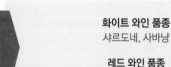
화이트 와인 품종
샤르도네, 사바냥

레드 와인 품종
풀사르, 트루소, 피노 누아

뷔제 Bugey

쥐라, 사부아 Savoie, 부르고뉴 Bourgogne가 서로 맞닿은 곳에 위치한 뷔제 지역에서는 스파클링 와인과 화이트, 로제, 레드 와인이 생산된다. 레드 와인은 대개 몽되즈 Mondeuse, 피노 누아 Pinot noir, 가메 Gamay, 쥐라의 토착 품종인 풀사르 Poulsard로 만든다. 모두 바디감이 있고 골격이 단단한 와인들이다.

로렌 Lorraine

툴 Toul 지역에서 생산되는 뱅 그리 Vin Gris, 압착방식으로 만든 로제 와인으로 양파 껍질색이다로 유명하며, 알자스 Alsace 지방의 모젤 Moselle 지역에서 생산하는 것과 비슷한 화이트 와인도 생산한다.

오베르뉴 Auvergne

루아르 Loire 지방 와인에 포함되는 경우가 많다. 가메 품종과 피노 누아 품종으로 만들며, 관심을 가질 만하다. 생푸르생쉬르시울 Saint-Pourçain-sur-Sioule과 코트 도베르뉴 Côte d'Auvergne에서는 과일향이 풍부하고 가벼운 레드 와인이 양조된다.
토질과 와인메이커에 따라 좀더 균형 잡힌 레드 와인이 만들어지기도 한다. 코트 로아네즈 Côte roannaise 의 레드 와인과 로제 와인 역시 과일향이 풍부하다.

사부아 Savoie

사부아 지방에서는 산도 높은 화이트 와인이 생산된다. 유명한 사부아식 퐁뒤와 곁들여 마시는 와인으로 이름이 높다. 반면에 베르주롱 Bergeron, 사부아에서 루산 Roussane을 부르는 이름 품종으로 만든 화이트 와인은 크리미하기 때문에 생선요리와 아주 잘 어울린다. 이 지역의 레드 와인은 열매, 후추, 부식토 향이 강하고 야성적인 특성 때문에 몇 년 동안 숙성한 후 마시는 것이 좋다.

화이트 와인 품종
알테스, 알리고테, 샤슬라, 베르주롱 루산

레드 와인 품종
몽되즈, 가메, 피노 누아

로렌

쥐라

뷔제

오베르뉴

사부아

독일 와인

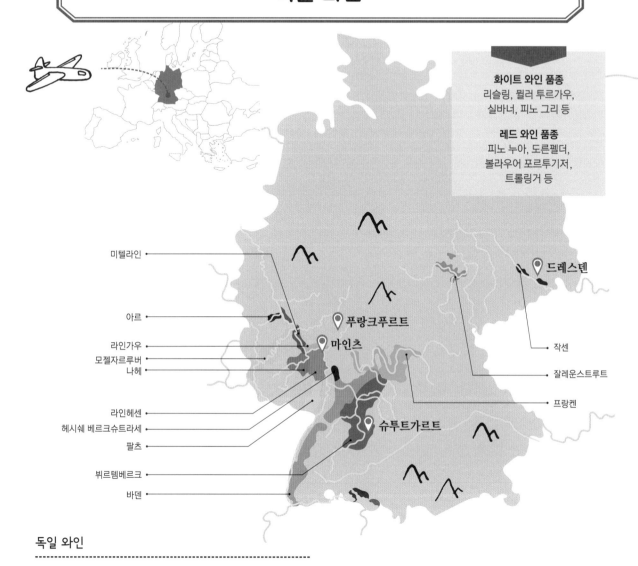

미텔라인

아르

라인가우

모젤자르루버

나헤

라인헤센

헤시쉐 베르크슈트라세

팔츠

뷔르템베르크

바덴

푸랑크푸르트

마인츠

슈투트가르트

드레스텐

작센

잘레운스트루트

프랑켄

독일 와인

독일의 와이너리는 기후가 덜 척박한 남부지방 13개 주에 집중적으로 분포되어 있다. 와인애호가들도 잘 모르지만 사실 독일산 고급 화이트 와인은 세계적으로 가장 우아한 와인에 속하며, 수십 년 이상 숙성이 가능하다. 산도가 높은 편이지만 당도가 약간 있어서 균형이 잘 잡혀 있다. 하지만 같은 지역에서 질 낮은 와인도 생산된다는 것이 문제다. 따라서 실수 없이 좋은 와인을 고르려면 리슬링Riesling 품종으로 만든 와인을 선택하는 것이 좋다. 리슬링은 다른 품종에 비해 재배에 많은 노력과 주의가 필요하기 때문이다. 같은 리슬링 품종이라도 지역에 따라 와인의 성격은 달라진다. 모젤Mosel 유역, 라인가우Rheingau, 라인헤센 Rheinhessen, 팔츠Pfalz 지역에서 생산되는 포도의 품질이 가장 좋다. 독

일산 레드 와인은 새콤하고 과일향이 풍부하다.

당도

독일산 와인은 대부분 두, 무알뢰, 리코뢰이다. 당도를 라벨에 표기 해놓는데, 카비네트 Kabinett 가 가장 드라이하고, 수확방법에 따라 슈패트레제Spätlese, 늦수확, 아우스레제Auslese, 포도송이 선별수확, 베렌아우스레제Beerenauslese, 포도알 선별수확, 트로켄베렌아우스레제Trockenbeere-nauslese, 귀부포도 선별수확, 아이스바인 Eisbein, 아이스와인 순으로 점점 당도가 높아진다.

스위스 와인·오스트리아 와인

스위스 와인

발레Valais 주는 매력적인 산지이다. 수많은 희귀 품종이 재배되고 있고, 특히 샤슬라chasselas 품종의 화이트 와인에 놀라운 잠재성이 있다. 이 품종은 스위스 포도밭의 약 75%를 차지하는데, 스위스는 그다지 향이 풍부하지 않은 샤슬라의 잠재성을 최대로 끌어낸 유일한 나라이다. 남쪽 이태리어권의 티치노에서는 메를로가 주요 품종이다. 가메gamay 품종과 그 사촌인 가마레gamaret와 가라누아르garanoir 품종으로 양조된 레드 와인은 잼 또는 야생의 향이 나고, 입 안에서는 가벼움이 느껴진다. 스위스 와인은 전반적으로 비싸고 스위스 내부에서 거의 전량 소비된다. 스위스 밖에서 스위스 와인을 보기 힘든 이유가 그 때문이다.

오스트리아 와인

오스트리아 와인산업은 한 세대 만에 놀랍도록 변모했다. 오스트리아 하면 무엇보다도 고급 스위트 와인으로 유명했는데, 물론 지금도 훌륭한 스위트 와인을 생산하지만, 이제는 흥미로운 드라이 와인이 주목받고 있다. 부르겐란트Burgenland 주에서 훌륭한 레드 와인이 생산된다. 츠바이겔트zweigelt는 가볍고 블라우프랑키쉬bläufrankisch는 향신료향이 많이 느껴진다. 니더외스터라이히Niederösterreich 주에는 놀라운 리슬링과 흥미로운 그뤼너 펠트리너grüner veltliner가 있다. 이 두 품종은 극적이고 평범하지 않은 화이트 와인을 만든다. 완두콩 향이 나는 것도 있지만, 테루아에 따라 활기차고 후추향이 나거나 강하고 잘 익은 과일향이 특징이다.

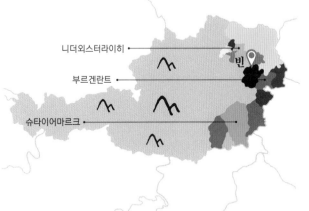

화이트 와인 품종
샤슬라, 뮐러 투르가우,
프티트 아르빈, 아미뉴

레드 와인 품종
피노 누아, 가메, 메를로, 위마뉴, 코르날린

화이트 와인 품종
그뤼너 벨트리너, 리슬링, 피노 블랑,
샤르도네, 피노 그리, 소비뇽

레드 와인 품종
블라우프랑키쉬, 츠바이겔트,
블라우어 포르투기저, 생 로랑

이탈리아 와인

이탈리아 와인은 프랑스 와인만큼 풍부하고 복잡하며 흥미로워서 와인애호가들을 매료시킨다. 1980년대만 해도 이탈리아 와인은 값싸고 매력이 부족하다는 이미지가 있었지만, 지금은 고급 와인의 옛 명성을 되찾았다. 이탈리아에서는 모든 스타일의 와인이 생산된다. 훌륭한 스파클링 와인, 뛰어난 레드 와인, 과일향이 풍부한 와인에서부터 강한 와인, 섬세한 와인, 활기찬 와인, 매혹적인 와인… 등. 그 누구의 입맛도 사로잡을 수 있을 만큼 다양한 와인들이 있다.

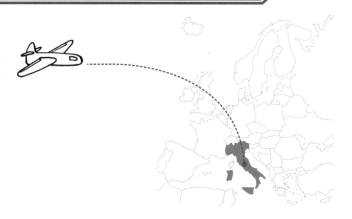

다양한 테루아

이탈리아 와인이 이처럼 다양한 스타일을 갖춘 이유는 무엇보다 변화무쌍한 기후 때문이다. 산악지대와 바닷가 사이의 경사지에서 재배되는 이탈리아 포도는 두 가지 기후의 영향을 모두 받는다. 또 북쪽지방의 토양은 석회질인데 남쪽지방은 화산암 토양이다.

또다른 이유는 이탈리아가 원산지인 수많은 포도 품종 덕분이다. 이탈리아에만 1,000여 종의 포도 품종이 있으며, 이중 400여 품종이 와인 생산에 사용된다. 그래서 프랑스 와인이 부럽지 않은 복잡하고 다양한 성격의 와인이 만들어지는 것이다.

더구나 이탈리아의 원산지 표시는 자국민들도 이해하기 어려울 정도로 복잡하다. 따라서 대개 이탈리아 와인을 선택할 때는 원산지보다 와인메이커의 이름을 더 중시한다.

주요 생산지

이탈리아 전역에서 와인이 생산된다. 이탈리아는 매년 프랑스와 세계 1위 와인 생산국의 자리를 다투는 최대 와인 수출국이다.

북서부지방

롬바르디아Lombardia, 발레다오스타Valle d'Aosta, 피에몬테Piemonte는 바디가 강한 레드 와인 생산지다. 바롤로Barolo, 바르바레스코Barbaresco 와인은 타닌이 많은 네비올로Nebbiolo 품종의 특성상 타닌의 힘과 향 가죽, 담배, 타르, 말린 자두, 장미을 발산하며 세계에서 가장 강한 바디를 자랑한다. 타닌의 느낌을 싫어한다면 피하거나, 아니면 빈티지가 최소 15년 이상 된 와인을 고른다. 가격 역시 매우 비싸다.

좀더 저렴하고 널리 보급된 바르베라Barbera 품종은 타닌이 적고 산도가 상대적으로 높다. 돌체토Dolcetto 품종 와인은 과일향이 풍부하고 부드러운 쓴맛이 있어서 마셔볼 만하다.

북동부지방

베네치아Venice, 프리울리Friuli, 트렌티노Trentino가 속한 이 지역에서는 가볍고 우아한 화이트 와인이 생산된다. 여운이 짧기 때문에 식전주나 가벼운 식사와 잘 어울린다. 유명한 프로세코Prosecco 와인은 샴페인만큼이나 새콤하고 신선하다. 발폴리첼라Valpolicella로 대표되는 레드 와인은 모두 매우 가볍다.

중부지방

토스카나Toscana는 이탈리아 제일의 포도 산지다. 주요 품종은 산지오베제Sangiovese이며, 갈수록 품질이 고급화되는 키안티Chianti가 이 품종으로 만든 유명 와인이다. 토마토 요리와 아주 잘 맞는다. 하지만 와인애호가들이 좋아하는 와인은 과일향이 풍부하면서 풀바디인 브루넬로 디 몬탈치노Brunello di Montalcino, 비노 노빌레 디 몬테풀차노Vino Nobile di Montepulciano다.

그 외에 「슈퍼 토스카나」로 분류되는 와인들이 있다. 보르도Bordeaux 품종메를로Merlot, 카베르네Cabernet과 이탈리아 품종을 혼합하여 만드는데 가격이 매우 비싸다.

남부지방

가격 대비 품질 좋은 와인을 발견할 수 있다. 대부분 저렴하고 토착 품종으로 만든 와인은 독특한 특성이 있다. 후추향이 나는 프리미티보Primitivo, 아몬드향의 알리아니코Aglianico, 또한 네그로아마로Negroamaro와 네로 다볼라Nero d'avola도 고급 와인을 만드는 품종들이다. 화이트 와인 역시 매력적인 드라이 와인과 스위트 와인이 있으며, 마르살라Marsala 와인이 대표적이다.

화이트 와인 품종
뮈스카, 아르네이스, 피노 블랑,
말부아지, 트레비아노, 코르테세,
피노 그리, 게뷔르츠트라미너,
소비뇽, 사르도네 등

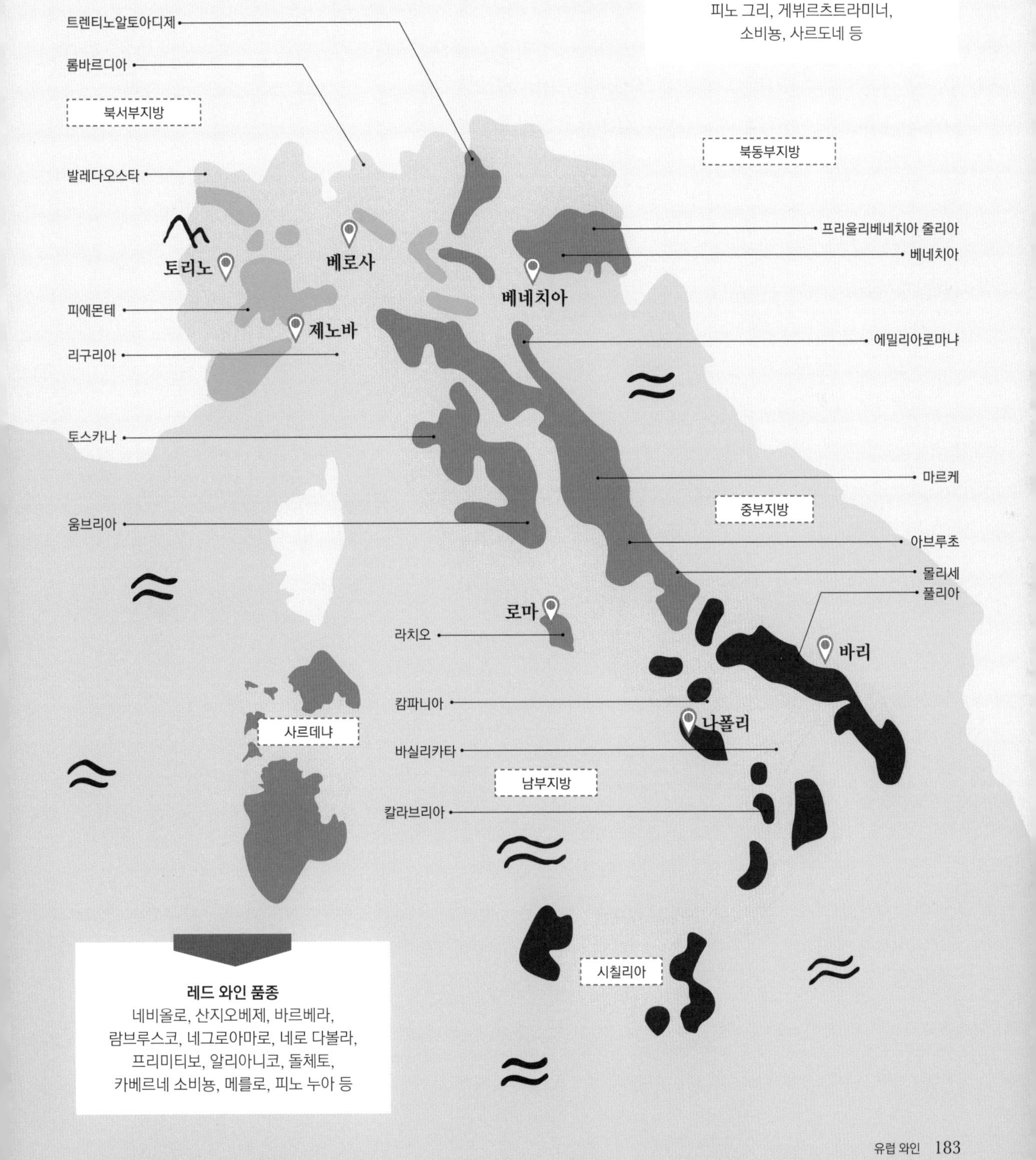

트렌티노알토아디제
롬바르디아
북서부지방
발레다오스타
토리노
베로사
피에몬테
제노바
리구리아
토스카나
움브리아
북동부지방
프리울리베네치아 줄리아
베네치아
베네치아
에밀리아로마냐
마르케
중부지방
아브루초
몰리세
풀리아
로마
라치오
바리
캄파니아
나폴리
바실리카타
사르데냐
남부지방
칼라브리아
시칠리아

레드 와인 품종
네비올로, 산지오베제, 바르베라,
람브루스코, 네그로아마로, 네로 다볼라,
프리미티보, 알리아니코, 돌체토,
카베르네 소비뇽, 메를로, 피노 누아 등

스페인 와인

스페인은 세계 3위의 와인 생산국이자 와인 수출국이다 2012년. 스페인 와인이 인기 높은 이유는 스타일이 다양하기 때문이다. 마시기 쉬운 와인부터 풀바디 와인까지, 심플한 와인부터 최고급 와인까지 모두 있다. 중간급의 스페인 와인은 대개 부드럽고 과일향이 난다. 순수하고, 미소짓는 친구 같은 와인. 스페인 와인은 마실 때 기분까지 편안해진다.

북동부지방

페네데스Penedès

유연하고 바디가 충분히 강한 화이트 와인, 풀바디 레드 와인도 생산되지만, 페네데스는 특산품인 카바 Cava 와인이 유명하다. 샴페인과 같은 방법으로 만든 스파클링 와인 카바는 품질은 향상된 반면 가격 수준은 그대로여서 매력적이다. 샴페인과 마찬가지로 파티나 식전주 또는 가벼운 모임에 즐겨 마신다.

프리오라트Priorat

강한 와인을 선호하는 사람들이 사랑하는 와인 생산지다. 맛과 향이 농축되어 아주 진하며, 지하저장고에서 오랫동안 숙성할 수 있는 레드 와인이 전체 생산량의 대다수를 차지한다. 명성만큼이나 가격도 비싸다.

나바라Navarra

나바라 와인은 리오하Rioja 와인과 비슷하게 과일향이 풍부하고 부드러운 질감이었다. 그러나 지금은 스페인 토착 품종뿐만 아니라 외국 품종도 많이 재배하며, 그만큼 와인의 스타일도 다양해졌다. 톡 쏘는 맛의 화이트 와인부터 오크통에서 숙성한 레드 와인까지, 유연하고 개운하며 마시기 쉬운 와인들이 생산된다.

북부지방·북서부지방

리오하Rioja

이 지역의 전통 레드 와인 리오하Rioja는 유연하고 실크처럼 부드러우며, 바닐라향과 과일향으로 유명하다. 물론 와이너리에 따라 좀더 가벼운 와인이나 묵직한 와인도 생산된다. 화이트 와인은 일반적으로 프랄린향의 강한 와인이 많다.

리베라 델 두에로Ribera del Duero

균형이 잘 잡혀 있고, 짙은 색에 깊은 맛이 있어 스페인 와인 중에서 가장 인기 있다. 지금은 상상을 초월할 정도로 비싸다.

토로Toro

리베라 델 두에로 와인에 비해 토로 와인은 조금 단순하고, 바디는 더 단단하다. 따라서 낮은 가격으로 리베라 델 두에로 와인과 비슷한 스타일을 찾는다면 추천할 만하다.

루에다Rueda

베르데호 Verdejo 품종으로 만든 화이트 와인이 아주 뛰어나다. 신선하며 부드러운 허브향이 매력적인 날카로운 와인이 생산된다.

중부지방·남부지방

라 만차La Mancha

심플하고 과일향이 풍부한 모두가 즐길 수 있는 적당한 와인이 생산된다. 발데페냐스 Valdepeñas 와인과 닮았다. 만추엘라 Manchuela 와인은 맛이 좀더 복합적이고 비싸다.

헤레스Jerez

셰리와인의 본고장이다. 일반적인 주정강화 와인과 달리 드라이하며, 많이 비싸지 않다.

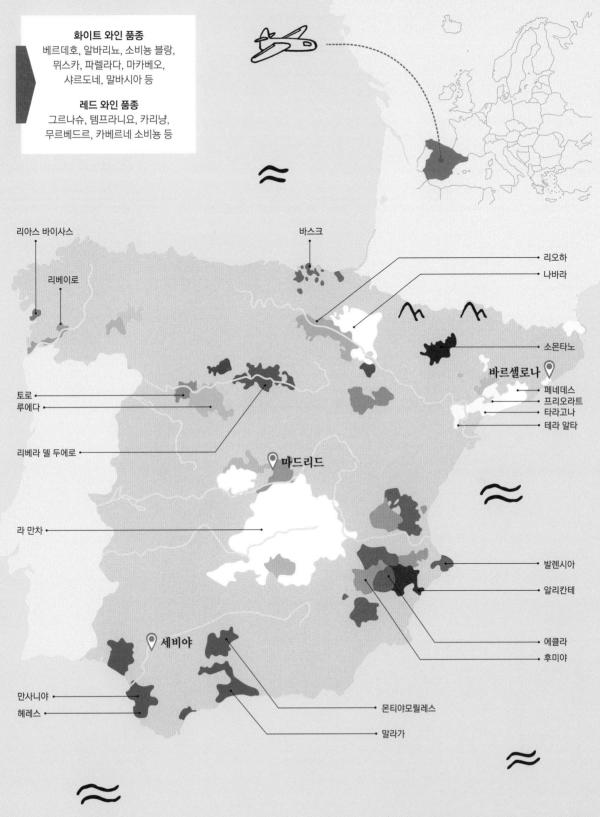

화이트 와인 품종
베르데호, 알바리뇨, 소비뇽 블랑,
뮈스카, 파렐라다, 마카베오,
샤르도네, 말바시아 등

레드 와인 품종
그르나슈, 템프라니요, 카리냥,
무르베드르, 카베르네 소비뇽 등

리아스 바이사스

리베이로

바스크

리오하

나바라

소몬타노

바르셀로나

페네데스
프리오라트
타라고나
테라 알타

토로
루에다

리베라 델 두에로

마드리드

라 만차

발렌시아

알리칸테

에클라
후미야

세비야

만사니야

헤레스

몬티야모릴레스

말라가

포르투갈 와인

포르토Porto · 마데이라Madeira

포르투갈은 다른 무엇보다 세상에서 가장 뛰
어난 주정강화 와인의 생산국으로 유명하다.
포르토포르투갈에서 생산한 포트와인은 수십 년 동안
숙성시킬 수 있으며, 시간이 지날수록 와인의
품질이 더욱 좋아진다.
그 밖에 포르토보다 드라이하며 훈제향이 나
는 마데이라도 있다. 전 세계적으로 워낙 포르
토와 마데이라가 널리 알려지다 보니 그에 못
지않은 레드 와인과 화이트 와인도 생산된다
는 사실을 잘 모르는 사람들이 많다.

그 밖의 와인

비뉴 베르드Vinho Verde는 아주 어린 화이트
와인으로, 여름에 시원하게 마실 수 있는 부
담 없는 가격의 톡 쏘는 맛을 가진 와인이다.
포르토를 생산하는 도루Douro 강 연안의 레드
와인은 과일향과 향신료향이 풍부하다. 포르
토를 만드는 품종인 토리가 나시오날Touriga
Nacional 로 만든 이 레드 와인들은 나무진, 블
랙베리, 소나무 향이 뚜렷하며, 꼭 한번은 마
셔봐야 한다.
남부지방 알렌테주Alentejo에서는 부드럽고 과
일향이 풍부한 와인이 생산된다. 알렌테주 와
인은 해가 지날수록 품질이 좋아진다.

화이트 와인 품종
로레이루, 트라자두라,
아린투, 말부아지

레드 와인 품종
토리가 나시오날, 틴타 피녜이라,
틴타 호리스, 비냥

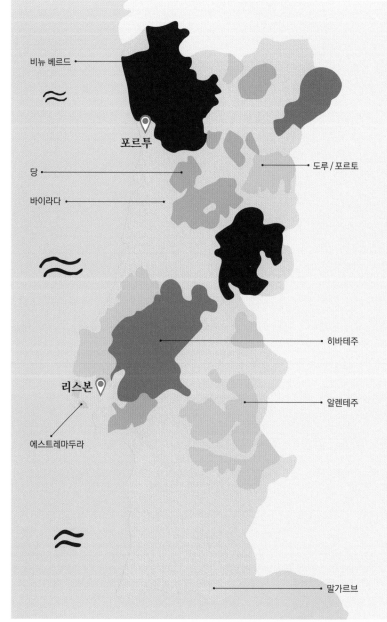

비뉴 베르드

포르투

당

바이라다

도루 / 포르토

히바테주

리스본

알렌테주

에스트레마두라

말가르브

마데이라

그리스 와인

그리스 와인은 격변의 시기를 보내고 있다. 고대부터 중세까지 가장 인기 높았던 그리스 와인은 15세기부터 19세기 독립전쟁 직후까지 몰락을 거듭했다. 몇십 년 전부터 300여 종의 토착 품종 재배를 장려하고 고급 와인의 명성을 되찾기 위해 노력한 결과, 주변 섬 지역의 화산암 토양에서 재배하여 순수한 광물성 풍미를 가진 화이트 와인과 달콤한 뮈스카 사모스Muscat Samos 와인이 태어났다. 또한 펠로폰네소스 Peloponnesos 고원 지역에서는 진하고 장기숙성이 가능한 레드 와인이, 마케도니아Macedonia에서는 훌륭한 레드 와인과 로제 와인이 생산된다. 하지만 2010년 국가 전체를 뒤흔든 경제 위기로 인해 와인 소비가 급격히 감소하였고, 포도 재배업 역시 큰 손실을 입었다.

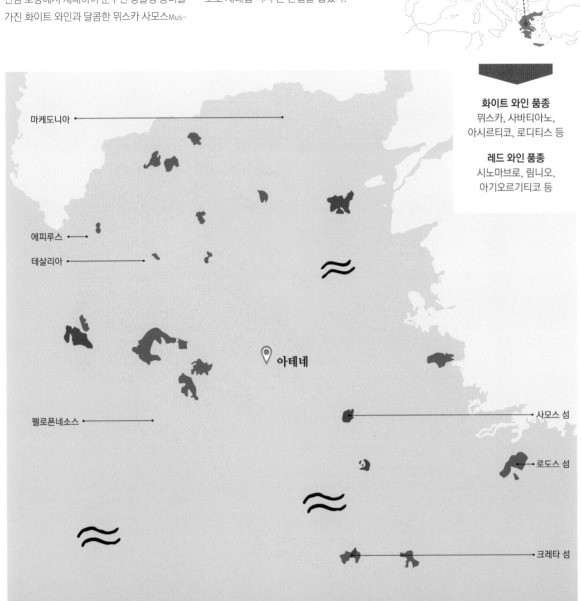

화이트 와인 품종
뮈스카, 사바티아노,
아시르티코, 로디티스 등

레드 와인 품종
시노마브로, 림니오,
아기오르기티코 등

마케도니아

에피루스

테살리아

펠로폰네소스

아테네

사모스 섬

로도스 섬

크레타 섬

동유럽과 캅카스코카서스 와인

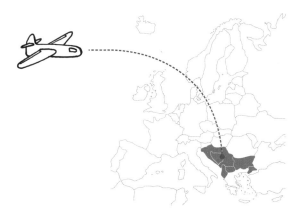

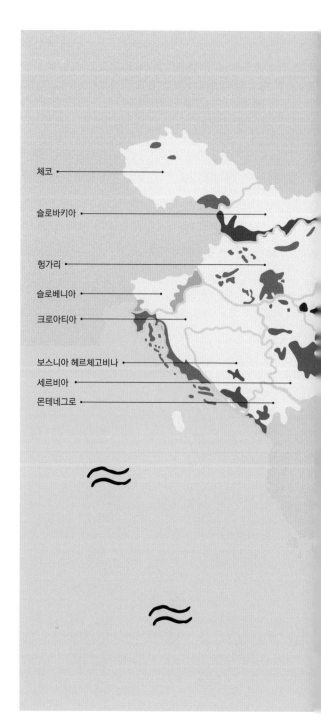

체코

슬로바키아

헝가리

슬로베니아

크로아티아

보스니아 헤르체고비나

세르비아

몬테네그로

발칸반도와 캅카스 지역은 수천 년이 넘는 와인 양조의 전통이 있지만, 오랜 세월 정치와 경제 상황이 불안하여 포도밭이 방치되었다. 다행히 새로운 세대가 와인 양조에 뛰어들어 와이너리의 문을 다시 열고 잊혔던 품종을 새로운 시각으로 연구하기 시작한 앞으로 주목할만한 지역이다.

크로아티아

BC 6세기부터 와인을 양조한 크로아티아는 좋은 와인의 생산국으로 유명하다. 과거 유고슬라비아 시절 와인산업이 많이 퇴보했지만 현재 포도밭은 6만ha 가까이 회복된 상태다. 크로아티아에는 2개의 테루아가 있다. 첫 번째는 아드리아해의 흐바르 섬과 코르출라 섬을 포함하여 이스트라 반도에서부터 두브로브니크까지 이어지는 지중해 지역이다. 이 지역에서는 플라바츠 말리 plavac mali 와 딩가츠 dingac 같은 토착 품종으로 만든 뼈대가 강건한 훌륭한 레드 와인을 생산한다. 두 번째 생산지역은 크로아티아 북부로 주로 그라세비나 grasevina 품종으로 화이트 와인을 만든다.

슬로베니아

이탈리아, 오스트리아, 크로아티아에 둘러싸인 슬로베니아는 고대 로마 시대 이전부터 와인을 양조했다. 현재 중유럽 국가 중에서 와인 산업이 가장 발달했고 주로 화이트 와인을 생산한다. 국제적인 품종이 재배되고 있지만 헝가리의 토카이를 만드는 유명 품종인 푸르민트 furmint 의 사촌 시폰 sipon 과 같은 현지 고유의 품종도 있다. 슬로베니아에는 아직도 암포라를 이용해서 고대 양조 방식으로 와인을 만드는 곳이 있다.

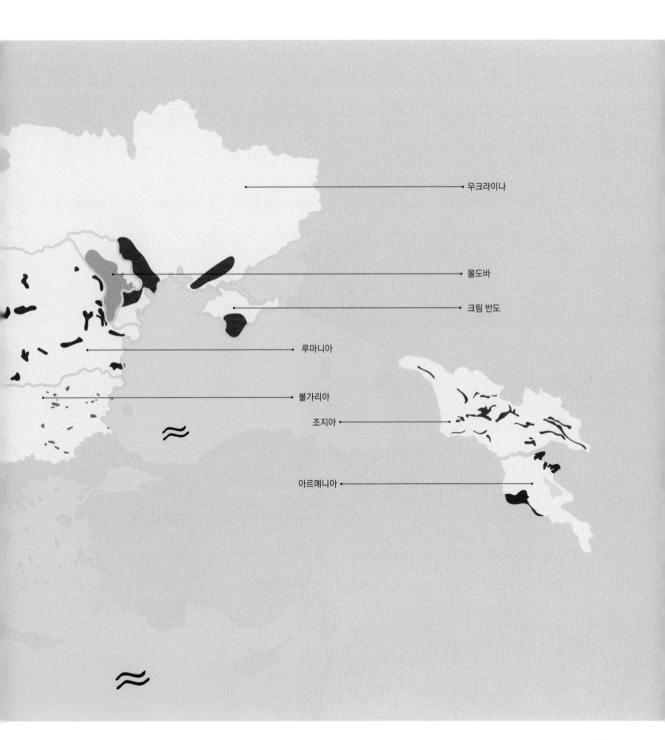

우크라이나

몰도바

크림 반도

루마니아

불가리아

조지아

아르메니아

동유럽과 캅카스코카서스 와인

세르비아

7만ha의 포도밭에 국제 품종과 토착 품종전 세계 유일한 품종도 있다이 재배된다. 2003~2004년 수상이었던 정치인이 와인메이커로 변신했는데, 이처럼 세르비아 사람들이 얼마나 와인을 사랑하는지를 엿볼 수 있다.

슬로바키아

슬로바키아의 농후한 풀바디 화이트 와인은 국제 시음회와 전시회에서 주목받고 있다. 화이트 와인은 슬로바키아 포도밭의 3/4을 차지한다. 리슬링, 그뤼네 벨트리너, 뮬러투르가우müller–thurgau를 주로 재배하고, 향이 뛰어난 뮈스카 오토넬muscat ottonel, 트라미너traminer도 재배한다. 기후는 서유럽보다 계절별 기온차가 큰 대륙성 기후이다.

헝가리

헝가리의 토카이는 100년 넘게 숙성시킬 수 있는 스위트 와인이다. 꿀향이 강하고 입 안에서의 잔향이 길어 전 세계인에게 사랑받고 있다. 헝가리의 와인 산지는 포도밭 면적이 15만ha이고 22개 지역으로 나뉘어져 있다. 가장 유명한 지역이 토카이다. 드라이 화이트 와인 역시 매력적이다. 강하고 향신료 향이 풍부해서 셰리 와인을 연상시키고, 기름지고 맛이 강한 음식과 완벽하게 어울린다. 헝가리에는 300여 가지의 토착 품종이 있다. 그 중 가장 유명한 것은 농후하고 산도가 높은 푸르민트와 향이 강한 하르쉬레벨류hárslevelü 이다.

키프로스

지중해 동부의 작은 섬 키프로스에도 정성스럽게 가꾼 포도밭이 있다. 이곳에서 생산되는 와인의 명성은 국경을 넘어 해외까지 알려져 있다. 화이트 와인 품종 코만다리아commandaria로 만든 달콤한 와인이 유명하지만 레드 와인도 생산한다.

크림 반도

우크라이나에서 독립해 이제 러시아가 된 크림 반도는 정치적 혼란 속에서도 와인 양조의 전통을 이어갔다. 실제로 크림 반도에서는 3천년 전부터 와인을 빚어왔고, 특히 고급 와인 애호가였던 니콜라이 2세 시대에 폭발적으로 발전했다. 오늘날 포도밭은 얄타 근처의 마산드라massandra 지역에 집중되어 있다. 해안가이고 지중해성 기후여서 포르투갈의 마데이라처럼 발효를 중단시켜 스위트 와인을 만드는데 유리한 테루아이다.

조지아

조지아는 와인의 발상지로 여겨지고 있다. 지금도 공인된 540개 품종으로 다양하고 개성 강한 와인을 생산한다. 일부 와인은 토기 항아리 크베브리qvevri에 넣어 양조하는 전통 방식으로 만들어지고 있다. 크베브리를 목까지 땅 속에 묻고 껍질을 터뜨린 포도를 넣어 시원한 상태에서 발효시키고 땅 속에서 겨울을 나게 한다. 이렇게 만들어진 강렬한 오렌지 와인과 타닌이 강하면서 달콤한 레드 와인은 와인 애호가들에게 사랑받고 있다. 현재 조지아 와인은 와인전문가들 사이에서 가장 주목받고 있다.

아르메니아

아르메니아는 조지아와 더불어 포도나무와 와인의 발상지로 여겨지는 곳이다. 가장 많이 사용하는 품종은 레드 와인에는 아레니areni, 화이트 와인에는 칠라르tchilar와 보스케핫voskenhat 이다. 오랫동안 잊어버렸던 와인 양조 전통이 다시 아르메니아의 농업과 경제 분야에서 중요하게 자리잡고 있다.

유명 동유럽 와인

헝가리의 토카이, 키프로스의 코만다리아,
크로아티아의 딩가츠, 크림반도의 마산드라, 조지아의 크베브리

유명 동유럽 와인
헝가리의 토카이, 키프로스의 코만다리아,
크로아티아의 딩가츠, 크림반도의 마산드라,
조지아의 크베브리

PLINE L'ANCIEN

대大 플리니우스
(23~79)

로마시대 작가이자 박물학자. 그의 저서 『박물지』를 통해 로마시대의 포도나무와 와인을 이해할 수 있는 소중한 문화유산을 후세에 남겼다.

이 로마의 학자는 베수비오 화산 폭발로 세상을 뜨기 전에 37권으로 된 대작 『박물지』를 썼다. 이 중 14권이 와인에 관한 것으로 총 22개의 장에 포도나무의 종, 기후의 역할, 토양의 성질 등을 자세히 다루었다. 지중해 지역의 포도밭에 대한 설명과 함께 등급을 매기기도 했다. 캄파니아 이탈리아와 카탈루냐 스페인 와인은 랑그도크 와인보다 우수하지만 세계적으로 유명한 당시예! 레스보스 섬과 히오스 섬의 와인은 말할 것도 없고 키프로스나 코린토스 와인에도 미치지 못한다고 평가했다.

와인의 맛에 대해서도 적고 있다. 물론 지금의 와인 맛과는 다르다. 당시에는 맛을 좋게 하고 오래 보관할 수 있도록 첨가물을 넣었는데 그에 대해 자세히 나열했다. 꿀, 꽃, 송진, 뿌리, 재, 바닷물 등이 들어가야 좋은 와인이었다고 한다.

『박물지』에는 와인이 전 세계적으로 퍼져나갈 수 있었던 이유가 정복 및 식민지 전쟁 덕분이었다고 한다. 그리스인, 그리고 나중에는 로마인은 군대가 진군하는 곳이면 어디든 포도나무를 가져가서 심었고 그 포도나무는 대부분 새로운 땅에서 새로운 종으로 컸다. 한참 뒤 16세기에는 스페인 정복자들이 아르헨티나, 칠레, 페루에 포도나무를 가져갔고, 포르투갈 예수회 수도사들은 브라질에 포도나무를 심었다. 하지만 이렇게 심어진 포도나무는 열정적인 농부들에 의해 좋은 와인으로 만들어지고 계승되었다.

미국 와인

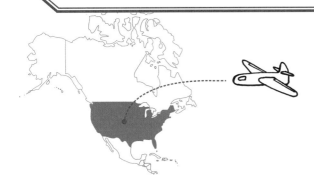

미국은 「신대륙 와인」이 탄생한 곳으로, 유럽 와인과 스타일이 다른 와인을 생산한다. 레드 와인에는 당분이 더 많고, 화이트 와인은 나무향이 강하고 좀더 크리미하며, 레드와 화이트 와인 모두 과일향을 먼저 느낄 수 있다.

미국 와인을 싫어하는 사람들은 고객을 사로잡기 위해 지나치게 매력만 강조한 와인이기 때문에 개성도, 깊이도 없다고 비난한다. 그런 경우도 있지만 미국 와인은 언제든 개봉하여 기분 좋게 즐길 수 있다는 장점이 있다.

1970년대 말에 와인을 생산하기 시작한 미국에서는 이제 놀랄 만큼 뛰어난 와인도 선보이고 있다. 오늘날 캘리포니아산 고급 와인은 보르도Bordeaux 그랑 크뤼에 가까운 가격에 팔리고 있다.

캘리포니아

캘리포니아는 생산량이나 품질에서 미국의 중요한 와인 생산지다. 캘리포니아 주 전역에서 포도가 재배되며, 유연하고 과일향이 풍부한 와인을 생산하기에 최적의 기후 조건이다. 가장 유명한 곳은 물론 나파 밸리 Napa Valley다. 가격이 만만치 않은데도 맛좋은 와인을 찾는 수많은 관광객들이 1년 내내 몰려든다.

이 지역에서 제일 많이 재배되는 품종은 카베르네 소비뇽Cabernet sauvignon, 메를로Merlot다. 하지만 토착 품종인 진판델Zinfandel로 만든 와인은 꼭 마셔봐야 한다. 깜짝 놀랄 만한 풍미가 있다. 나파 밸리 근처 샌프란시스코 북쪽에 위치한 소노마 밸리Sonoma Valley에서는 벨벳처럼 부드러운 레드 와인과 화이트 와인을 대량으로 생산하고 있다. 로스앤젤레스까지 이어지는 해변가를 따라 몬테레이Monterrey, 산 루이스 오비스포San Luis Obispo, 산타 바바라Santa Barbara에 와이너리들이 흩어져 있다. 값싸고 고급 와인은 아니지만, 기분 좋게 마시기엔 손색이 없다.

오리건 · 워싱턴

캘리포니아 북쪽에서 생산되는 와인은 맛이 좀더 시원하다. 피노 누아Pinot noir 품종을 주로 재배하며, 부르고뉴Bourgogne 와인보다 당도가 높고 딸기향이 많아 섬세하고 신선하다. 그러나 오리건 와인은 생산량이 적고 가격 역시 만만치 않다.

좀더 북쪽으로 올라가면 시애틀Seattle을 중심으로 워싱턴 주의 컬럼비아 밸리 Columbia Valley에 대규모 포도농원이 있다. 워싱턴 주는 미국 제2의 와인 생산지다. 컬럼비아 밸리 와인은 오리건 와인에 비해 세련미는 부족하지만, 품질도 괜찮고 가격도 적당하다. 재배 품종은 리슬링Riesling, 세미용Sémillon, 소비뇽Sauvignon, 샤르도네Chardonnay, 카베르네 소비뇽 등이며, 특히 메를로 생산량이 많다.

중서부지역

오하이오Ohio, 미주리Missouri, 미시간Michigan에서도 와인이 생산된다. 기후 특성상 산도가 낮고, 장기숙성용 와인이 드물다. 재배 품종이 다양해 마시기 쉬운 어린 와인들이 주 전체에 걸쳐 생산된다. 최근 텍사스 주에서는 「와인은 텍사스 경제의 미래다」라는 슬로건을 앞세워 와인 산업을 장려하고 있다.

동부 해안지역

믿기 어렵겠지만 뉴욕 주에서도 와인이 생산된다. 게다가 이곳의 생산량은 워싱턴 주의 생산량에 거의 육박한다. 뉴욕 주의 포도주스 생산업체는 1,000여 곳, 와이너리는 150여 곳이나 된다. 이 지역은 포도가 성숙되기 어려워 대부분 와인 양조시 당분을 첨가한다. 리슬링과 샤르도네 품종으로 생산한 와인은 마실 만하다.

> **화이트 와인 품종**
> 샤르도네, 소비뇽, 리슬링
>
> **레드 와인 품종**
> 메를로, 카베르네 소비뇽, 시라, 그르나슈,
> 진판델, 피노 누아, 바르베라

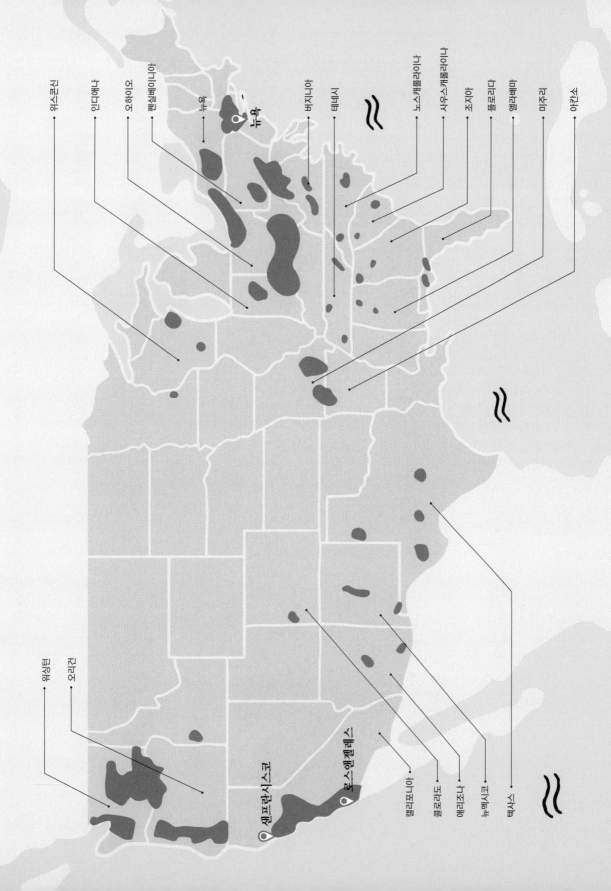

위스콘신
인디애나
오하이오
펜실베이니아
뉴욕
뉴욕
버지니아
테네시
노스캐롤라이나
사우스캐롤라이나
조지아
플로리다
앨라배마
미주리
아칸소

워싱턴
오리건

샌프란시스코
로스앤젤레스

캘리포니아
콜로라도
애리조나
뉴멕시코
텍사스

칠레 와인

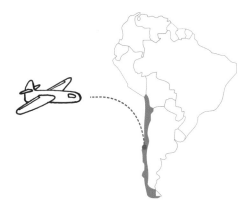

칠레 와인은 가격 대비 품질이 나쁜 경우가 드물다. 저가 와인도 무겁지 않고, 마시는 순간 태양의 맛과 향신료향이 기분 좋게 퍼진다. 미래의 스타급 와인은 칠레에서 생산될 가능성이 높다. 칠레의 기후는 명품 와인을 생산하기에 충분한 조건을 갖추고 있다. 햇살이 강하고 기온이 높지만 낮에는 차가운 바다에서 불어오는 바람이, 저녁에는 안데스 산맥에서 내려오는 바람이 공기를 차고 건조하게 만든다. 또한 산맥으로부터 태평양으로 흘러드는 강이 전국을 통과하면서 포도나무에 수분을 공급한다.

포도 품종

전 세계적으로 많이 재배하는 카베르네 소비뇽Cabernet sauvignon, 메를로Merlot, 샤르도네Chardonnay가 주요 품종이지만, 예외적으로 카르메네르Carmenere 품종도 재배한다. 카르메네르는 거의 사라질 뻔했지만, 지금은 칠레에서 부활하여 그랑 크뤼 수준의 와인을 만들어 내고 있다.

와인 생산지

칠레의 주요 와인 생산지는 산티아고Santiago 남부에 위치한 센트럴 밸리Central Valley이지만, 주변 지역에서도 포도를 재배하여 다양한 스타일의 와인이 생산되고 있다.

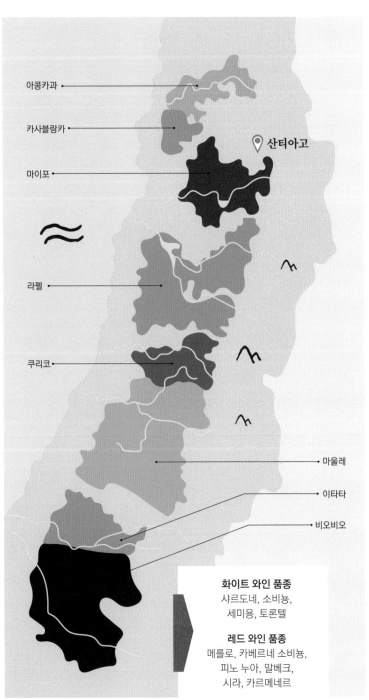

아콩카과
카사블랑카
산티아고
마이포
라펠
쿠리코
마울레
이타타
비오비오

화이트 와인 품종
샤르도네, 소비뇽,
세미용, 토론텔

레드 와인 품종
메를로, 카베르네 소비뇽,
피노 누아, 말베크,
시라, 카르메네르

아르헨티나 와인

안데스 산맥 뒤편에 자리잡은 아르헨티나의 와이너리들은 칠레와 달리 서늘한 해풍의 영향을 받지 못한다. 하지만 계곡 지대는 포도를 재배하기에 좋은 토양을 제공하고, 높은 고도 특유의 활력과 최적의 일조량을 갖추고 있다. 아르헨티나 와인은 칠레 와인보다 맛과 향이 풍부하고 균형이 잡혀 있다.

포도 품종

아르헨티나에서 가장 널리 재배되는 유명 품종은 말베크Malbec로 강하고 충분히 숙성된 와인이 생산된다. 또한 햇빛이 많이 필요한 보나르다Bonarda, 메를로Merlot, 카베르네Cabernet, 시라Syrah 품종도 잘 자란다. 반면 토론테스Torrontes 품종으로 만든 향이 짙은 일부 와인을 제외하면 화이트 와인은 그다지 뛰어나지 않다.

와인 생산지

아르헨티나의 주요 와인 생산지는 중부의 멘도사Mendoza 지역이다. 그 외에 리오 네그로Rio Negro 지방에 있는 파타고니아Patagonia에서도 대량으로 생산된다.

살타

라 리오하

산 후안

멘도사

부에노스 아이레스

베누켄 / 리오 네그로

화이트 와인 품종
샤르도네, 토론테스

레드 와인 품종
말베크, 보나르다, 메를로,
카베르네 소비뇽, 시라, 템프라니요,
산지오베제, 바르베라

오스트레일리아 와인 · 뉴질랜드 와인

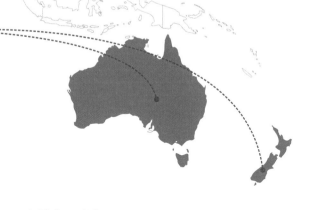

한계를 극복한 와인

기술의 발전과 와인메이커의 노력이 없었다면 기후의 제약을 극복하지 못했을 것이고, 오늘날 훌륭한 오스트레일리아 와인은 존재할 수 없었을 것이다.

오스트레일리아에서는 18세기 말부터 포도가 재배되기 시작했다. 그러나 이곳의 와인을 말할 때 테루아, 토양, 산지의 특성 등을 언급하는 경우는 거의 없다. 그보다는 집중적인 관개관리, 포도나무를 보호하기 위한 차광막 설치, 수확시 유용한 냉장 설비를 갖춘 트럭, 저온 발효법 등 와인 생산을 가능하게 해주는 기술 발전과 노동이 주로 언급된다. 적대적인 자연을 길들이기 위한 거대한 노력은 결국 결실을 맺었고, 품질이 나쁘지 않은 개성 있는 와인을 생산하기 시작하였다. 오늘날 오스트레일리아의 고급 와인은 전 세계 다른 나라의 와인에 영향을 끼칠 만큼 좋은 품질을 자랑한다.

와이너리

오스트레일리아 와이너리들은 기후가 가장 온화한 남동부와 남서부 끝에 위치한다. 하지만 오스트레일리아에서 가장 서늘한 지역조차 지나치게 숙성된 와인이 생산되고 있다. 와인메이커들은 이런 특징을 제거하기보다 장점으로 만들기 위해 노력했고, 오늘날 오스트레일리아의 시라즈 Shiraz 와인은 깊고 풍부한 맛으로 전 세계에 알려져 있다.

토착 품종이 없는 오스트레일리아에서는 일반 품종이 모두 재배되지만, 그 중 이곳에서 「시라즈Shiraz」라고 부르는 시라Syrah 품종이 가장 뛰어난 와인을 생산하고 있다. 그러나 최근 몇 년 동안 극심한 가뭄이 계속되면서 포도나무가 말라죽는 일이 잦아 대책 마련에 고심하고 있다.

뉴질랜드 와인

뉴질랜드는 무엇보다 환상적인 소비뇽Sauvignon 와인으로 널리 알려져 있다. 뉴질랜드에서 재배한 소비뇽 품종은 새콤하고, 라임부터 파인애플, 패션프루트까지 과일향이 풍부한 화이트 와인으로 변신한다. 특히 호크스 베이Hawke's Bay와 뉴질랜드 최대 와인 생산지인 말버러Marlborough 지역의 와인이 뛰어나다. 뉴질랜드 전체 생산량의 2/3가 화이트 와인이며, 샤르도네Chardonnay, 리슬링Riesling, 게뷔르츠트라미너Gewürztraminer 품종 역시 좋은 와인을 만들어낸다.

뉴질랜드의 또다른 고급 와인은 피노 누아Pinot noir 품종으로 만든다. 시원한 기후를 좋아하는 이 품종은 남섬 South Island 과 웰링턴Wellington 지역 와이너리에서 잘 자라며, 부르고뉴Bourgogne와 비슷한 섬세한 와인이 만들어진다. 좀더 더운 호크스 베이에서는 카베르네Cabernet와 메를로Merlot 품종을 재배한다.

화이트 와인 품종
샤르도네, 소비뇽, 세미용, 리슬링,
뮈스카, 뮈스카델, 슈냉

레드 와인 품종
시라즈시라, 카베르네 소비뇽, 피노 누아

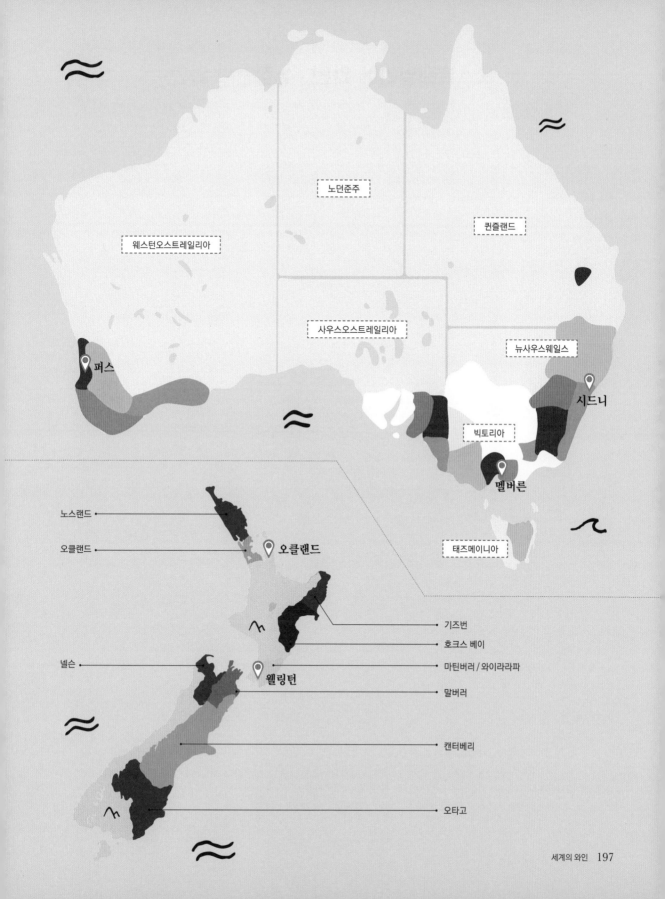

노던준주

퀸즐랜드

웨스턴오스트레일리아

사우스오스트레일리아

뉴사우스웨일스

퍼스

빅토리아

시드니

멜버른

태즈메이니아

노스랜드

오클랜드

오클랜드

기즈번

호크스 베이

넬슨

마틴버러 / 와이라라파

웰링턴

말버러

캔터베리

오타고

남아프리카공화국 와인

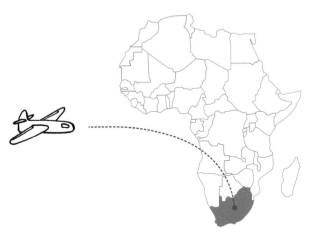

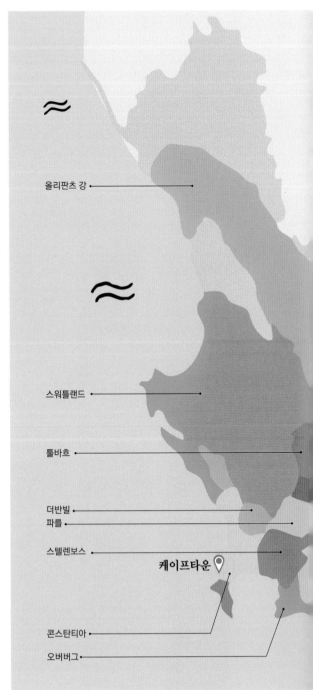

올리판츠 강

스워틀랜드

툴바흐

더반빌
파를

스텔렌보스

케이프타운

콘스탄티아

오버버그

남아프리카공화국 와인의 역사

남아프리카공화국에서는 오래 전부터 와인을 생산해왔다. 클라인 콘스탄티아 Klein Constantia 의 리코뢰 와인은 나폴레옹이 유배생활 중에 제일 좋아했던 와인으로 알려져 있다. 하지만 오늘날의 남아프리카공화국 와인 산업은 옛날과 크게 다르다. 특히 아파르트헤이트 Apartheid 가 1991년 폐지되고 외국과 교역이 다시 이루어지면서 이 나라 와인은 부활하게 되었다.

포도 품종

오늘날 남아프리카공화국에서는 다양한 품종을 재배하며, 품질 역시 천차만별이다. 화이트 와인은 샤르도네 Chardonnay, 레드 와인은 카베르네 소비뇽 Cabernet sauvignon 같은 전통적인 품종 외에 시라 Syrah, 메를로 Merlot 같은 품종도 재배하고 있다. 남아프리카공화국을 대표하는 와인은 토착 품종인 피노타지 Pinotage 로 만든 과일향이 풍부하고 야생미 넘치는 레드 와인이다. 화이트 와인은 슈냉 Chenin 품종이 뛰어나다. 프랑스 루아르 Loire 지역 외에서도 많이 재배되는 슈냉 품종으로 남아프리카공화국에서 우아한 드라이 와인과 매력적인 스위트 와인을 생산한다.

와인 생산지

최근에 와인 산업이 가장 활발한 스와틀랜드 Swartland 를 중심으로 젊은 와인메이커들이 와이너리에 투자하면서 테루아의 개념을 내세운 와인들이 생산되고 있다. 케이프 타운 Cape Town 주변지역은 시원한 해풍 덕분에 좋은 와인이 생산된다. 파를 Paarl과 스텔렌보스 Stellenbosch 지역이 제일 중요한 와인 생산지다.

화이트 와인 품종
샤르도네, 소비뇽, 세미용,
리슬링, 뮈스카, 슈냉

레드 와인 품종
카베르네 소비뇽, 메를로,
피노 누아, 시라, 피노타지, 진판델

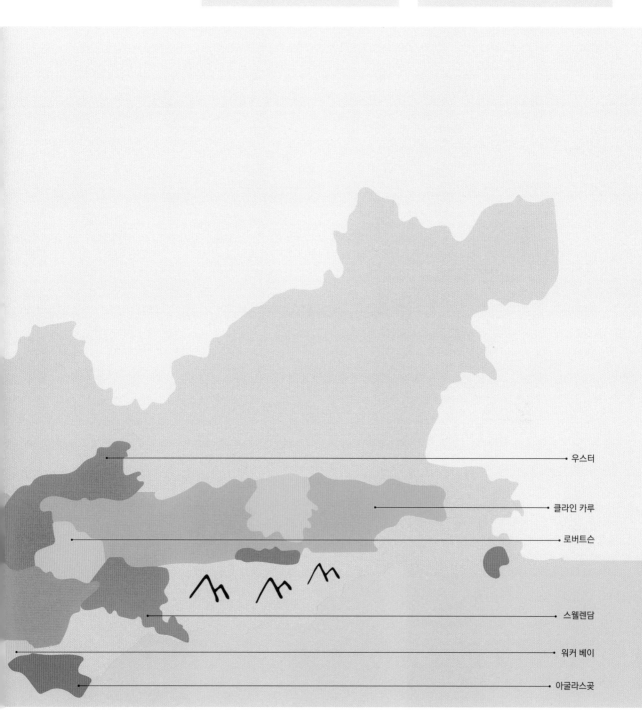

우스터

클라인 카루

로버트슨

스웰렌담

워커 베이

아굴라스곶

그 외 다른 나라의 와인

전 세계적으로 와인 생산국이 늘어나고 있다. 와인 산업의 기반이 다져진 국가도 있고, 이제 막 시작한 나라도 있다. 와인의 영토가 넓어지고 있으며, 세계 와인 생산국 지도는 지난 30년 사이에 많이 변했다. 포도 재배 및 와인 양조기술의 개선과 발달로 얼마 전까지만 해도 포도 재배가 불가능했던 지역에 새로운 와이너리가 생겨났기 때문이다. 이처럼 새로운 경쟁자들이 등장하면서 전통적인 와인 생산국들은 와인 산업을 새롭게 인식하고 와인 품질의 고급화를 위해 활발하게 노력하고 있다.

영국

튀니지
모로코
알제리

영국은 지구 온난화 때문일까? 농업관리를 잘한 덕분일까? 아니면 첨단기술의 도입 덕분일까? 이유는 정확히 알 순 없지만 영국의 와인메이커들은 포도 재배에 성공하고 있다. 가장 유명한 와인은 백악질 토양에서 자란 포도로 만든 스파클링 와인이다.

중동에서는 **레바논**이 세계적으로 인정받는 와인을 생산하고 있으며, 인기 역시 계속 올라가고 있다. 사실 이 지역에서 와인을 만들기 시작한 것은 3,000년 전인 페니키아Phoenicia 시대로 거슬러 올라간다. 이후 로마인들이 술의 신 바쿠스Bacchus 에게 바치는 신전을 세운 곳이 바로 오늘날 포도 재배가 한창인 베카Beqaa 평원이었다. 샤토 크사라Chateau Ksara, 샤토 케프라야Chateau Kefraya, 샤토 무사르Chateau Musar에서는 향신료향과 초콜릿향이 강한 뛰어난 레드 와인과, 풀바디에 향이 풍부한 화이트 와인을 생산한다. 약 40여 개의 와이너리는 레바논 와인 산업의 충분한 생명력을 보여준다.

그 주변의 **이스라엘**, **시리아**, **아프카니스탄**도 와인 생산국이라는 사실을 종종 잊곤 한다. **이집트**에서는 자르댕 뒤 닐Jardin du Nil 같은 아주 뛰어난 와인이 생산된다. 국가간 갈등으로 이 지역의 와인을 비난하지 않기를 바란다.

마그레브Maghreb, 모로코·알제리·튀니지 등 아프리카 북서부 일대의 총칭는 전통적으로 와인 생산이 뿌리내린 곳이다. 로제 와인, 향신료향이 감도는 레드 와인이 생산되며, 특히 모로코 와인은 고급 레스토랑에서도 어울리는 훌륭한 와인이다.

중국은 와인 생산과 소비가 폭발적으로 증가하고 있다. 포도 재배 면적은 이미 세계 2위이고 생산도 머지않아 세계 1위가 될 것이다. 중국의 북서쪽과 북동쪽에 거대한 면적의 포도밭이 펼쳐져 있다. 지중해와 비슷한 위도에 위치하지만 토양과 기후는 매우 다양하다. 중국은 지금까지 해외 전문가들의 도움으로 와인 양조 기술을 발전시켰는데 이제는 고도의 전문 인력을 자체적으로 배출하고 있다.

일본에는 고급 와인 애호가와 뛰어난 와인 감정가들이 많다. 그리고 양은 적지만 품질이 훌륭한 와인도 생산하고 있다. 가장 유명한 품종은 코슈koshu로, 도쿄 남서쪽 후지산 지역이 주 생산지이고, 순수하고 섬세한 화이트 와인이 만들어진다.

인도는 와인 산업 신흥국이지만 앞으로 주요 와인 생산국으로 도약할 것으로 예상된다. 인도는 열대기후에 속하므로 좋은 조건은 아니다. 하지만 현대적인 기술을 도입하는 데 많은 투자를 하면서 생산량이 급속히 증가하고 있다. 3개 지방에서 50여 개 와이너리가 와인을 생산하는데, 이중 마하라슈트라Maharashtra 지방의 나시크Nashik와 상글리Sangli, 카르나타카Karnataka 지방의 방갈로르Bangalore가 뛰어난 산지로 손꼽힌다. 부유한 와이너리에서는 와인의 품질 향상을 위해 세계적인 와인전문가들을 초청하고 있다.

시리아
레바논
이스라엘

이집트

일본

아프가니스탄

중국

인도

간단한 와인 역사

와인은 수세기 동안 여러 문화와 문명을 거치며 발전했다. 신성한 것이기도 했고 불경한 것이기도 했으며, 특별한 날에 마시기도 했고 매일 마시기도 했다. 어린 와인, 오래된 와인, 일상 와인, 그랑 크뤼 와인 등등, 언제나 와인은 많은 나라의 역사와 함께 했다. 그런데 시작은 언제였을까?

와인은 언제, 어디에서 만들어졌나?

정확히 알 수 없지만 캅카스코카서스 지역이라는 설이 가장 유력하다. 인류의 조상들은 구석기 시대12,000년 전에 벌써 발효된 음료를 마셨다. 포도나무는 아직 재배하지 않았지만 야생 포도나무의 열매에서 나온 즙이 자연적으로 발효가 되었을 것이다. 고대 유적지에서 11,000년 된 포도나무 씨가 발견되기도 했다.

와인 양조의 경우, 가장 오래된 흔적은 7,000년 전까지 올라간다. 이란에서 발견된 항아리 안에 와인 찌꺼기가 있었고, 동일한 시기에 조지아에서 출토된 단지BC 5,000 안에서도 비슷한 흔적이 발견되었다.

그리고 2010년 아르메니아의 유명 와인산지 아레니Areni에서 발굴된 유적지에서는 기원전 BC 4,100년의 복잡한 양조 과정을 보여주는 유물이 출토되었다.

와인을 처음 만든 곳이 조지아인지 아르메니아인지 이란인지는 알 수 없지만 어쨌든 캅카스 지역이 「와인의 발상지」라는 것만은 확실하다.

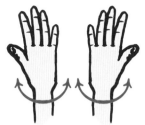  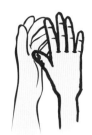 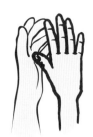

부르고뉴 환영가와 손동작

부르고뉴 환영가는 부르고뉴 지방의 공식적인 노래로 오해받기도 하지만 그렇지는 않다. 이 노래는 프랑스 민요 특유의 5음계로 되어있고 가사는 그저 「랄라라라 랄라라랄레르」가 전부다. 여기에 간단한 손동작이 곁들여진다. 먼저, 두 손을 얼굴 높이로 들고 돌린다. 반짝반짝 하는 것처럼 또는 와인잔을 돌리듯이 그리고 박수를 9번 친다. 부르고뉴 환영가는 1905

년 한 술집에서 처음 시작되었다고 전해진다. 처음에는 잘 알려지지 않았지만 1945년 포도축제를 계기로 부르고뉴 지방 전체로 퍼져나갔다. 지금은 술자리, 식사자리, 축제에서 특히 와인이 주인공인 자리에서는 언제나 부르고뉴 환영가로 시작한다.

와인과 관련된 노래

파티나 축제에서 사람들은 언제나 먹고 마시고 노래를 부른다. 서민들의 노래에 와인이 자주 등장하는 이유도 그 때문이다. 와인기사단에도 와인과 관련된 노래가 많다. 여기 와인애호가들이 좋아할만한 노래 몇 곡을 소개한다.

Chevaliers de la Table ronde 원탁의 기사들

「부르고뉴 타스트방 와인기사단」 덕분에 유명해진 18세기 전통 민요.

Chevaliers de la Table ronde,　원탁의 기사들이여,
Goûtons voir si le vin est bon.　와인이 맛난지 마셔보세.

(후렴)
Goûtons voir, oui, oui, oui,　마셔보세, 예, 예, 예, 예,
Goûtons voir, non, non, non,　마셔보세, 아니, 아니, 아니, 아니,
Goûtons voir si le vin est bon.　와인이 맛난지 마셔보세.

(반복)
S'il est bon, s'il est agréable,　와인이 맛나면 와인이 좋으면
J'en boirai jusqu'à mon plaisir.　기분이 좋아질 때까지 마셔보세.

(후렴)
Et s'il en reste quelques gouttes,　몇 방울 남지 않았다면
Ce sera pour nous rafraîchir.　목이라도 축여야지.

(후렴)
Si je meurs, je veux qu'on m'enterre,　내가 죽으면 좋은 와인이 있는,
Dans une cave où y a du bon vin.　지하실에 묻어주오.
(…)

Te voici, vigneron! 여기 있는가, 포도 농부여!

스위스 전통 민요.

Le vigneron monte à sa vigne　포도농부 포도나무에 올라가네
Où es-tu, vigneron?　포도농부는 어디에?
Le vigneron monte à sa vigne　포도농부 포도나무에 올라가네
Du bord de l'eau jusqu'au ciel là-haut.　강가에서 저 하늘까지

On voit d'abord son vieux chapeau　포도농부 낡은 모자가 보이네
C'est pas un chapeau du dimanche　멋진 모자가 아니라
Il a plutôt l'air d'un corbeau　포도나무 가지에 앉은
Perché sur une branche　한 마리 까마귀 같네
Où es-tu, vigneron?　포도농부는 어디에?
(반복)

On voit ensuite son fossoir　포도농부 쟁기가 보이네
C'est pas un fossoir de gamine　꼬맹이들의 쟁기가 아니라
Il a plutôt l'air d'un buttoir　작은 삽 같네
Au flanc d'une colline　언덕을 올라가는
Où es-tu, vigneron?　포도농부는 어디에?
(반복)
(…)

Fanchon 팡송

「부르고뉴 환영가」와 같이 부르기도 하는 18세기 민요.

Amis, il faut faire une pause,　친구여, 코르크 마개가 열렸군
J'aperçois l'ombre d'un bouchon,　잠시 손을 놓고
Buvons à l'aimable Fanchon,　상냥한 팡송을 위해 한잔 하세
Chantons pour elle quelque chose.　그녀에게 노래 한 곡 부르거나.

(후렴)
Ah ! Que son entretien est doux,　아! 팡송은 말도 잘하고
Qu'elle a de mérite et de gloire.　마음도 좋고 콧대도 높아.
Elle aime à rire, elle aime à boire,　웃기 좋아하고, 마시기 좋아하고
Elle aime à chanter comme nous,　노래하기 좋아하고, 우리처럼
Elle aime à rire, elle aime à boire,　웃기 좋아하고 마시기 좋아하고
Elle aime à chanter comme nous,　노래하기 좋아하고 우리처럼
Oui comme nous, oui comme nous!　그래 우리처럼 그래 우리처럼!

Fanchon, quoique bonne chrétienne,　팡송은 얌전한 기독교인
Fut baptisée avec du vin,　하지만 와인으로 세례를 받았지
Un Bourguignon fut son parrain,　부르고뉴 사람이 대부이고
Une Bretonne sa marraine.　브르타뉴 사람이 대모이고.

(후렴)
Fanchon préfère la grillade　팡송은 산해진미보다
À d'autres mets plus délicats,　구이를 더 좋아해
Son teint prend un nouvel éclat　한잔 걸친 그녀의
Quand on lui verse une rasade.　얼굴이 붉어졌네.
(…)

클레망틴은 와인에 처음 관심을 갖게 된 순간을 분명하게 기억하고 있다. 어느 일요일 가족과 함께 점심식사를 하고 있었다. 클레망틴은 엄마의 요리를 한입 먹고는 아빠의 와인을 한 모금 마셨다. 그리고 또 한 모금을 마셨다. 그 순간이었다. 놀랍게도 와인을 마시자 먹었던 음식이 훨씬 맛있게 느껴졌다. 와인이 음식의 맛을 더 새롭고 더 풍부하게 한 것이다. 이것이 와인의 마술인가? 그날 클레망틴이 경험한 것은「완벽한 매칭」이었다.

그날 이후 클레망틴은 저녁식사를 준비할 때마다 오로지 한 가지만 생각했다. 좋은 와인이나 고급 와인이 아닌 자신이 준비한 식사에 가장 잘 어울리는 와인을 찾는 것에 집중했다. 비교하기 위해 와인을 2~3병 딸 때도 있었다. 충격적인 매칭을 시도하기도 했다. 어디선가 읽은 내용을 경험해보려고 굴에 스위트 와인을 조화시키기도 했다. 놀란 사람들도 있었고 좋아한 사람들도 있었다 보르도 출신의 부부가 좋아했다. 그들은 굴과 스위트 와인 매칭을 이미 알고 있었다. 클레망틴은 음식과 와인의 완벽한 매칭은 일반적인 것이 아니라 입맛과 문화에 따라 달라진다는 결론을 내렸다.

이제 클레망틴은 전통적인 매칭을 열심히 활용하면서도 과감한 매칭에 도전하여 서프라이즈를 즐기고 있다. 누가 알겠는가. 그러다가 어느 순간 눈에서 별이 쏟아지고, 귀에서 천상의 소리가 들리고, 가슴이 터질 것 같은 경험을 하게 될지. 그렇다! 이것이 완벽한 매칭을 경험할 때 나타나는 신체적 변화다.

CLÉMENTINE

클레망틴, 소믈리에 견습생이 되다

음식과 와인의 기본적인 궁합
오늘 요리에는 어떤 와인이 잘 어울리는가?
와인을 죽이는 음식
오늘 와인에는 어떤 요리가 잘 어울리는가?

음식과 와인의 기본적인 궁합

음식과 와인의 만남은 결혼과 같다. 성공하면 상대의 장점을 돋보이게 하고, 한쪽만 맛볼 때보다 훨씬 훌륭한 맛을 느낄 수 있다. 하지만 실패하면 음식과 와인이 따로 놀게 되고, 최악의 경우엔 싸우고 각자의 장점을 잃게 된다. 이 결혼이 어떨지 판단하려면, 주방에서 음식이 거의 다 되었을 때 미리 먹어보는 것이 가장 좋다. 먼저 와인을 조금 마신 후 음식을 한 입 먹고 다시 와인을 마셔보아 와인이 음식과 어떻게 어우러지는지 판단한다. 이 결혼에서 가장 중요한 것은 결국 맛이기 때문이다. 다음은 여러분이 음식과 와인을 조합할 때 참고할만한 가장 기본적이고 쉬운 원칙이다. 하지만 사람마다 입맛과 취향이 모두 다르기 때문에 이 원칙을 꼭 따라야 하는 것은 아니며, 독창적인 아이디어로 다른 시도를 해보는 것도 나쁘지 않다.

색을 기준으로

서로 비슷한 색깔의 음식과 와인을 고른다. 가장 쉽고 실패 확률이 적다. 흰살색 재료의 요리에는 화이트 와인, 붉은살색 재료의 요리에는 레드 와인, 장밋빛 또는 오렌지색 재료의 요리에는 로제 와인 등이 잘 어울린다.

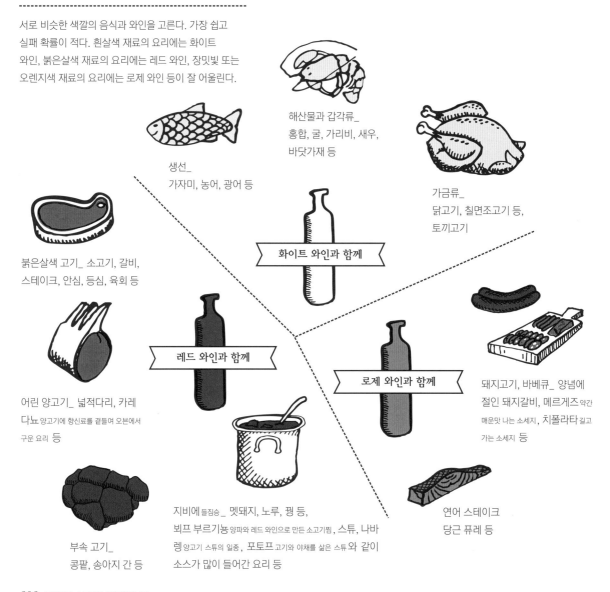

해산물과 갑각류_
홍합, 굴, 가리비, 새우,
바닷가재 등

생선_
가자미, 농어, 광어 등

가금류_
닭고기, 칠면조고기 등,
토끼고기

화이트 와인과 함께

붉은살색 고기_ 소고기, 갈비,
스테이크, 안심, 등심, 육회 등

레드 와인과 함께

로제 와인과 함께

돼지고기, 바베큐_ 양념에
절인 돼지갈비, 메르게즈약간
매운맛 나는 소세지, 치폴라타 길고
가는 소세지 등

어린 양고기_ 넓적다리, 카레
다뇨 양고기에 향신료를 곁들여 오븐에서
구운 요리 등

부속 고기_
콩팥, 송아지 간 등

지비에들짐승_ 멧돼지, 노루, 꿩 등,
뵈프 부르기뇽 양파와 레드 와인으로 만든 소고기찜, 스튜, 나바
렝 양고기 스튜의 일종, 포토프 고기와 야채를 삶은 스튜 와 같이
소스가 많이 들어간 요리 등

연어 스테이크
당근 퓨레 등

원산지 기준으로

어떤 지역의 대표음식으로 식사를 준비했다면, 지리적으로 비슷한 지방의 와인을 선택하는 것이 좋다. 예를 들어, 슈크루트절인 양배추를 소시지와 곁들이는 알자스 요리에는 리슬링Riesling 와인이나 알자스의 피노 블랑Pinot blanc 와인을, 카슐레고기와 콩을 넣은 랑그도크Languedoc 스튜에는 카오르Cahors 와인을, 라클렛치즈를 녹여 감자 등과 함께 먹는 알프스요리에는 쥐라Jura의 화이트 와인을, 파에야에는 스페인 레드 와인을, 포이약Pauillac의 새끼양 요리에는 포이약 와인을 선택한다.

새로운 맛을 기준으로

이 조합은 음식과 어울리는 와인을 찾기보다는 새로운 향이나 감각을 찾고 신선한 놀라움을 얻는 것이 목적이다. 음식과 와인이 만나 전혀 새로운 맛을 만들어내기도 하기 때문이다. 특히 일반적으로 많이 마시지 않는 와인들, 즉 스파클링 와인, 리코뢰 와인, 주정강화 와인을 조합하여 의외의 맛을 찾을 수 있다.

몇 가지 과감한 어울림

특성을 기준으로

맛과 식감이 서로 비슷한 와인과 음식을 선택하는 방법이다. 기름진 음식에는 크리미한 와인을, 달지 않은 음식엔 드라이한 와인을, 간간한 음식엔 짭짤한 와인을 선택한다. 일종의 유유상종 법칙이다. 굴을 먹을 때는 짭짤한 뮈스카데Muscadet 와인이나 요오드가 함유된 샤블리Chablis 와인을 선택하고, 파인애플 플랑베파인애플에 술을 뿌려 불에 살짝 그을린 디저트요리에는 파인애플 향이 나는 소테른Sauternes 와인을 선택한다. 맛이 풍부한 음식에는 강한 와인을, 섬세한 음식에는 라이트바디 와인을 고른다. 고급 와인이 들어가는 요리에는 사용한 와인을 함께 마시거나, 같은 지방 또는 같은 포도 품종의 와인을 선택한다.

드라이한 브뤼트 샴페인 또는 좋은 크레망에 녹인 카망베르 치즈를 곁들인다. 스파클링 와인이 치즈의 느끼한 맛에 상큼함을 더해준다. 시드르Cidre, 발포성 사과주와도 잘 어울린다.

쥐라의 뱅 존Vin Jaune, 옐로 와인이라는 뜻의 호박색 와인과 카레가 들어간 닭고기 요리의 조합. 카레향과 이 와인 특유의 사과, 호두, 말린 과일향 부케가 잘 어우러진다.

리코뢰 와인과 블루치즈 푸름 당베르Fourme d'Ambert, 소테른 와인과 로크포르Roquefort 치즈의 조합. 와인의 부드러운 맛이 치즈의 강한 맛을 가려줘 감미로운 느낌을 준다.

무알뢰moelleux 와인과 태국 음식 또는 베이징덕을 조합. 단맛과 짠맛을 조화시키는 아시아 음식과 잘 어울린다. 스위트 와인은 매운 맛을 완화시키고 혀의 통증을 부드럽게 해주는 역할을 한다.

고기요리와 어울리는 와인

육류와 매칭할 때 가장 중요한 것은 균형이다. 즉, 강한 고기맛에 와인이 가려져서도 안 되고, 강한 와인맛에 섬세한 고기맛이 가려져서도 안 된다. 지방이 많은 고기라면 타닌이 강한 와인이나 상큼한 와인을 매칭하여 느끼함을 줄이고 음식에 생동감을 준다.

소고기

로제
(바비큐)

부드러운
레드
(조림, 그릴, 로스트)

강한
레드

양고기 / 어린 양고기

향이 풍부한
화이트
(뇌요리)

로제
(메르게즈,
소시지)

부드러운
레드
(삶은 고기)

강한
레드

*뱅 두 나튀렐

염장고기 햄·소시지

상큼한
화이트

로제

가벼운
레드

부드러운
레드

돼지고기

상큼한
화이트
(비곗살)

향이 풍부한
화이트
(내장요리)

가벼운
레드
(내장요리,
돼지갈비)

부드러운
레드
(로스트, 그릴)

강한
레드
(진한 양념, 그릴)

송아지고기

상큼한
화이트
(내장요리)

향이 풍부한
화이트
(내장요리)

강한 화이트
(크림소스)

로제

가벼운
레드

부드러운
레드
(그릴)

* 깜짝 놀랄만한 매칭

가금육과 지비에[*] 요리와 어울리는 와인

음식을 완전히 지배할 우려가 있는 강한 와인은 가금육에 되도록 매칭하지 않는다. 가금육에는 섬세한 와인이 어울린다. 독특한 맛을 경험하고 싶다면 깜짝 매칭도 나쁘지 않다. 사냥한 새고기와 매칭할 때는 우아함을 목표로 해야 한다. 맛이 강한 고기일 경우에는 그에 맞설 수 있는 힘 있는 와인과 매칭해야 한다는 것을 잊지 말자.

닭고기 / 칠면조고기

강한 화이트
(로스트, 크림소스)

로제

가벼운 레드
(로스트)

*발포성 와인
(크림소스)

*무알뢰, 리코뢰

달걀

상큼한 화이트
(짭짤한 키슈)

향이 풍부한 화이트
(오믈렛)

부드러운 레드
(레드와인소스에 삶은 포치드에그)

*무알뢰, 리코뢰

오리고기

부드러운 레드
(가슴살요리)

강한 레드
(로스트, *푸아그라)

무알뢰, 리코뢰
(푸아그라)

*뱅 두 나튀렐
(플랑베)

지비에 야생조류

가벼운 레드

부드러운 레드

*강한 화이트

토끼고기

향이 풍부한 화이트

강한 화이트

가벼운 레드

*발포성와인
(크림소스)

지비에 야생동물

부드러운 레드
(야생토끼 요리)

강한 레드
(스튜, 소스 얹은 고기)

* 지비에_ 사냥으로 잡은 야생짐승의 고기
* 깜짝 놀랄만한 매칭

생선요리와 어울리는 와인

타닌이 강한 와인은 생선요리와 어울리지 않는다. 타닌의 금속맛이 불거져 나오기 때문이다. 생선요리에는 향이 풍부하고 가벼운 와인이 좋다. 가볍게 하늘을 나는듯한 또는 바다를 헤엄치는듯한 느낌을 즐길 수 있다.

참치

향이 풍부한 화이트 (스시)
로제
가벼운 레드

연어

발포성 와인 (스시)
상큼한 화이트 (스시)
향이 풍부한 화이트
로제

흰살생선

상큼한 화이트
향이 풍부한 화이트
강한 화이트 (리슈소스)
로제 (튀김, 그릴, 스프)
*부드러운 레드 (노랑촉수)

민물고기

향이 풍부한 화이트
로제 (그릴)
*부드러운 레드 (보르도식 장어요리)

생선통조림

상큼한 화이트
향이 풍부한 화이트

훈제생선

발포성 와인
상큼한 화이트
향이 풍부한 화이트

* 깜짝 놀랄만한 매칭

조개류와 갑각류에 어울리는 와인

화이트 와인의 왕국으로 어서오세요. 기포가 있건 없건 간에 화이트 와인이 이 식재료와 제일의 조합이다. 화이트 와인은 조개류와 갑각류 해산물의 요오드와 바다내음의 풍미를 잘 받쳐주어 섬세한 맛을 이끌어낸다.

가리비

발포성 와인   향이 풍부한 화이트

강한 화이트
(크림소스)

굴/고둥

발포성 와인   상큼한 화이트

*부드러운 레드
(익힌 굴)   *무알뢰, 리코뢰

홍합

상큼한 화이트   *발포성 와인

게

상큼한 화이트   향이 풍부한 화이트

로제

바다가재

향이 풍부한 화이트   강한 화이트

*가벼운 레드
(그릴)

새우

상큼한 화이트   향이 풍부한 화이트

로제   *발포성 와인

* 깜짝 놀랄만한 매칭

채소요리와 어울리는 와인

채소요리와 와인을 매칭하려면 소믈리에는 고민을 많이 해야 한다. 채소는 고기나 생선처럼 질감이 단단하지 않고 맛이 분명하지 않아 와인과의 궁합이 그리 좋지 않다. 하지만 섬세한 와인이나 향이 풍부한 와인과의 매칭은 노려볼만하다. 버섯요리의 경우는 버섯향이 나는 오래된 와인과 매칭하면 완벽하다.

녹색채소

상큼한 화이트   향이 풍부한 화이트

버섯류

강한 화이트   부드러운 레드

강한 레드

전분이 들어있는 요리

강한 화이트   로제 (쿠스쿠스, 파에야, 샐러드)

부드러운 레드

뿌리채소

향이 풍부한 화이트   *무알뢰, 리코뢰

콩류

향이 풍부한 화이트   가벼운 레드 (퓌레, 스프)

강한 레드

과일채소

상큼한 화이트 (샐러드)   로제 (샐러드, 파르시, 라타투이, 그라탕)

부드러운 레드 (소스, 그라탕)

* 깜짝 놀랄만한 매칭

향신료가 강한 요리와 어울리는 요리

향이 섬세한 허브는 음식에 신선함을 선물한다. 여기에 와인을 매칭하면 신선함이 배가 된다. 향이 강한 허브는 개성이 강한 와인과 궁합이 잘 맞는다. 매운 음식의 경우는 독특한 와인과 매칭하는 실험을 시도해보면 좋다. 매운 맛을 달래는 데는 달콤한 와인만한 것이 없다.

신선한 허브
- - - - - - - - - -
민트, 파슬리, 바질 등을 많이 사용한 요리.

드라이 허브
- - - - - - - - - -
타임, 로즈메리, 월계수, 세이지 등이 많이 들어간 요리.

상큼한 화이트	향이 풍부한 화이트

로제
(샐러드)   부드러운
레드

향이 풍부한 화이트	강한 화이트

부드러운
레드   강한
레드

매운 요리
- - - - - - - - - -
매운 고추 또는 빨간 고추 요리.

진한 양념 요리
- - - - - - - - - - -
카레, 계피, 육두구, 생강 등.

강한
화이트   강한
레드

무알뢰,
리코뢰

무알뢰,
리코뢰   *뱅 두 나튀렐

* 감짝 놀랄만한 매칭

치즈와 디저트에 어울리는 와인

화이트 와인을 싫어한다면 모를까 치즈에는 어떤 치즈든 화이트 와인을 매칭해야 한다. 왜냐하면 화이트 와인이 치즈의 감칠맛을 싹 없애버리지 않고 입 안 밸런스를 잘 조화시키기 때문이다. 디저트에는 달콤한 와인을 꼭 시도해보자. 디저트의 향노란 과일향 또는 붉은 과일향에 맞춰 스위트 와인이나 주정강화 와인을 매칭한다.

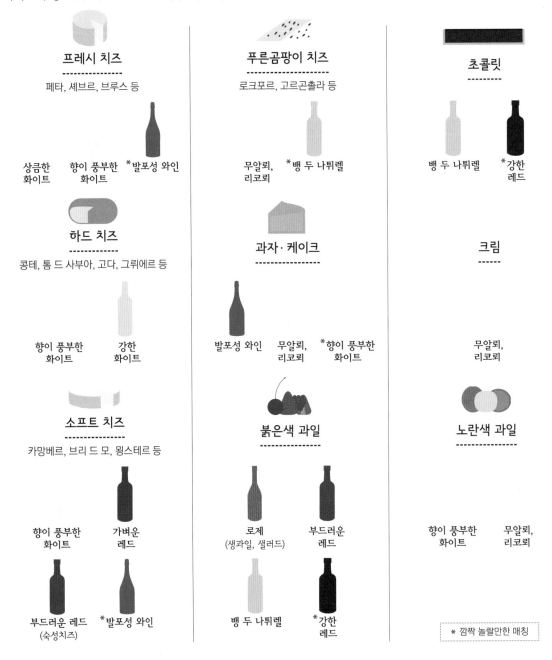

프레시 치즈

페타, 셰브르, 브루스 등

상큼한 화이트   향이 풍부한 화이트   *발포성 와인

하드 치즈

콩테, 톰 드 사부아, 고다, 그뤼에르 등

향이 풍부한 화이트   강한 화이트

소프트 치즈

카망베르, 브리 드 모, 묑스테르 등

향이 풍부한 화이트   가벼운 레드

부드러운 레드 (숙성치즈)   *발포성 와인

푸른곰팡이 치즈

로크포르, 고르곤촐라 등

무알뢰, 리코뢰   *뱅 두 나튀렐

과자·케이크

발포성 와인   무알뢰, 리코뢰   *향이 풍부한 화이트

붉은색 과일

로제 (생과일, 샐러드)   부드러운 레드

뱅 두 나튀렐   *강한 레드

초콜릿

뱅 두 나튀렐   *강한 레드

크림

무알뢰, 리코뢰

노란색 과일

향이 풍부한 화이트   무알뢰, 리코뢰

* 깜짝 놀랄만한 매칭

와인을 죽이는 음식

몇 가지 음식은 와인과 어울리지 않는다. 와인의 풍미를 살리지 못하고 오히려 망친다.

식초는 좀비에게 물린 것처럼
와인을 식초로 만들어버린다.

생채소 샐러드는 와인을 기절시켜
바디를 못 느끼게 한다.

마늘은 와인을 질식시켜
향을 못 느끼게 한다.

아티초크, 엔다이브, 파, 시금치는
와인 풍미를 못 느끼게 계속 죽이는 연쇄살인범이다.

자몽의 산은 와인의 맛을
제대로 못 느끼게 한다.

다음과 같은 어울림은 실망하기 쉽다

▸ 타닌이 강한 레드 와인과 생선 또는 조개류나 갑각류를 먹는 경우. 유연한 라이트바디의 레드 와인 루아르Loire · 부르고뉴Bourgogne · 보졸레Beaujolais은 해산물과 어울릴 수도 있다. 그러나 생선살 때문에 타닌에서 쇠맛이 난다.

▸ 드라이 화이트 와인과 달콤한 디저트. 설탕을 만나 와인이 뻣뻣해지면서 디저트의 감미로운 맛을 해친다.

발포성 와인

발포성 와인은 의외로 다양한 요리와 잘 어울린다. 힘 있는 빈티지 샹파뉴, 가볍고 과일향이 강한 크레망, 달콤한 블랑케트까지 종류도 풍부하다. 그리고 섬세한 기포는 평범한 음식이든 고급 음식이든 음식에 생기를 선물한다. 단, 맛이 너무 강한 음식과는 매칭을 피하는 것이 좋다. 왜냐하면 와인의 섬세함을 없애버리기 때문이다.

생선 요리

연어
(스시)

훈제생선

해산물 요리

굴, 고둥 등

가리비

디저트

과자 · 케이크
(너무 드라이하지 않는
발포성 와인)

품종

샤르도네, 피노 누아,
피노 뫼니에, 피노 옥세루아,
리슬링, 슈냉, 뮈스카, 모자크,
여러 품종 블렌딩

AOC

샹파뉴, 크레망 뒤 쥐라,
크레망 달사스, 크레망 드 보르도,
크레망 드 부르고뉴,
그레망 드 리무, 크레망 드 루아르,
클레레트 드 디, 블랑케트 드 리무,
카바, 가야크, 스푸만테,
프로세코

* 깜짝 놀랄만한 매칭

닭고기, 칠면조 고기
(크림소스)

토끼고기
(크림소스)

홍합

작은 새우와 큰 새우

드라이 허브

프레시 치즈

소프트 치즈

상큼한 화이트 와인

시원한 바람처럼 상쾌하고 상큼한 화이트 와인은 미각과 식욕을 깨운다. 상큼한 화이트 와인은 무겁지 않고 피곤하지 않으며 공격적이지 않다. 높은 산도가 불편할 수도 있지만 산도 덕분에 와인이 상쾌하고 순수하다. 짭짤한 맛과 미네랄과 오렌지껍질향은 음식의 풍미를 살려서 평범한 음식을 특별하게 만들어준다.

육류 요리

돼지고기
(비곗살)

송아지고기
(내장요리)

염장고기,
돼지고기 가공육

달걀
(키슈)

생선 요리

연어
(스시)

흰살생선

생선통조림

훈제생선

허브 & 진한 양념 요리

신선한 허브

해산물 요리

굴, 고둥 등

홍합

게

새우

품종

소비뇽, 믈롱 드 부르고뉴,
슈냉, 피노 블랑, 피노 옥세루아,
실바너, 사슬라, 알리고테

AOC

상세르, 푸이퓌메,
뮈스카데, 앙주, 소뮈르,
알자스, 사부아,
부르고뉴 알리고테

채소 요리

녹색채소

과일채소

치즈

프레시 치즈

향이 풍부한 화이트 와인

꽃과 과일향, 이국적인 향을 발산하는 화이트 와인. 품종에 따라 달리 표현되지만 모두 톡톡 튀는 성격을 가졌다. 이러한 개성 덕분에 진정한 미식의 경험이 가능하다. 때로는 실험적인 매칭이 되기도 하지만 성공할 경우에는 놀라운 미각의 세계가 펼쳐진다. 세월과 함께 단단해지는 것도 있다.

육류 요리

돼지고기
(내장요리)

송아지고기
(내장요리)

양고기, 어린 양고기
(뇌요리)

토끼고기

생선 요리

연어

참치
(스시)

흰살생선

민물생선

생선통조림

훈제생선

허브 & 진한 양념 요리

신선한 허브

드라이 허브

품종

나무향 없는 샤르도네,
게뷔르츠트라미너, 뮈스카,
리슬링, 베르멘티노, 비오니에,
사바냥, 그로 망상, 프티 망상

AOC

알자스, 콩드리외, 코르시카,
팔레트, 벨레, 쥐라, 쥐랑송,
가야크, 코토 뒤 랑그도크, 리무,
나무향 없는 부르고뉴,
어린 와인

해산물 요리

가리비

게

바닷가재

새우

채소 요리

녹색채소

콩류

뿌리채소,
호박

치즈 & 디저트

프레시 치즈

하드 치즈

소프트 치즈

노란색 과일
디저트

강한 화이트 와인

힘차고 골격이 잘 잡힌 강한 화이트 와인은 레드 와인에게도 전혀 밀리지 않는다. 대부분 오크통에서 숙성한 것으로 기름지고 입 안에 꽉 차는 느낌을 준다. 꽃과 과일향이 섞여 있는 버터향이 특징이다. 음식과 매칭할 때는 고급 식재료로 만든 요리나 화려한 요리를 준비하는 것이 좋다. 특히 생선이나 해산물과 잘 어울리는데 와인의 기름진 질감 덕분에 음식 맛이 더욱 우아하고 풍부해진다.

육류 요리

닭고기, 칠면조 고기
(로스트, 크림소스)

송아지고기
(크림소스)

토끼고기

생선 요리

흰살생선
(리슈소스)

해산물 요리

가리비
(크림소스)

바닷가재

품종

나무향 나는 샤르도네,
세미용, 마르산, 루산,
그르나슈 블랑, 사바냥

AOC

코트 드 본, 샤블리 그랑 크뤼,
뫼르소, 샤사뉴몽라세,
퓔리니몽라세, 마코네,
푸이퓌세, 그라브, 코트 뒤 론,
에르미타주, 샤토뇌프뒤파프,
코토 뒤 랑그도크,
캘리포니아 샤르도네, 어린 와인

채소 요리

전분이 들어있는 요리

버섯류

허브 & 진한 양념 요리

드라이 허브

양념이 진한 요리

치즈

하드 치즈

*깜짝 놀랄만한 매칭

지비에 야생조류

로제 와인

로제 와인은 원산지와 양조 방식에 따라 개성이 매우 다르다. 색이 연한 것도 진한 것도 있으며, 맛이 가벼운 것도 강한 것도 있지만 공통점은 과일향이 풍부하고 타닌이 약하다는 것이다. 로제 와인은 화이트 와인의 산도와 레드 와인의 향을 갖고 있어 고기와 생선 모두 손쉽게 매칭할 수 있다. 잘 만들어진 로제 와인은 미식 와인으로 손색이 없다.

육류 요리

소고기
(소시지, 메르게즈)

송아지고기
(내장요리)

양고기, 어린 양고기
(메르게즈)

닭고기, 칠면조고기

염장고기
(돼지고기 가공육)

생선 요리

연어

참치

흰살생선
(튀김, 그릴, 스프)

민물생선
(그릴)

해산물 요리

게

새우

채소 요리

전분이 들어있는 요리
(쿠스쿠스, 파에야, 샐러드)

과일채소
(샐러드, 그라탕)

허브 & 진한 양념 요리

신선한 허브
(샐러드)

디저트

붉은색 과일

품종

피노 누아, 카베르네 프랑, 카베르네 소비뇽, 메를로, 그르나슈, 시라, 생소, 무르베드르, 피노 도니스 등
결국 대부분의 레드 와인 품종과 매칭 가능!

AOC

코트 드 프로방스, 타벨, 코르시카, 보르도 로제, 앙주, 코토 뒤 방도무아, 부르고뉴 로제, 그리 드 툴, 그리 드 불라우안 등

가벼운 레드 와인

붉은 과일의 향이 주를 이루고 입 안에서 질감이 가벼워 목을 축이거나 입맛을 돋우는데 전혀 손색이 없다. 선선하고 온난한 기후에서 주로 생산된다. 가볍다고 항상 단순한 것은 아니다. 피노 누아로 만든 부르고뉴의 코트 드 뉘는 섬세하면서도 복합적이고 우아하다.

육류 요리

돼지고기
(돼지갈비, 내장요리)

송아지고기
(내장요리)

토끼고기

닭고기, 칠면조고기
(로스트)

지비에 야생조류

염장고기
(돼지고기 가공육)

생선 요리

참치

품종

피노 누아, 가메,
생소, 풀사르

AOC

보졸레, 시루블,
셍타모르, 부르고뉴,
코트 드 뉘이, 모레 생 드니,
샹볼뮈지니, 메르퀴레,
알자스, 상세르,
투렌, 생푸르생,
쥐라, 프로방스 등

채소 요리

콩류
(퓌레, 스프)

치즈

소프트 치즈

*깜짝 놀랄만한 매칭

바닷가재
(그릴)

부드러운 레드 와인

부드러운 와인, 맛이 좋은 와인, 살집이 있는 와인이라고도 표현한다. 섬세함이나 맛의 구성보다는 부드러움으로 승부한다. 향신료향도 있지만 대부분 과일향이다. 입 안에서는 유연하고 부드럽다. 약간 기름기가 느껴지기도 한다. 음식과 함께 마시면 음식이 달고 맛이 더 좋아진다. 마치 소스처럼 음식을 감싼다.

육류 요리

돼지고기
(로스트, 그릴)

소고기
(조림, 그릴)

양고기, 어린양고기
(삶은 고기)

송아지고기
(그릴)

오리고기
(가슴살 요리)

지비에 야생동물
(야생토끼)

지비에 야생조류

햄

채소 요리

전분이 들어있는 요리

버섯류

과일채소
(소스, 그라탕)

품종

그르나슈, 메를로,
카베르네 프랑, 카리냥,
산지오베제, 진판델,
여러 품종 블렌딩

AOC

코트 뒤 론 빌라주,
리라크, 지공다스, 바케라스,
샤토뇌프 뒤 파프,
코스티에르 드 님므, 생조제프,
코토 뒤 랑그도크, 생테밀리옹,
포므롤, 코트 드 블라유,
코트 드 부르, 보르도 쉬페리어,
코트 드 본, 코트 드 프로방스,
코르시카, 앙주, 쉬농, 부르괴이,
소뮈르샹피니, 토스카나, 시칠리아,
리오하, 나파 밸리, 칠레 와인 등

허브 & 진한 양념 요리

신선한 허브

드라이 허브

치즈

소프트 치즈
(숙성치즈)

디저트

붉은색 과일

＊깜짝 놀랄만한 매칭

흰살생선
(노랑촉수)

민물생선
(보르도식 장어요리)

익힌 굴

강한 레드 와인

색은 진하고 검은색 과일향과 향신료향이 진하다. 일조량이 많은 지역이나 그랑 크뤼 테루아에서 주로 생산된다. 이 와인에 뒤지지 않는 맛이 강한 요리 즉, 진한 소스의 요리, 약간 기름진 요리와 매칭하면 타닌의 악센트가 더해져 절묘한 맛으로 느껴진다. 강한 레드 와인은 오래 숙성시킨 후 마셔야 한다.

육류 요리

돼지고기
(진한 양념, 그릴)

소고기

양고기, 어린 양고기

오리고기
(로스트)

지비에 야생동물
(스튜, 소스 얹은 요리)

채소 요리

콩류

버섯류

품종

타나트, 카베르네 소비뇽,
무르베드르, 말베크, 시라,
템프라니오, 네비올로,
네로 다볼라, 몬테풀차노

AOC

오메도크, 포이약, 생테스테프,
생쥘리앵, 마르고, 그라브,
코르비에르, 피투, 미네부아,
생시니앙, 포제르, 코트 뒤 루시용,
방돌, 마디랑, 이룰레기, 프롱통,
뷔제, 카오르, 포마르, 에세조,
샹베르탱, 프리오라,
리베라 델 듀에로, 바롤로,
바르바레스코, 아르헨티나 와인,
오스트레일리아 시라즈 등

허브 & 진한 양념 요리

드라이 허브

양념이 진한 요리

＊깜짝 놀랄만한 매칭

오리고기
(푸아그라)

붉은색 과일
디저트

초콜릿 디저트

무알뢰 · 리코뢰 와인

무알뢰와 리코뢰의 단짝은 푸아그라와 디저트이다. 그런데 달콤한 와인을 가금류, 해산물, 매운 요리, 달고 짠 음식, 치즈와 매칭해 본 적이 있는가? 무알뢰와 리코뢰의 차이는 당도 차이다. 리코뢰가 더 달다. 그래서 무알뢰는 메인요리와 리코뢰는 조개요리나 치즈, 디저트와 더 잘 어울린다.

육류 요리

오리고기
(푸아그라)

디저트

하얀색 과일
노란색 과일

과자 · 케이크

크림

허브 & 진한 양념 요리

고추

양념이 진한 요리

품종

슈냉, 세미용, 프티 망상, 그로 망상, 리슬링, 게뷔르츠트라미너, 피노 그리, 뮈스카, 푸르민트, 말부아지

*깜짝 놀랄만한 매칭

닭고기, 칠면조고기

달걀

치즈

푸른곰팡이 치즈

AOC

알자스 방당주 타르디브,
알자스 셀레시옹 드 그랭 노블,
바르사크, 소테른, 루피아크,
몽바지야크, 쥐랑송, 파슈랑 뒤 빅빌,
본조, 캬르 드 솜, 부브레,
코토 뒤 레용, 몽루이,
뱅 드 파유쥐라, 이탈리아, 그리스, 스페인,
뱅 드 파스리야주남서부, 스위스,
헝가리 토카이, 아우스레제,
트로켄 베렌아우스레제독일,
아이스와인독일, 오스트리아, 캐나다

굴, 고둥 등

뿌리채소, 호박

뱅 두 나튀렐

뱅 두 나튀렐은리쾨르 와인 포함 리코뢰처럼 달콤한 와인이지만, 알코올 함량이 더 높고 맛도 더 강하다. 특히 레드 와인일 때 더욱 그렇다. 초콜릿 디저트와는 당연히 잘 어울리고, 맛이 강한 고기요리와도 궁합이 잘 맞는다. 달콤한 와인은 힘과 힘이 부딪히고 당분으로 뜻밖의 풍미를 자아내는 독창적이고 흔하지 않은 매칭을 시도하는 것이 좋다. 그 결과 음식의 풍미가 놀라울 정도로 풍부해진다.

디저트

붉은색 과일

초콜릿

*깜짝 놀랄만한 매칭

양고기, 어린 양고기
(소스 얹은 요리)

오리고기
(플랑베)

지비에 야생동물

양념이 진한 요리

푸른곰팡이 치즈

품종

뮈스카, 그르나슈, 말부아지,
마카베오, 투리가 나시오날 &
프란세사, 틴타 호리스, 세르시알,
베르델료, 부알 등

AOC

뮈스카 드 봄 드 브니즈,
뮈스카 드 리브잘트, 뮈스카 드
프롱티냥, 뮈스카 뒤 캅 코르스,
바뉠스, 모리, 라스토, 포르토,
헤레스, 마데이라, 말라가,
마르살라, 리쾨르 와인 피노 데 사랑트,
막뱅, 플록 드 가스코뉴 등

바쁜 식도락가를 위한 제안

와인과 요리의 이상적인 조합을 이것저것 고민하지 않고 빨리 알고 싶은 사람도 있지 않을까? 오늘 요리에 어울리는 와인을 빠르게 선택해야 한다면? 아래는 프랑스인들이 좋아하는 50가지 요리에 맞는 대표적인 와인 페어링 리스트이다. 이 조합은 거의 성공이 보장되지만, 지나치게 틀에 얽매이면 재미가 없다. 리스트와 비슷한 또는 전혀 다른 조합도 주저하지 말고 꼭 도전해보자. 그러나 모험을 별로 좋아하지 않는다면 이 리스트가 좋은 가이드가 되어줄 것이다.

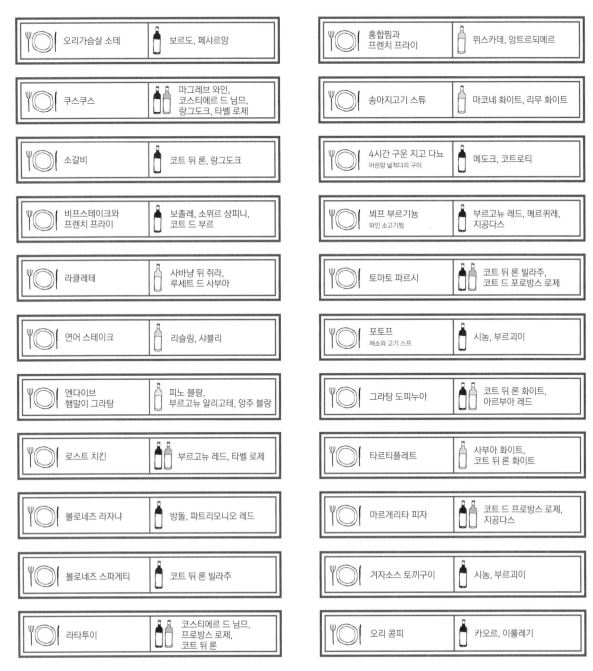

오리가슴살 소테	보르도, 페샤르망
쿠스쿠스	마그레브 와인, 코스티에르 드 님므, 랑그도크, 타벨 로제
소갈비	코트 뒤 론, 랑그도크
비프스테이크와 프렌치 프라이	보졸레, 소뮈르 샹피니, 코트 드 부르
라클레테	사바냥 뒤 쥐라, 루세트 드 사부아
연어 스테이크	리슬링, 샤블리
엔다이브 햄말이 그라탕	피노 블랑, 부르고뉴 알리고테, 앙주 블랑
로스트 치킨	부르고뉴 레드, 타벨 로제
볼로네즈 라자냐	방돌, 파트리모니오 레드
볼로네즈 스파게티	코트 뒤 론 빌라주
라타투이	코스티에르 드 님므, 프로방스 로제, 코트 뒤 론

홍합찜과 프렌치 프라이	뮈스카데, 앙트르되메르
송아지고기 스튜	마코네 화이트, 리무 화이트
4시간 구운 지고 다뇨 (어린양 넓적다리 구이)	메도크, 코트로티
뵈프 부르기뇽 (와인 소고기찜)	부르고뉴 레드, 메르퀴레, 지공다스
토마토 파르시	코트 뒤 론 빌라주, 코트 드 포로방스 로제
포토프 (채소와 고기 스프)	시농, 부르괴이
그라탕 도피누아	코트 뒤 론 화이트, 아르부아 레드
타르티플레트	사부아 화이트, 코트 뒤 론 화이트
마르게리타 피자	코트 드 프로방스 로제, 지공다스
겨자소스 토끼구이	시농, 부르괴이
오리 콩피	카오르, 이룰레기

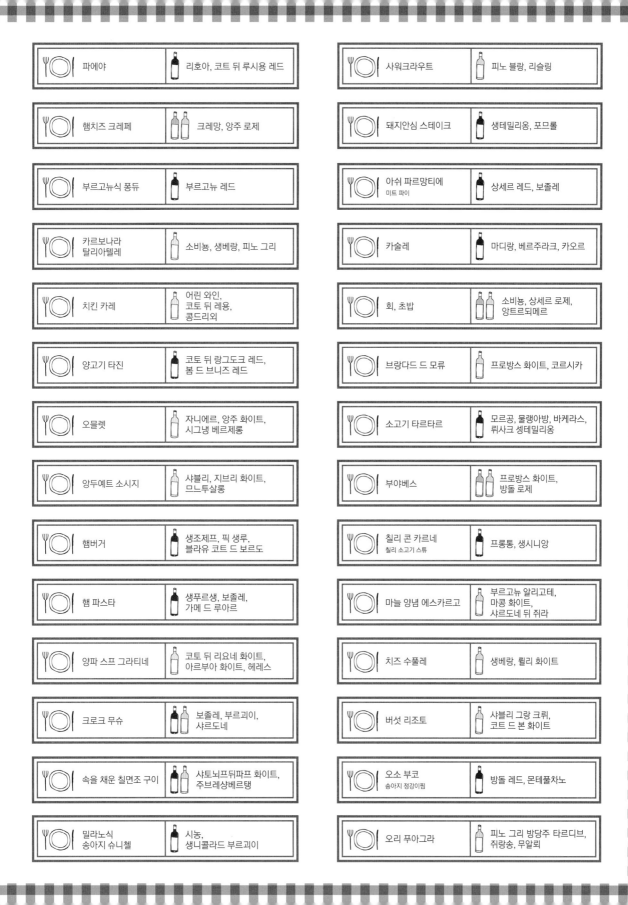 파에야 — 리호아, 코트 뒤 루시용 레드	사워크라우트 — 피노 블랑, 리슬링
햄치즈 크레페 — 크레망, 앙주 로제	돼지안심 스테이크 — 생테밀리옹, 포므롤
부르고뉴식 퐁듀 — 부르고뉴 레드	아쉬 파르망티에 미트 파이 — 상세르 레드, 보졸레
카르보나라 탈리아텔레 — 소비뇽, 생베랑, 피노 그리	카슐레 — 마디랑, 베르주라크, 카오르
치킨 카레 — 어린 와인, 코토 뒤 레용, 콩드리외	회, 초밥 — 소비뇽, 상세르 로제, 앙트르되메르
양고기 타진 — 코토 뒤 랑그도크 레드, 봄 드 브니즈 레드	브랑다드 드 모류 — 프로방스 화이트, 코르시카
오믈렛 — 자니에르, 앙주 화이트, 시그냉 베르제롱	소고기 타르타르 — 모르공, 물랭아방, 바케라스, 뤼사크 생테밀리옹
앙두예트 소시지 — 샤블리, 지브리 화이트, 므느투살롱	부야베스 — 프로방스 화이트, 방돌 로제
햄버거 — 생조제프, 픽 생루, 블라유 코트 드 보르도	칠리 콘 카르네 칠리 소고기 스튜 — 프롱통, 생시니앙
햄 파스타 — 생푸르생, 보졸레, 가메 드 루아르	마늘 양념 에스카르고 — 부르고뉴 알리고테, 마콩 화이트, 샤르도네 뒤 쥐라
양파 스프 그라티네 — 코토 뒤 리요네 화이트, 아르부아 화이트, 헤레스	치즈 수플레 — 생베랑, 륄리 화이트
크로크 무슈 — 보졸레, 부르괴이, 샤르도네	버섯 리조토 — 샤블리 그랑 크뤼, 코트 드 본 화이트
속을 채운 칠면조 구이 — 샤토뇌프뒤파프 화이트, 주브레샹베르탱	오소 부코 송아지 정강이찜 — 방돌 레드, 몬테풀차노
밀라노식 송아지 슈니첼 — 시농, 생니콜라드 부르괴이	오리 푸아그라 — 피노 그리 방당주 타르디브, 쥐랑송, 무알뢰

폴Paul은 쾌활하고 사람들과 잘 어울린다. 친구들이 집에 초대할 때마다 "와인 한 병 가져왔어! 맛이 아주 끝내줄 거야"라고 외치며 들어선다. 그러면 그날 모임에 가장 잘 어울리는 와인을 골라온 것이다.

폴의 집에 초대받는 것도 즐겁다. 모두들 폴이 장난스런 눈빛으로 "와인 가지러 가자"고 말하길 기다린다. 마시기도 전에 와인을 고르면서 짜릿한 재미를 함께하는 것이다. 하지만 폴이 오래 전부터 와인전문가는 아니었다. 예전엔 전혀 어울리지 않거나 이상한 와인을 골라오는 경우가 대부분이었다. 마트에 가서 「대충」 라벨에 「그랑 뱅Grand Vin, 훌륭한 와인」이라고 적힌 멋져 보이는 보르도Bordeaux 와인을 샀기 때문이다. 그러다 와인샵에 가서 조언을 듣고, 필요한 와인을 고르는 방법을 배우면서 지식이 쌓이기 시작했다. 그러다 어느 날 와인전시회에 갔다가 와인메이커들과 만나 많은 이야기와 정보를 얻은 후, 와인을 가득 사서 집으로 돌아왔다.

예전부터 폴은 시간에 쫓겨 아무 와인이나 사야 하는 게 불만스러웠다. 그래서 와인 저장고를 마련하고 미리 필요한 와인을 사두기로 마음먹었다. 그리고 전시회에서 알게 된 와이너리에서 와인을 주문했다.

그렇게 몇 년이 지난 후, 폴은 저장고에 다양한 와인들을 갖추게 되었는데, 오래 숙성시켜서 마시는 와인과 바로 마실 와인들로 저장고를 채워 나갔다. 이제 누구에게나 자랑할 만한 와인저장고가 된 것이다. 가끔은 「과연 이 와인들을 다 마실 수 있을까」 하는 의구심도 들지만. 오래 고민하진 않는다. 무엇보다 중요한 건 언제 어디서나 친구들과 즐겁게 나눠 마실 와인이 준비되어 있다는 것이니까.

지금부터 나오는 내용을 상황에 맞는 와인을 고르고 싶은 이 세상의 모든 폴에게 바친다.

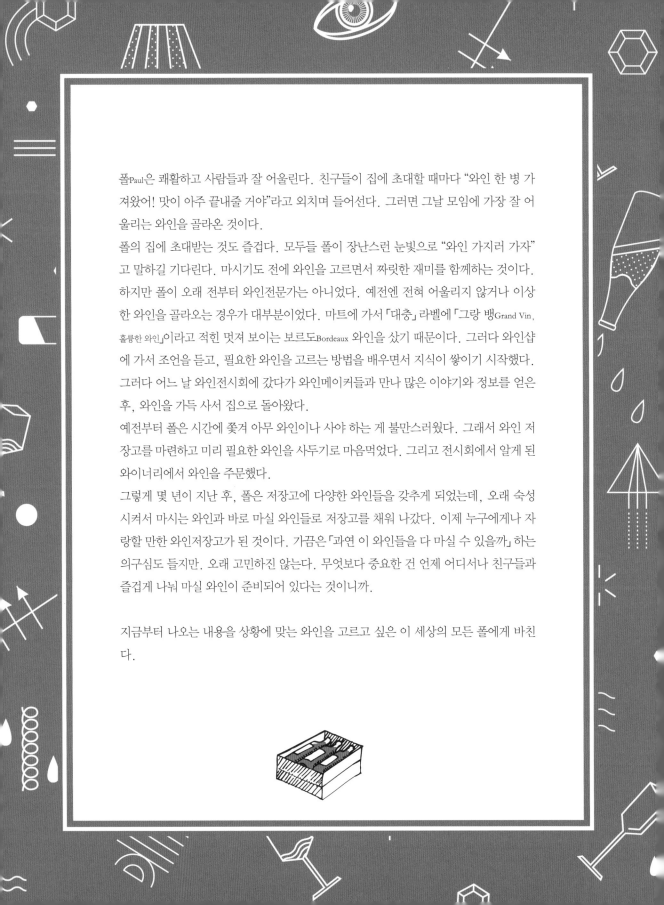

PAUL

폴, 와인을 사다

와인의 가격
레스토랑에서
와인 라벨 이해하기
와인을 사려면
나만의 와인저장고 만들기

와인의 가격

와인 가격은 어떻게 정해질까? 소비자가 낼 수 있는 만큼! 농담이다. 대부분의 상품이 그렇듯 와인의 가격도 공급과 수요의 법칙을 따른다. 그러니까 유명할수록 수요가 많을수록 가격은 올라간다!

시장 법칙

시장은 생산 방식과 와인메이커의
전략에 따라 반응한다.

네고시앙 와인
수요가 증가하면 와인을 더 구매
하여 판매할 수 있기 때문에 독립
생산자보다 시장 변화에 더 쉽게
대응할 수 있다.

독립생산자 와인
- 자신이 생산한 와인만 판매하기 때문에 공급이 제한적이다.
- 수요가 급증할 경우 또는 생산량이 적을 경우 가격을 그대로 두고 단골 고객 위주로 와인을 공급하거나 가격을 올려서 수요를 조절한다.
- 생산량을 늘리기 위해 포도밭을 새로 매입할 수 있다. 이 경우 신속하게 자금을 회수하기 위해 와인 가격을 올릴 수 있다.

가격 상승 요인

좋지 않은 빈티지
냉해를 입거나 우박 피해를 당하거나 날씨가 너무 더우면 포도 수확량 결과적으로 와인의 양 이 평년보다 줄어든다. 와인의 품질이 좋다면 수익을 창출하기 위해 가격을 올릴 수 있다.

토지세 상승
프랑스에서 포도밭 1㏊의 가격은 아펠라시옹에 따라 5천 유로에서 4백만 유로까지 다양하다. 등급을 새로 받거나 아펠라시옹 AOC 의 인기가 올라가면 가격은 올라간다. 와인메이커가 포도밭을 자녀에게 물려주려고 계획한다면 그 비용이 와인 가격에 반영된다.

홍보 마케팅
새로운 홍보 전략, 마케팅 직원 충원 등 와인 생산과 직접적으로 관련 없는 업무나 직원 채용 역시 와인 가격을 상승시킨다.

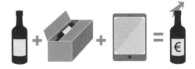

새로운 소비자 창출
이상하게 들릴지 모르지만 와이너리에서 독특한 와인을 양조해 높은 가격으로 판매하는 것을 종종 볼 수 있다. 소수의 열혈 와인애호가를 대상으로 희귀한 품종이나 독특한 양조방식으로 와인을 만들어 새로운 수요를 창출한다.

와인 1병 생산하는데 드는 비용은?

값싼 와인과 그랑 크뤼 와인의 생산 비용이 같을 수는 없다. 병당 1유로부터 40유로까지 차이가 크다. 이런 차이는 포도밭 관리, 오크통 구매, 고급 코르크 마개, 그랑 크뤼의 경우 위조방지 시스템 등 여러 요인에서 비롯한다.

와인 1병에 포함되어 있는 비용은 다음과 같다.

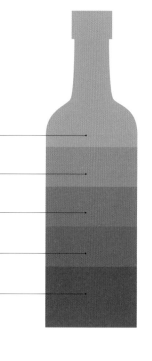

- 면적 ㏊에 따른 생산 비용_ 0.20~5유로 •
- 양조 및 숙성 비용_ 0.10~5유로 •
- 와이너리 운영 및 관리 비용_ 0.10~10유로 •
- 병입 비용_ 0.50~5유로 •
- 포장과 영업 비용_ 0.30~15유로 •

와인의 운명

모든 와인이 똑같은 운명을 갖고 태어나는 것은 아니다. 보통 와이너리는 가격대가 다양한 여러 종류의 와인을 생산한다. 「갈증 해소 와인」 또는 「파티 와인」이라 불리는 숙성기간이 짧고 편하게 마실 수 있는 기본적인 와인도 있고, 「미식 와인」 또는 「장기 보관 와인」이라 불리는 고급 와인도 있다. 고급 와인은 수령이 오래된 포도나무나 테루아가 훌륭한 포도밭에서 수확한 포도로 만든 농도가 진한 와인으로 시장에 내놓기 전에 오크통에서 오래 숙성시켜 장기 보관의 가능성이 높은 와인이다. 이 두 종류 와인의 생산 원가는 다르다. 물론 판매 가격도 다르다.

생산 원가와 판매가

아래의 지출을 충당할 수 있도록 생산 비용과 판매가 사이의 균형점을 찾는 것이 중요하다.
- 세금 및 각종 요금
- 와인메이커와 직원 인건비
- 은행 대출 상환금 포도밭 상속이나 구매의 경우, 보험료 예를 들어 우

  박 피해에 대한

 ## 스위트 와인의 경우

스위트 와인은 드라이 와인보다 가격이 높다. 이유는 다음과 같다.
- 완전히 익은 포도를 수확하기 때문에 포도즙이 훨씬 적게 나온다. 그래서 드라이 와인과 동일한 양의 와인을 생산하려면 더 많은 양의 포도가 필요하다.
- 잘 익은 포도를 선별해서 따기 때문에 수확 작업을 여러 번 해야 한다. 인건비가 더 많이 들어갈 수밖에 없다.

레스토랑에서

와인 리스트

레스토랑에서 적당한 와인을 고르기란 여간 신경쓰이는 일이 아니다. 와인 리스트에 와인 종류가 별로 없어 선택의 여지가 없는 경우도 있고, 반대로 너무 많아서 들여다보기조차 두려운 경우도 있다. 어떻게 해야 할까?

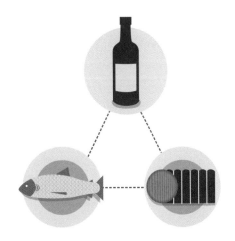

첫 번째 법칙 자신의 선택을 믿어라. 혹시 와인이 별로라고 해도, 그건 여러분의 잘못이 아니라 안 좋은 와인을 갖다 놓은 레스토랑의 잘못이다.

두 번째 법칙 모든 음식과 어울릴만한 와인을 골라라. 생선요리를 시킨 사람이 있는데 타닌이 강한 레드 와인을 고르거나, 소고기요리를 시켰는데 새콤한 화이트 와인을 고르는 것은 피한다. 다양한 요리를 주문했다면, 어느 정도 모든 음식과 잘 어울리는 가벼운 레드 와인이나 강한 화이트 와인을 주문하는 게 좋다.

세 번째 법칙 같은 가격이면 AOC가 덜 알려진 와인을 고른다. 같은 30EUR면, AOC 아래 등급인 뱅 드 페이Vin de Pays, 지역등급 와인 와인이 메도크Médoc 와인보다 품질이 더 낮다. 같은 의미에서, 소지역 AOC나 와이너리의 가장 비싼 와인을 시키는 것이 유명 AOC나 고급 와인 산지의 가장 싼 와인을 시키는 것보다 낫다.

 ### 아이디어가 뛰어난 와인 리스트

와인초보자에게 기존의 와인 리스트는 아무리 잘 정리되었더라도 와인 선택이 어려운 게 사실이다. 그래서 일부 레스토랑에서는 고객이 쉽게 선택할 수 있게 현대적이고 참신한 와인 리스트를 선보이고 있다. 프랑스, 미국, 남아프리카공화국 레스토랑에서 마주친 재미있는 와인 리스트의 예를 들어본다.

▶ **와인의 특성을 유머러스하게 설명**
각각의 와인을 상징적인 문장으로 요약해 놓았다. 「돈 많고 외모도 뛰어난데 대머리 남자 같은 와인」, 「부드럽고 풍만하며 순진한 신데렐라 같은 와인」. 재미있으면서도 와인의 이미지를 쉽게 짐작할 수 있다.

▶ **터치패드식 와인 리스트**
화면의 와인을 클릭하면 페이지가 열리며 와인에 관한 설명을 볼 수 있다. 와인 생산지, 품종, 도멘에 관한 정보가 자세히 담겨 있다. 와인 공부도 되고, 충분한 정보도 얻을 수 있다.

▶ **스타일로 와인 분류**
와인을 스타일에 따라 분류해놓았다. 바디가 있고 강한 와인, 유연하고 벨벳처럼 부드러운 와인, 가볍고 과일향이 나는 와인 등. 원하는 스타일을 고른 후 지방과 AOC를 선택하면 된다. 간편하면서도 알기 쉬운 설명이다.

LA CARTE ✦ ⟨⟩ ✦ DES VINS

와인 리스트

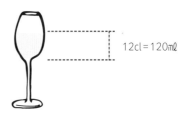

$$12cl = 120㎖$$

VIN AU VERRE 잔 와인   (12cl)

BLANC 화이트 와인

Loire, Sancerre, «Floris» Domaine V. Pinard   4,10€
루아르, 상세르, 「플로리스」 도멘 V. 피나르

ROUGE 레드 와인

Vin de Pays du Cantal IGP Gamay- Gilles Monier 2011   6,10€
뱅 드 페이 뒤 캉탈 와인, 지리적 표시 보호 와인(IGP), 가메- 질 모니에 2011

BOUTEILLES 병 와인

LA BOURGOGNE ET LE BEAUJOLAIS ❶
부르고뉴와 보졸레

Marsannay «le Clos» - R. Bouvier 2014   47€
마르사네 「르 클로」 - R. 부비에 2014

Bourgogne Nerthus Domaine Roblet Monnot 2015   39€
부르고뉴 네르튀 도멘 로블레 모노 2015

Chablis, 1ᵉʳ Cru les Vaillons – J. Drouhin 2015   38€
샤블리, 프르미에 크뤼 레 바이용 - J. 드루엥 2015

❷   ❸   ❹   ❺

LA VALLÉE DU RHÔNE 론 밸리

Saint Joseph «Silice» - P. et J. Coursodon 2014   46€
생조제프 「실리스」 - P.&J. 쿠르소동 2014

LA VALLÉE DE LA LOIRE 루아르 밸리

Vouvray «Le Portail» - D & C. Champalou 2014   43€
부브레 「르 포르타이」 - D&C. 샹팔루 2014

Quincy Domaine Trottereau 2016   30,50€
캥시 도멘 트로트로 2016

ITALIE 이탈리아

Toscane «Insoglio» - Campo di Sasso 2015   32€
토스카나 「인솔리오」 - 캄포 디 사소 2015

잔 와인

레스토랑은 적어도 한 종류 이상의 잔 와인을 갖추고 있어야 한다. 보통은 단순한 와인이지만, 레스토랑 주인의 와인 성향을 알 수 있다는 점에서 잔 와인의 품질이 별로일 거라는 선입견을 가질 필요는 없다. 만일 잔으로 판매하는 와인의 종류가 많다면 와인을 어떻게 보관하는지 물어보는 것이 좋다. 이미 개봉한 와인은 버큠 세이버 등을 이용해 보관하지 않으면 며칠 사이에 맛이 크게 나빠지기 때문이다.

와인 리스트에는 다음 정보가 있어야 한다.

❶ 지역
❷ AOC
❸ 도멘, 와인메이커, 네고시앙의 이름
❹ 빈티지
❺ 가격

다음 내용도 표시할 수 있다.

▶ 와이너리명_ 예:프르미에 크뤼 레 바이용 1ᵉʳ Cru les Vaillons
▶ 퀴베명_ 예:퀴베 실리스 cuvée Silice, 퀴베 르 포르타이 cuvée Le Portail
▶ 외국 와인인 경우 국명

위의 내용 중 하나 또는 여러 개가 누락되었다면?

종업원이나 소믈리에에게 설명해달라고 요청한다. 종업원이나 소믈리에는 자신이 서빙하는 와인이 어떤 와인인지 알고 있어야 한다. 만일 대답을 못한다면, 레스토랑에서 와인 선별에 별로 신경쓰지 않는다고 보면 된다.

가격 결정

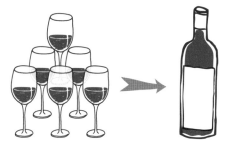

잔 와인

양에 따른 가격을 비교하면 잔 와인이 한 병을 주문하는 것보다 훨씬 비싸다. 한 잔이 보통 12cl(120㎖) 정도로 한 병의 약 1/6 분량인데 가격은 1/4병 수준에 팔기 때문이다. 같은 와인을 잔과 병으로 파는 레스토랑이라면 가격 비율이 맞는지 확인해 보는 것도 좋다.

2배에서 2.5배

레스토랑에서 파는 병 와인

프랑스에서 레스토랑이 와인에 붙이는 마진은 매우 높은 것으로 알려져 있다. 평균적으로 레스토랑은 구입가의 3배 정도에 와인을 판매한다. 개인보다 싼 값에 사는 것을 감안하면, 여러분이 직접 와이너리에서 사는 가격보다 2배~2.5배 가격에 판매한다고 보면 된다. 예를 들어, 샤토에서 일반인에게 1병에 10EUR에 파는 와인이라면 레스토랑에서는 24EUR 정도에 팔고 있는 것이다.

문제는 일부 인기 있는 레스토랑들이 와인 가격을 잘 모르는 고객들을 속이고 원가의 5~6배나 되는 말도 안 되는 가격을 받는다는 점이다.

조언

요즘은 정보가 많이 공개되어 있어서 스마트폰으로 와인 한 병의 평균 가격을 알아볼 수 있는 애플리케이션이 많이 있다. 이것을 이용하면 레스토랑에서 와인 가격을 어떻게 정하는지 금방 알 수 있다.

레스토랑에 와인 가져가기

만일 집에 와인저장고가 있고 좋은 와인을 가지고 있다면, 미리 레스토랑에 와인을 가져가도 되는지, 그리고 그 경우 콜키지(Corkage, 레스토랑이나 바에서 손님이 가져간 와인을 마실 때 술잔 등을 제공하는 대가로 받는 돈) 요금이 얼마인지 확인한다. 한국에서는 거의 병당 가격을 받는다. 정말 좋은 와인이라면 차라리 그 돈을 내는 것이 훨씬 경제적이다.

소믈리에의 역할

이름난 레스토랑에는 소믈리에가 있다. 오직 소믈리에만이 와인 주문을 받는다. 소믈리에의 역할은 손님이 주문한 음식과 어울리는 와인을 추천하는 일이다. 레스토랑에 필요한 와인을 골라 구입하는 일도 담당한다. 소믈리에는 완벽한 서비스를 제공할 수 있게 신경써야 한다.

훌륭한 소믈리에는

- 와인을 완벽히 알고 있어야 하며, 절대로 손님보다 먼저 나서면 안 된다.
- 와인 리스트를 짜임새 있게 구성하고, 빈티지를 상황에 맞게 업데이트한다. 만일 어떤 와인을 더 이상 구하기 힘들다면, 레스토랑 주인에게 알리고 특성이 비슷한 다른 와인을 구입하도록 조언한다.
- 손님의 마음을 읽고, 원하는 것과 좋아할 만한 것을 빨리 알아차릴 수 있는 섬세함이 필요하다.
- 손님의 취향을 정확히 알아맞힐 수 있도록 손님을 관찰하고 대화를 나눈다.
- 손님이 어떤 와인을 고를지 잘 모르면, 어울릴 만한 와인을 추천한

다. 무조건 비싼 와인이 아니라 음식과 잘 어울리고 손님의 취향에 맞는 와인을 제안해야 한다.
- 2~3개 와인을 놓고 손님이 고민하는 경우에는 대신 결정을 내려줄 수 있어야 한다. 손님이 원하는 것을 종합하여 가장 알맞은 와인을 골라준다.
- 손님의 결정을 존중한다. 손님에게 와인을 추천하면서 절대로 손님이 무시당한다는 느낌을 주지 않는다.
- 잔 와인을 선택했을 때는 손님에게 먼저 시음을 권하고, 손님이 원하는 맛과 질감을 가진 와인인지 확인시킨다.

소믈리에가 와인을 서빙할 때

소믈리에는 손님 앞에서 병을 개봉해야 한다. 병이 이미 개봉되어 있다면, 다른 손님에게 냈다가 퇴짜 맞은 와인을 가져왔다고 의심해도 된다. 이런 경우에는 와인을 맛볼 때 좀더 신경써서 확인한다.

소믈리에는 손님 중 누가 와인 맛을 확인할지 물어본다. 대개 주문한 사람이 맛을 확인한다. 와인을 맛보고 괜찮다고 확인해주면, 소믈리에는 같은 테이블의 다른 손님들에게 와인을 서빙한 후 마지막으로 주문한 사람의 잔에 와인을 따른다.

와인 맛을 확인하는 이유는?

와인에 문제가 있는지 알아보기 위해서이다. 부쇼네, 산화, 환원취, 와인의 온도 등을 확인한다.

 와인이 부쇼네되거나 산화된 경우는 병을 바꿔달라고 요구한다. 소믈리에는 개봉하지 않은 동일한 와인을 가져와야 한다. 무엇보다 손님에게 부쇼네된 와인이 아니라고 설명하려 들면 안 된다. 반대로 손님은 소믈리에에게 책임을 물어선 안 된다. 와인이 부쇼네된 것은 소믈리에의 잘못이 아니기 때문이다.

 와인에서 환원취가 나거나 향이 제대로 나지 않으면, 카라파주를 해달라고 요청한다. 자신의 와인을 잘 알고 있는 소믈리에는 개봉과 동시에 카라파주를 해주거나, 최소한 손님이 요청하기 전에 카라파주를 해도 되는지 물어볼 것이다.

 와인이 너무 차면 소믈리에에게 말해도 좋다. 그렇다고 와인을 바꿔달라고 할 수는 없으며, 잔을 손으로 감싸 와인을 덥히거나 기다리는 수밖에 없다. 와인이 적정온도보다 차면 향이 제대로 발산되지 않고, 와인 본연의 특성과는 전혀 다른 특성이 나타날 수 있다.

 특별한 문제는 없는데 뭔가 이상하게 느껴진다는 이유로 와인을 바꿔달라고 할 수는 없다. 이때는 소믈리에와 대화하면서 어떤 특징과 장점 때문에 해당 와인을 리스트에 실었는지 물어볼 수 있다.

 와인이 적정온도보다 따뜻하면 차갑게 해달라고 요청한다.

와인 라벨 이해하기

다양한 라벨과 정보

예_ 보르도Bordeaux 와인 라벨

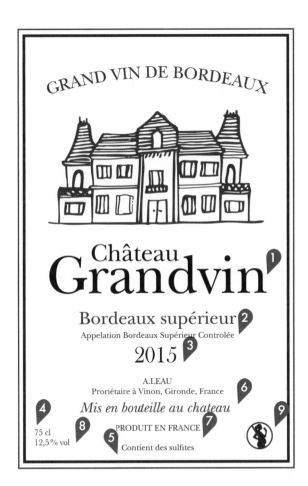

위의 내용에 덧붙여 상품의 제조이력과 유통과정을 파악할 수 있게 제품번호가 들어가며, 재활용 로고도 표시한다.

1 와인의 이름 보르도에서는 대부분 샤토의 이름을 적는다. 도멘, 크뤼, 브랜드, 샤토 등의 명칭은 반드시 라벨에 적어야 하는 의무사항은 아니다.

2 원산지명 원산지명 기입은 의무사항이다. 이 라벨에는 보르도 쉬페리외르Bordeaux Supérieur 라는 AOC가 붙어 있다. 프랑스 와인의 4단계 등급에서 최상위가 원산지 통제명칭 와인 AOC 이며, 그 아래 등급은 우수 품질 제한 와인 AOVDQS, 그 다음 등급은 뱅 드 페이 Vin de Pays, 지역등급 와인와 뱅 드 타블 Vin de Table, 원산지 구분이 없다 이다.

3 빈티지 빈티지는 의무사항은 아니지만, 해당 와인에 사용된 포도가 어느 해에 수확되었는지 알 수 있다.

4 용량 병의 용량은 의무적으로 기입해야 한다.

5 이산화황 함유 유무 거의 의무사항이다. 이산화황이 들어 있지 않은 와인은 매우 드물다.

6 보틀러 Bottler 와인을 병입한 사람 보틀러 의 이름은 반드시 기입해야 한다. 참고로 이 와인은 샤토에서 병입했다

7 원산국 표기 수출용 와인에는 의무사항이다.

8 알코올 도수 의무사항이며, 병 용량당 알코올 함유량을 백분율로 표시한다.

9 임산부 음주금지 로고 임산부에게 음주하지 말도록 권유하는 로고다. 훨씬 더 가독성 높은 메시지가 아니라면, 이 로고는 반드시 들어가야 한다.

다른 예_ 부르고뉴Bourgogne 와인 라벨

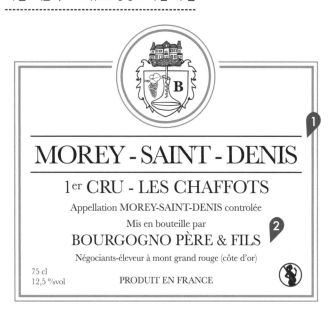

❶ AOC 부르고뉴 프르미에 크뤼, 그랑 크뤼의 경우에 부르고뉴라는 지방명은 빠질 수 있지만 AOC는 반드시 기입해야 하며, 프르미에 크뤼는 클리마 Climat, 즉 어느 테루아에서 생산했는지 표기해야 한다. 참고로 이 라벨에서는 레 샤포 Les Chaffots 이다.

보르도는 도멘에 따라 와인 등급이 나뉘어져 있지만, 부르고뉴는 테루아별로 구분되기 때문에 테루아와 와인메이커의 이름이 중요하다.

❷ 와인 생산자명 와인메이커 또는 이 라벨에서 보는 것처럼 네고시앙의 이름을 기입한다.

의무사항이 아닌 정보들

❶ 샤토, 도멘 또는 브랜드를 상징하는 그림

❷ 와인 숙성방법 등 와인 양조와 관련된 내용. 이 라벨은 오래된 포도나무에서 재배한 포도로 만들어 오크통에서 숙성했다는 뜻이다.

❸ 포도 품종

❹ 수상 경력

❺ 와인 타입_ 브뤼트 Brut, 세크 Sec, 드미세크 Demi-sec, 두 Doux 등. 와인 타입은 스파클링 와인을 제외하면 의무사항이 아니다.

뒷라벨

앞라벨을 단순하게 만들기 위해 일부 와인메이커들은 병 뒷면에 라벨을 추가하기도 한다. 이 뒷라벨에는 와인에 관한 좀더 상세한 정보를 넣는다.

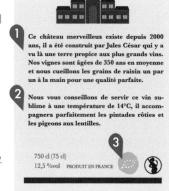

❶ 와이너리 소개 역사, 전통, 와인의 컨셉 등

❷ 마실 때 필요한 정보 최적의 와인 온도, 어울리는 음식, 카라파주 필요성 등

❸ 추가인증과 관련된 로고 에코서트에서 발급하는 유기농 인증 또는 데메테르에서 발급하는 바이오다이나믹 농작물 인증, 비오디뱅 인증 등

눈여겨봐야 할 내용

라벨에서 아래 내용들을 확인하면 섬세하게 만들어진 품질 좋은 와인을 고를 가능성이 높아진다.

크뤼 클라세Cru Classé 등급 알자스Alsace 의 그랑 크뤼, 보르도Bordeaux의 1~5등급 과 크뤼 부르주아, 부르고뉴의 프르미에 크뤼와 그랑 크뤼 와인 등은 품질이 좋다. 그러나 등급이 없는 와인 중에서도 뛰어난 와인들이 있음을 잊지 말자.

와이너리샤토 또는 도멘에서 병입 물론 와이너리에서 병입했는데도 형편 없는 와인도 있고, 와이너리 밖에서 병입했는데 좋은 와인도 있다. 하지만 일반적으로 와이너리에서 직접 병입한 와인은 좋은 와인일 가능성이 높다. 어쨌든 「mis en bouteille dans la région de production생산지에서 병입」이라고 적힌 와인은 무조건 피하는 것이 좋다. 여러 군데에서 온 와인이 섞여 병입되었으며, 특징이 없거나 아주 품질 나쁜 와인일 가능성이 높다.

적절한 알코올 도수 충분히 익지 않은 포도로 만든 와인은 알코올 도수가 낮고 시고 떫은 맛이 난다. 레드 와인이나 화이트 와인 모두 알코올 도수가 최소 12% 이상인 것을 고른다. 스위트 와인은 알코올 도수가 최소 13.5%나 그 이상이어야 한다.

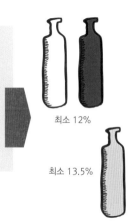

최소 12%

최소 13.5%

참신한 뒷라벨 어디서나 볼 수 있는 와인 소개, 와인과 음식의 궁합 같은 내용은 대개 판매담당자가 쓰기 때문에 재미 없고 비슷한 것이 많다. 하지만 와이너리에서 직접 쓴 짧은 시, 고객에 대한 약속, 도멘에서 일어난 재미있는 사건 등을 적은 라벨에서는 와인메이커가 고객과 서로 소통하려 하며, 와이너리의 개성을 살리기 위해 노력하고 있음을 느낄 수 있다. 뒷라벨에도 신경을 쓰는 와인메이커의 와인이라면 분명히 개성 있는 와인일 것이다.

와인 포일 코르크 마개를 덮고 있는 와인 포일에는 마리안느Marianne, 프랑스 혁명과 공화국, 그 이념을 상징하는 여성상가 장식되어 있으며, 여기에도 정보가 숨어 있다. 와인 포일이 녹색이면 AOC 와인, 파란색이면 뱅 드 페이나 테이블 와인, 오렌지색은 주정강화 와인 같은 특수 와인을 뜻한다. 따라서 녹색 포일이 좋은 와인일 가능성이 높다.

최근에는 파란색과 녹색 대신 빨간색 포일을 씌우는 경우도 있다. 포일에 적힌 N, E, R도 의미가 있다. N은 네고시앙, E는 대형 유통회사라는 뜻으로, 포도나 와인을 사들여 브랜드 이름을 붙여 판매하는 와인이다. R은 포도 재배와 와인 양조를 직접 하는 와인메이커에게만 허가된 글자이다.

와인 마케팅의 진실

예쁜 장식과 현란한 표현으로 가득한 와인 라벨에 속으면 안 된다. 장점만 강조해 소비자를 유혹하려는 마케팅 기법에 불과하다.

Grand vin de Bordeaux 훌륭한 보르도 와인
아무런 의미도 없는 말이다. 와인 산지의 유명세를 빌리려는 평범한 AOC 와인일 뿐이다. 「훌륭한 와인」이라지만 품질은 믿을 수 없다.

Grande Cuvée, Tête de cuvée, Cuvée Prestige 훌륭한 퀴베, 퀴베 중 최고, 명품 퀴베
앞의 표현과 마찬가지로 근거 없는 말이며 믿으면 안 된다. 이렇게 퀴베가 이렇다 저렇다 하는 수식어는 그냥 하급 퀴베보다는 품질이 조금 좋다는 의미. 와인메이커의 명성은 단어 몇 개로 얻어지는 게 아니다.

Vieilli 또는 élevé en fûts de chêne 오크통에서 숙성
와인의 특성이 그렇다는 것이지 품질과는 아무 관련이 없다. 표기 의무사항도 아니다. 오크통에서 숙성된 수많은 와인들 중에서 라벨에 이를 표기하지 않은 것도 많다. 또 몇 년 된 오크통인지, 얼마나 오랜 기간 숙성했는지도 알 수 없고, 오크통으로부터 받는 영향을 소화할 수 있을 만큼 성격 있는 와인인지 역시 알 길이 없다. 이 문구에 속지 않도록 주의한다.

Vieilles vignes 오래된 포도나무
포도나무의 수령이 40년 이상이면 오래된 포도나무라고 쓸 수 있다. 앞서 설명한 것처럼 포도나무가 오래되면 와인 맛이 좋아진다. 하지만 일부 와인메이커들이 20~30년 된 포도나무에서 수확한 포도로 만든 와인에도 오래된 포도나무라는 표현을 쓰고 있어 문제. 오래된 포도나무의 기준에 관한 법적 규정은 없다.

라벨의 형태

일부 와인메이커들은 물방울 모양, 원형, 잘라진 모양, 조각난 모양 등 과감하고 다양한 형태의 라벨을 붙이고 있다. 사각형의 전통적인 라벨에 별다른 매력을 느끼지 못하는 소비자층을 겨냥한 것이다. 전통적인 라벨은 오늘날 진부한 것으로 여겨지고 있다. 사실 엄밀히 따지면 라벨은 와인병에 붙이는 장식에 불과하며, 와인의 품질과는 아무런 상관이 없다. 물론 최신 트렌드에 맞는 라벨이어서 나쁠 건 없다.

그림

신대륙 와인들은 기발한 그림이나 사진을 이용해 와인의 올드한 이미지에서 벗어나 소비자들의 관심을 끌고 있다. 프랑스에서도 일부 와이너리들은 빈티지마다 그림이 다른 라벨을 만든다. 이 분야의 선구자격인 무통로트칠드 Mouton-Rothschild는 매년 현대 예술가들에게 라벨 그림을 의뢰하는 것으로 유명하다. 파블로 피카소 Pablo Picasso, 키스 해링 Keith Haring 등이 라벨 그림을 제작해주었고, 최근에는 제프 쿤스 Jeff Koons도 참여했다.

여성 취향 라벨

여성들도 와인을 사고 소비한다. 대형매장에서 와인을 구입하는 소비자 중 여성의 수가 남성보다 많다는 결과도 있다. 따라서 여성을 타깃으로 한 와인 마케팅이 생겨났다. 괜찮은 디자인의 분홍색 라벨이 붙은 와인이 와인 코너에 늘어나고 있지만, 판매가 성공적인지에 대해서는 아직도 논란이 있다. 최근 조사에 따르면 여성들은 쉽게 마음을 바꾸는 편이 아니며, 남성과 여성이 함께 모이는 저녁 식사나 파티용으로 디자인이 여성 취향인 와인은 사기 싫어하는 것으로 나타났다. 물론 예쁘게 만들어 판매가 잘되는 와인들도 있다.

그 밖의 주의사항

샤토
와인 병에 「샤토」를 표기하는 법적 규정은 일반적인 개념과 많이 다르다. 생산하는 와인이 AOC를 취득하고, 포도밭과 와인창고를 모두 보유한 와이너리라면 라벨에 「샤토」 표기를 허가해준다. 조합 와이너리나 소규모 독립 와인메이커들도 모두 「샤토」라는 이름을 쓸 수 있다.

조합에서 병입
조합에서 생산한 와인은 「와이너리에서 병입」이라고 표기할 수 있다. 와인메이커들이 재정 투자를 통해 조합을 설립한 경우, 즉 조합이 와인메이커들의 소유인 경우 가능하다.

이름보다 로고가 큰 경우
AB, 에코서트, 데메테르 같은 인증 로고는 와인메이커가 와이너리의 토질과 와인 양조에 많이 노력 하고 있음을 증명하는 표시다. 그러나 소비자에게 잘 알려진 로고는 때때로 마케팅의 대상이 되기도 한다. 인증 로고가 눈에 띄게 크게 인쇄되어 있으면, 포도는 분명히 유기농법으로 재배했을 수 있지 만 와인 양조는 기계화되어 있을 가능성이 높다.

비슷한 이름
샤토 라피트Château Lafite 가 있고, 샤토 라피트Château Laffite 도 있다. 발음은 같지만 생산된 와인은 전혀 다르다. 첫 번째 샤토는 보르도Bordeaux의 최고급 와인을 생산하는 와이너리 중 한 곳으로 이곳 와인 은 프르미에 그랑 크뤼 클라세로 등급이 매겨져 천문학적으로 비싸다. 생테스테프Saint-Estèphe, 마디 랑Madiran에 각각 한 곳씩 있는 두 번째 샤토는 그에 비해 품질이 상당히 뒤처지는 와인을 생산한다.

뱅 드 페이
아주 드물긴 하지만, 뱅 드 페이Vin de Pays 중에 대부분의 AOC 와인보다 훨씬 훌륭하고 이름도 더 많이 알 려진 와인도 있다. AOC를 취득하려면 여러 가지 규정을 준수해야 하는데, 일부 와인메이커는 자신이 원 하는 와인을 자유롭게 생산하기 위해 뱅 드 페이로 등급을 낮추곤 한다. 와인애호가들에게 유명한 와인 메이커는 AOC 규정이 허용하지 않는 품종으로 와인을 만들거나, 지정된 블렌딩 비율과 다른 와인을 만 들고 싶을 때 「프랑스 와인Vin de France」이라는 이름으로 와인을 생산한다. 등급은 낮지만 가격은 비싼 편 이며, 마트에서 쉽게 찾아보기 힘들다.

와인을 사려면

급하게 동네 마트에서 살 때

와인 보관상태

집 근처 작은 마트에서는 와인병들을 세워 놓은 채 실온에 보관한다. 와인 보관에 그리 좋은 조건이라고 할 수 없다. 와인이 데워지고 코르크 마개가 마르기 때문에 되도록 스크루캡 와인을 선택하는 것이 좋다. 나쁜 조건에서도 병의 밀폐상태가 좀더 유지된다.

어떤 와인을 고를까?

가격만 비싸고 몇 년 동안 더 숙성시켜야 하는 유명 AOC 와인은 피한다. 레드 와인은 타닌이 너무 우세하고, 화이트 와인은 숙성통에서 배어 나온 나무향이 지나치게 강하다.

과일향이 나는 어릴 때 마시는 와인을 고른다

레드 와인 루아르Loire의 시농Chinon, 소뮈르샹피니Saumur-Champigny, 부르괴이Bourgueil, 코트뒤론Côtes-du-Rhône 남부 타닌이 유연하고 따사로운 느낌의 와인, 보졸레Beaujolais 지역은 보졸레 누보Beaujolais nouveau는 피하고 브루이Brouilly, 생타무르Saint-Amour, 시루블Chiroubles을 고른다. 스페인이나 칠레 와인도 유연하고 마시기 쉬우며, 가격이 저렴해 괜찮다.

화이트 와인 드라이 와인은 신맛이 너무 강하므로 고르지 말고, 마코네Mâconnais, 프로방스Provence, 랑그도크Languedoc에서 생산되는 유연하고 과일향이 풍부한 와인을 선택한다.

스파클링 와인 품질을 믿을 수 있는 유명 와이너리의 샴페인을 고른다. 아니면 가격이 저렴한 샴페인보다는 비싼 크레망을 고르는 게 낫다.

되도록 품질이 일정한 것이 장점인 네고시앙 와인 중에서 너무 저렴하지 않은 것을 고른다. 예를 들어, 부르고뉴Bourgogne의 쟈도Jadot, 부샤르Bouchard, 랑그도크의 제라르 베르트랑Gérard Bertrand, 코트뒤론의 샤푸티에Chapoutier, 기갈Guigal 같은 와이너리에서 생산한 와인이 마실 만하다.

대형마트에서 살 때

슈퍼마켓이나 대형마트 와인코너에 가면 와인과 안주를 한 자리에서 살 수 있다. 다시 말하면, 이곳의 와인은 가격과 품질 차이가 크다는 뜻이다.

대형마트에서 살 때 좋은 점 와인 종류가 다양하다는 것보다는 진열된 와인의 2/3는 별로 좋지 않은 와인이다, 가격이 저렴한 것이 장점이다. 대형매장은 경쟁업체보다 싸게 팔기 위해 대량으로 가격을 최대한 낮춰 구매한다.

나쁜 점 와인코너 담당 직원이 없는 경우가 많다.

와인 넥라벨 Neck label

· ·

아셰트Hachette, 골 에 미요Gault et Millau, 베탕Bettane + 데소브Desseauve, 르뷔 뒤 뱅 드 프랑스Revue du vin de France 등의 와인 가이드북들이 품질을 인정하거나 추천하는 와인에 붙이는 종이 띠지다. 넥라벨이 있다고 해서 그 와인이 훌륭하다는 의미는 아니다. 믿고 마실 만한 품질은 된다는 뜻이다.

레드 와인
로제 와인
화이

메달 스티커

· ·

금메달 스티커를 붙인 와인을 종종 볼 수 있다. 와인 품평회에서 상을 받은 와인이라는 표시지만, 품평회라고 해서 다 같은 품평회가 아니니 조심하는 것이 좋다.

이름 없는 품평회에서 동상을 받은 와인의 품질은 신뢰도가 떨어진다. 참가한 전시회 또는 품평회의 명성이 수상의 가치를 좌우한다. 독립 와인메이커 전시회, 파리농업박람회, 파리농업경연대회, 브뤼셀국제와인품평회 정도가 믿을 수 있는 행사이며, 여기서 받은 메달 스티커는 권위를 인정받는다.

또한 권위 있는 품평회에서 수상했다고 해서 가장 뛰어난 와인을 뜻하지는 않는다. 특정한 시기에 특정한 사람들이 좋다고 평가한 와인일 뿐이다. 덧붙이자면, 전시회나 품평회 출품은 돈이 꽤 드는 일이다.

브랜드 와인

대형유통회사, 생산자조합, 네고시앙 브랜드 와인은 구하기 쉽다. 품질 또한 일정하게 유지되기 때문에 개성이 없다는 단점만 빼면 믿고 살 수 있다.

대형유통회사에서 내놓은 브랜드 와인이 많은데, 카지노 Casino 에서 만든 클럽 데 소믈리에 Club des Sommeliers, 오샹 Auchan 의 피에르 샤노 Pierre Chanau, 모

노프리 Monoprix 의 윈 카브 엉 빌 Une Cave en Ville, 르클레르 Leclerc 의 샹테 블라네 Chantet Blanet, 코라 Cora 의 람 뒤 테루아 L'âme du Terroir, 카르푸 Carrefour 의 르플레 드 프랑스 Reflets de France 등이 있다. 뛰어난 개성은 없지만 와인 자체만 따져보면 양조, 숙성 상태가 괜찮고 별다른 단점이 없다.

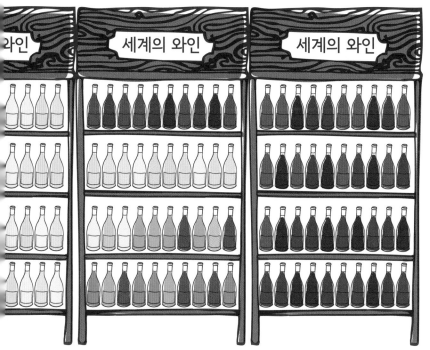

와이너리에서 생산한 와인

가끔 대형매장에서 소규모 와이너리 와인을 독점적으로 판매하는 경우가 있다. 하지만 대개 대량 생산하는 와이너리와 계약하여 1년 내내 다수의 매장에 공급한다. 이 경우 대중의 입맛에 맞춘 와인이 많다. 따라서 소규모 와이너리에서 생산한 특별하고 개성 있는 와인을 찾기란 거의 불가능하다.

 라벨 스캔

스마트폰으로 와인을 검색하면 대부분 자세한 정보를 얻을 수 있다. 또는 라벨의 QR코드를 스캔하면 해당 도멘의 정보를 알 수 있다.

와이너리 또는 와인전시회에서 살 때

와인을 구입하기에 가장 좋은 곳이다. 더구나 사기 전에 시음해볼 수 있다. 와인전시회는 와인메이커들이 직접 자신들의 와인을 고객들에게 소개하는 것이 목적이기 때문에 규모가 작은 와이너리도 시음 테이블을 준비해놓는다.

가격

와인메이커에게서 직접 구입하는 와인은 가격이 더 저렴하다. 와인메이커와 고객 사이에 중간상인이 없어 와이너리 출고가 외에 추가되는 유통마진이 없기 때문이다.

품질

와이너리는 절대로 한 가지 품질의 와인만 만들지 않는다. 마시기 쉬운 와인부터 복잡한 와인까지 다양한 품질의 와인을 생산한다. 또 와이너리 내 구역별로 와인을 만들기도 하고, 테루아, AOC, 품종 블렌딩, 숙성 방식에 따라 여러 퀴베_{양조용 통이나 블렌딩한 후 최종 생산된 와}_인를 생산한다.

직접 와이너리에 가서 와인을 사면 이렇게 다양한 와인을 직접 맛볼 수 있으며, 반드시 가장 비싼 와인을 구입해야 할 필요도 없다. 단순한 와인이라도 마음에 드는 것을 사면 된다. 좋은 와인메이커는 단순한 와인도 고급 와인을 만들 때처럼 정성을 기울인다. 금년엔 가장 싸고 마시기 쉬운 와인을 사고, 내년에 올 땐 그보다 비싼 와인을 사도 상관 없다. 와인에 대한 선호도는 시간에 따라 변하기 마련이다.

와인메이커와 대화를 나누고 싶다면

와인전시회에서는 와인메이커가 많은 방문객에게 둘러싸여 있기 때문에 차분히 대화를 나눌 시간이 별로 없다. 와이너리를 직접 방문하면 와인메이커의 환영을 받으며 많은 대화를 나눌 수 있다.

와이너리를 방문할 때는

와인메이커만큼 자신의 와이너리에 있는 포도나무의 평균 수령, 품종, 토질, 올해 강수량, 와인 양조 및 보관 작업 등을 자세히 알고 또 설명해줄 수 있는 사람은 없다. 와인메이커와 대화해보면 이 와인은 왜 살집이 두툼하고, 저 와인은 왜 우아한지 쉽게 이해할 수 있다.

그렇다고 와인메이커의 시간과 호의를 악용하면 안 된다. 2시간 동안 대화를 나눈 후 겨우 작은 병 하나만 구입한다면 매너 있는 행동이 아니다. 여러 병을 살 상황이 아니라면 와인메이커에게 미리 이야기하는 것이 좋다. 또한 유명 와이너리를 방문하는데 와인을 구입할 여유가 없다면, 역시 미리 이야기해둔다. 유명 와이너리 중에서 많은 곳은 방문객이 와인을 구매하는 경우에만 무료 시음을 한다.

수평 시음·수직 시음

수평 시음이란 한 와이너리의 같은 빈티지이지만 퀴베는 서로 다른 와인들을 비교해 맛보는 것을 뜻한다. 도멘이나 샤토를 방문하면 주로 수평 시음을 한다. 한 와인메이커가 만드는 다양한 와인을 알아보기에 좋은 방법이다.

수직 시음은 같은 와인을 서로 다른 빈티지별로 맛보는 것인데, 시음할 수 있는 와이너리가 드물다. 여러 해의 빈티지를 같이 파는 소량 생산 와이너리에서 시음할 수 있다. 와인에 날씨가 미치는 영향과 이에 따른 와인의 변화를 이해하는 데 도움이 된다.

 ## 와이너리와 와인창고 방문시 기본 원칙

미리 예약한다. 네고시앙의 창고나 생산자조합의 창고는 예약하지 않고도 방문할 수 있지만, 개인 와이너리는 시도 때도 없이 방문객을 맞이할 상황이 아니다. 예를 들어 수확기에는 방문을 피하는 것이 좋다.

와인샵에서 살 때

좋은 와인 판매상은 와인에 열정이 있고, 사람 만나는 것을 좋아하는 사람이다. 와인애호가들에게 소중한 정보원이기도 하다. 올바른 와인 선택을 도와주고 잘 모르던 와인을 소개해주며 와인의 신세계로 안내해주기 때문이다.

프랜차이즈 와인샵

니콜라 Nicolas, 르 르페르 드 바쿠스 Le Repaire de Bacchus 같은 대형 프랜차이즈 와인샵은 본사의 와인 리스트에서 선택한 와인들을 보유하고 있다. 여기서는 고객의 취향에 따라 몇몇 와인을 적극적으로 추천한다. 개인이 운영하는 와인샵에 비해 전통적인 스타일의 와인을 다루지만, 사람들이 좋아할 만한 와인은 거의 다 있다.

개인샵

와이너리를 방문해 와인을 시음하고 주문하며, 퀴베를 고르고 가격을 협상한 후 매장에서 팔 와인을 직접 구매한다. 와인샵을 운영자의 개성이나 취향에 따라 대중적인 와인, 지금은 거의 재배되지 않는 토착 품종으로 만든 와인, 잘 알려지지 않은 AOC, 훌륭한 뱅 드 페이, 유기농 와인 등 다양한 와인을 보유하고 있다. 좋은 와인샵은 일반적인 와인과 함께 평범하지 않은 와인도 추천하는 곳이다.

좋은 와인샵은

- 고객이 예상 비용을 말했을 때 가장 비싼 와인 쪽으로 몰아가지 않는다. 예산을 중심으로 가격이 조금 높거나 낮은 여러 와인을 추천하고 선택하게 한다.
- 와인에 대한 설명을 요청했을 때 라벨에 적힌 내용을 그대로 읽지 않는다. 와인메이커, 더 나아가 와이너리에 대해 잘 알고 있다.

- 와인샵 주인이 가장 좋아하는 와인을 고객도 구할 수 있다. 판매하는 와인은 모두 마셔보고 스스로 평가하기 때문이다.
- 좋은 보졸레 Beaujolais 와인, 뮈스카데 Muscadet 와인, 리슬링 Riesling 와인 그리고 외국 와인도 갖추고 있다. 유명하지 않다는 이유로 취급하지 않는다면 좋은 와인샵이라 할 수 없다. 어떤 AOC든 좋은 와인을 찾아낼 수 있어야 한다.

와인 축제에서 살 때

시간이 있으면 와인 축제에 가보는 것도 좋다. 와인 축제는 약 30년 전 프랑스의 유명 와인 유통회사에 의해 시작되었다. 와인 축제 기간에 와인 산업 전체 매출의 약 절반 이상을 올린다.

기능

전 세계에서 프랑스에서만 열리는 와인 축제는 1년에 두 차례, 봄과 가을에 15일 동안 열린다.
9월 와인 축제가 훨씬 가볼 만하다. 새로운 와인을 병입하기 시작하는 때이기도 하고, 대형매장에서는 재고를 털어내고 그 해 새로 나온 와인을 들여놓는 시기이기도 하다. 와인 축제 때에는 업체마다 경쟁적으로 마진을 최소화하여 와인을 내놓기 때문에 싼값에 좋은 와인을 살 수 있다.

시간을 끌고 싶지 않다면

몇 가지 와인을 골라서 맛본 후, 가장 마음에 드는 와인을 대량으로 구입한다.

와인 축제에 갈 준비를 한다

최소한의 준비도 없이 와인 축제에 가면 안 된다. 와인 전문잡지나 신문들은 와인 축제 기간을 알리는 특별호를 내놓고, 축제 기간에 선보일 와인들을 상세히 비교한다. 이를 바탕으로 치밀한 전략을 세워야 한다. 사실 와인 축제 기간 동안만 접할 수 있는 퀴베는 적고, 과반수 이상의 와인은 축제 이전까지 팔리지 않은 재고 와인들이다. 따라서 미리 정보를 수집해야 생각 없이 사는 실수를 피할 수 있다.

좋은 와인을 싸게 사려면

거의 축제 첫날 또는 그 전날 좋은 와인은 다 팔리기 때문에 전야제에 가는 것이 좋다. 초청장을 구하는 건 별로 어렵지 않다. 미리 행사담당자나 참여 와이너리에 신청만 하면 된다. 그 다음엔 서두르는 사람이 임자다. 모두들 쇼핑카트에 한 가득 사 가기 때문에 전야제를 위해 준비한 와인은 금방 동나기 일쑤다.

인터넷에서 살 때

인터넷 와인 판매는 폭발적으로 증가해 2007년부터 연평균 33%씩 늘어나고 있다. 하지만 기존 사이트가 문을 닫고 새 사이트가 열리는 경우가 많다. 프랑스에는 현재 325개 사이트가 와인을 판매하고 있는데, 이중 7%는 1년을 채 넘기지 못하고 사라지며, 그 자리를 새로운 업체가 대체한다. 신뢰할 만한 사이트를 어떻게 찾을 수 있을까?

확인해야 할 정보

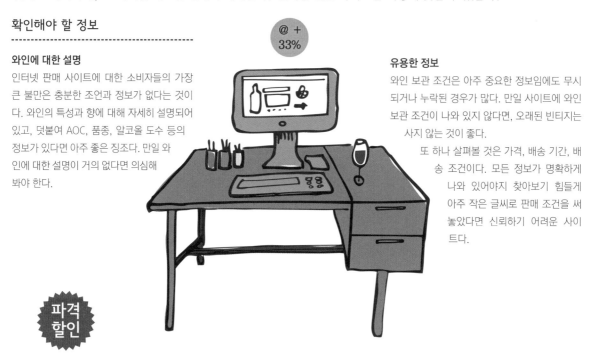

와인에 대한 설명
인터넷 판매 사이트에 대한 소비자들의 가장 큰 불만은 충분한 조언과 정보가 없다는 것이다. 와인의 특성과 향에 대해 자세히 설명되어 있고, 덧붙여 AOC, 품종, 알코올 도수 등의 정보가 있다면 아주 좋은 징조다. 만일 와인에 대한 설명이 거의 없다면 의심해봐야 한다.

유용한 정보
와인 보관 조건은 아주 중요한 정보임에도 무시되거나 누락된 경우가 많다. 만일 사이트에 와인 보관 조건이 나와 있지 않다면, 오래된 빈티지는 사지 않는 것이 좋다.

또 하나 살펴볼 것은 가격, 배송 기간, 배송 조건이다. 모든 정보가 명확하게 나와 있어야지 찾아보기 힘들게 아주 작은 글씨로 판매 조건을 써놓았다면 신뢰하기 어려운 사이트다.

속임수 할인
진부한 마케팅 기법이지만 가격에 줄을 긋고 「파격 할인」이라고 굵은 글씨로 덧써놓은 경우가 있다. 과연 싸게 사는 것일까? 와인 디사이더 WineDecider나 와인 서쳐 Wine-Searcher 같은 전문 사이트를 이용해서 가격을 비교해보는 것이 좋다. 와인의 겉모양을 크게 신경 쓰지 않는다면, 라벨이 찢어졌거나 얼룩이 묻은 와인은 싸게 파니 관심을 가질 만하다.

추천 와인
구입이 가능한 와인인지 확인한다. 이미 팔려 재고가 없는 경우도 있다. 햇와인을 판다고 리스트에 올려놓고 실제로는 와인을 구하지 못해 판매하지 못하는 사이트가 셀 수 없이 많다. 마음먹고 주문했는데 와인이 배송되지 않는다면 실망이 클 것이다.

추천 판매 사이트

대중적인 와인_ Vigneron indépendant, Vinatis, Chateaunet, Millesima
회원 전용 판매_ Ventealapropriete, 1Jour1Vin, Vente-privee
옥션 판매_ IDealWine
정기 구매 매달 일정액을 내고 사이트에서 선정한 와인을 한 달에 한 번 배달받는다_ Trois Fois Vin, Amicalement vin, Le Petit Ballon
와인샵 사이트_ Savour Club, Lavinia, Legrand Filles et Fils, Nicolas

와인 가이드

서점에 가면 와인 구매에 도움을 주는 와인 가이드가 많다. 와인을 구매할 때 자신에게 필요한 것이 무엇인지, 그리고 취향에 맞는 것이 무엇인지를 알 수 있게 도와주는 가이드 참고도 좋은 생각이다.

와인 가이드 왜 필요한가?

구매 전

필요와 취향에 가장 부합하는 와인 산지와 아펠라시옹AOC을 선택하는데 참고할 수 있다.

와인 산지를 방문하는 와이너리 투어 계획을 세우는데 필요한 정보를 얻을 수 있다.

현재 인기 있는 와인이 무엇인지 알 수 있다.

와인을 사러 갈 때 갖고 가서 참고할 수 있다. 이 경우 가이드가 너무 두꺼우면 곤란!

가이드의 와인 가격과 매장 가격을 비교할 수 있다. 가이드 가격은 대부분 와이너리 판매가로 와인샵이나 레스토랑 가격보다 싸므로 주의.

구매 후

자신의 시음 평가와 전문가의 평가를 비교할 수 있다.

와이너리 연락처를 확인하여 와인을 주문하거나 다른 와인에 대한 정보를 얻을 수 있다.

3종류의 와인 가이드가 있다

기자, 양조가, 소믈리에, 생산자 등 여러 명으로 구성된 시음단이 블라인드 테이스팅을 통한 시음 노트를 공동으로 작성한 가이드.

유명 시음가와 그와 함께 일하는 소수의 시음가가 만든 가이드. 독창적인 와인 선택을 비롯해 유명인의 취향과 스타일이 고스란히 담겨 있다.

가이드 저자가 좋아하는 와인 생산자를 소개. 이런 종류의 가이드에서는 와인 정보는 부수적이다.

가이드의 대안

웹사이트, 소셜네트워크, 커뮤니티, 블로그 등 와이너리의 인터넷 정보로도 가이드를 훌륭하게 대체할 수 있다. 정보를 찾는데 시간이 걸리지만 노력만 한다면 제대로 된 정보를 얻을 수 있다.

와인 가이드의 내용은?

최소한 와이너리 이름과 연락처, 아펠라시옹 AOC에 따라 분류한 와인 목록, 와인과 와이너리에 대한 평가, 시음한 와인 빈티지, 그리고 가이드가 출간된 해가 담겨 있어야 한다. 출간된 해는 와인 선정 시기를 알려주는 정보여서 중요하다.

ROBERT PARKER

로버트 파커
(1947~)

로버트 파커는 세계에서 가장 유명한 와인 시음가이며 평론가이다. 오랫동안 고급 와인의 가격을 좌지우지할 정도로 영향력이 막강했으며, 파커의 마음에 들기 위해 와인의 맛을 바꾸는 와이너리들도 있었다.

로버트 파커는 세계에서 가장 유명한 와인 시음가이며 평론가이다. 오랫동안 고급 와인의 가격을 좌지우지할 정도로 영향력이 막강했으며, 파커의 마음에 들기 위해 와인의 맛을 바꾸는 와이너리들도 있었다.

파커는 20대에 와인에 입문했다. 당시 변호사였던 그는 1978년 와인 정보지 《와인 에드버킷 The Wine Advocate》를 발행하면서 와인 평론가로서 첫발을 내딛었다. 여기에 와인 시음평을 실었다.

파커가 시음전문가로 이름을 날리게 된 계기는 1982년 보르도 프리뫼르 와인 시음회에서였다. 10여 명의 평론가들은 1982년 빈티지를 높이 평가하지 않았지만, 파커는 예외적으로 훌륭한 빈티지가 될거라 예측했고 그렇게 평가한 평론가는 그가 유일했다.

그리고 그의 예상은 맞아떨어졌다. 그때부터 100점 만점에 점수를 주는 파커의 평점이 와인 평가에 절대적인 기준이 되었다. 90점 이상 받은 와인의 와이너리는 자신 있게 전량을 시장에 내놓았다.

파커는 와인 평론가로 일하는 동안 자신이 선호하는 아펠라시옹AOC이나 와이너리를 자주 언급했다. 덕분에 보르도 그랑 크뤼의 가격은 치솟았고, 샤토뇌프뒤파프는 전례없는 명성을 누렸으며 론, 랑그도크, 프로방스에서는 스타 와이너리가 탄생했다.

그래서 몇몇 와이너리는 와인을 「파커화」하기 시작했다. 즉 테루아에 맞지 않더라도 「파커의 입맛에 맞게」 매우 진하고 알코올 도수가 높으며 나무향이 강한 와인을 양조하는 것이다. 하지만 이제 이러한 일탈은 많이 줄어들었다.

시음 능력이 뛰어난 파커는 자신의 코를 1백만 달러짜리 보험에 들기도 했다. 2012년에 은퇴했지만 그의 의견은 여전히 영향력을 발휘하고 있다.

나만의 와인저장고 만들기

장소와 예산을 정한다

와인냉장고를 비롯하여 와인저장고는 와인 한 병에서부터 시작한다. 그 다음은 와인저장고를 놓을 수 있는 공간과 예산의 규모에 따라 달라진다. 물론 상황마다 어울리는 와인을 모두 갖추어 놓는 것이 가장 이상적이다.

2~5병
식전주 또는 갑자기 친구들이 들이닥쳤을 때 언제든 마실 수 있는 레드 와인과 화이트 와인을 산다. 과일향이 풍부한 편안한 와인이면 좋다. 레드 와인은 루아르Loire, 랑그도크Languedoc, 화이트는 샤블리Chablis, 프로방스Provence를 추천한다. 또 간단한 파티를 위해 샴페인이나 크레망 등 스파클링 와인도 1병 마련한다.

예산_ 5~12EUR/병

5~10병
앞서 말한 와인에, 디저트나 휴일 오후에 친구들과 케익을 먹으며 마실 수 있는 리코릐 와인을 추천한다. 파티 마지막 또는 식전주로 스위트 와인을 선호하는 사람을 위해 뱅 두 나튀렐 포르토Porto, 뮈스카 드 리브잘트Muscat de Rivesaltes, 그리고 여름에 마실 로제 와인 1~2병도 산다. 마지막으로 레드와 화이트로 유명 AOC의 고급 와인을 1병 마련한다. 레드 와인이라면 포므롤Pomerol, 생테밀리옹Saint-Émilion, 화이트 와인이면 뫼르소Meursault가 좋다. 몇 년 동안 보관하다가 생일파티나 사랑을 고백할 때, 오랜 친구와 만날 때처럼 특별한 기회에 꺼낸다.

예산_ 5~20EUR/병

 과다 지출은 삼간다

돈이 많든 적든 분수에 넘치는 와인을 「기분 한번 내자」는 식으로 사면 절대로 안 된다. 무리해서 산 와인은 개봉하기가 쉽지 않기 때문이다. 게다가 큰 맘 먹고 그 와인을 개봉하는 날에는 너무 큰 기대감 때문에 오히려 실망하기 쉽다. 또 아주 비싼 와인은 보통 오랫동안 보관해두었다 마셔야 하는데, 와인을 장기간 최적의 상태로 보관할 수 없다면 괜히 돈만 버리고 제대로 즐기지 못하게 된다.

10~30병

이제 와인 컬렉션을 다양화할 때다. 다른 지방, 나아가 다른 나라의 와인을 선택해 다양하게 즐겨본다. 중요한 것은 향과 맛이 서로 다른 와인을 선택하는 것이다. 새콤하고 가벼운 와인, 섬세하고 복잡한 와인, 풀바디에 향신료향이 나는 와인, 실크처럼 매끄럽고 강한 와인 등등. 이렇게 와인을 마련해두면 어떤 식사, 어떤 모임에도 잘 어울리는 와인을 내놓을 수 있다. 또 드문 품종으로 만든 와인, 찾아보기 힘든 AOC 와인도 몇 병 준비해둔다. 재미있는 이야기가 담긴 와인이나 바이오다이나믹 농법 와인도 나쁘지 않다.

예산_ 5~25EUR / 병

30병 이상

좋아하는 와인을 3병 또는 6병들이 박스로 구입한다. 같은 퀴베의 와인이 시간이 지나면서 어떻게 달라지는지 발견하는 재미가 있다. 구입 후 6개월, 1년, 2년 또는 그 이상이 지나면서 와인은 많은 변화를 일으킨다.

빈티지에 관심을 갖는다

이 정도 수준이 되면 아마 마음에 드는 와이너리가 생겨 자주 방문하는 상황일 것이다. 같은 와이너리에서 서로 다른 해에 생산된 와인을 구해 빈티지가 와인에 끼치는 영향을 느껴본다.

장기보관할 와인을 구분한다

빨리 마실 와인과 보관할 와인을 따로 놓는다. 빨리 마실 와인은 필요할 때 계속 마시고 새로 보충해놓는다. 보관할 와인은 몇 년, 때에 따라 몇십 년이 지난 후 개봉한다. 가지고 있는 보관용 와인을 아직 개봉하지 않았더라도 꾸준히 보관용 와인을 구입하는 것이 좋다. 이렇게 하면 언제든지 어린 와인, 숙성된 와인, 오래된 와인을 갖출 수 있게 된다.

예산_ 가격 제한 없음

보관 조건

와인을 어떻게 보관하느냐에 따라 와인의 변화 속도가 달라진다. 18℃에서 보관한 와인은 12℃에서 보관한 와인보다 빨리 변화하고 늙는다. 와인도 사람처럼 천천히 늙어야 훨씬 좋은 와인이 된다.

와인을 올바르게 보관하려면 몇 가지 기준을 지켜야 한다.

와인 병은 뉘어서 보관한다
특히 코르크 마개로 되어 있는 와인은 반드시 뉘어서 보관한다. 와인이 코르크에 닿은 상태여야 코르크가 마르지 않고 병이 밀폐되기 때문이다.

온도
와인을 수십 년 동안 보관하며 숙성시키기에 가장 이상적인 온도는 11~14℃이다. 그러나 몇 년 정도라면 대부분의 와인은 6~18℃에서도 잘 숙성된다. 온도가 낮으면 숙성이 늦어지고, 온도가 높으면 빨라진다. 계절의 변화에 따라 온도가 천천히 변하는 지하 와인저장고에서는 와인 역시 조화롭게 숙성된다. 온도가 급격히 변하면 와인이 변질될 수 있으므로 유의하고, 난방기구나 오븐 등 열기 근처에 보관하는 것 역시 와인의 품질을 급격히 떨어뜨릴 수 있으므로 피한다.

습도
습도는 아주 중요하다. 공기가 너무 건조하면 코르크가 말라서 산소가 들어오게 된다. 습도는 75~90% 사이로 유지하는 것이 좋다. 아주 드문 경우지만 습도가 너무 높으면 코르크에 곰팡이가 생기고 라벨이 떨어질 위험이 있다.

빛
빛은 와인의 색과 향을 떨어뜨리기 때문에 매우 나쁘다. 와인은 언제나 어두운 곳에 보관해야 한다. 수납장, 찬장 등 빛이 닿지 않는 곳에 보관하고, 그럴 상황이 안 된다면 최소한 덮개를 씌워 직사광선을 피한다.

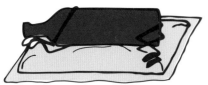

조용한 환경
인간이 잠을 잘 때처럼 와인도 조용한 환경이 필요하다. 충격이나 진동은 와인을 출렁거리게 만들어 향이 변할 수 있다. 따라서 와인 보관장소로 진동이 느껴지는 곳이나 세탁기 근처는 피한다.

악취
안 그럴 것 같지만 코르크 마개를 통해 와인에 악취가 밸 수 있다. 마늘이나 젖은 걸레, 휘발유를 두는 곳은 와인을 보관하기에 적합하지 않다. 젖은 종이박스 안에 와인을 오랫동안 보관해도 부케에 영향을 미친다.

와인 숙성시키기

이제 한 가지 질문이 생긴다. 「이 와인은 오래 두고 숙성시켜야 할까?」 답을 찾기 위해서는 먼저 어떤 와인을 언제 마셔야 하는지 알아야 한다. 모든 와인이 숙성용으로 만들어지는 것은 아니며, 와인마다 마시기 적당한 시기가 있다. 2년짜리든 10년짜리든 와인이 절정에 달했을 때 마셔야 와인의 풍부한 세계를 제대로 느낄 수 있다.

어릴 때 마시는 와인

값싼 와인 대부분, 스파클링 와인, 화이트 와인, 로제 와인, 가볍고 타닌이 적은 레드 와인이 여기에 해당한다. 사실 우리가 사는 거의 모든 와인이 어릴 때 마시는 와인이다. 과일향과 함께 상큼한 젊음을 기분 좋게 느낄 수 있으며, 오래 보관한다고 해서 더 좋아지지 않는다.

어떤 와인을 골라야 하는가?
몇몇을 제외하면, 피노 블랑Pinot blanc, 비오니에Vio-gnier, 소비뇽Sauvignon, 가메Gamay 등의 품종으로 만든 와인은 어릴 때 마시면 훨씬 맛이 좋다.
혹시 와인이 아주 강하다고 느껴지면 몇 년 동안 보관해도 괜찮다. 예상치 못한 기분 좋은 변화에 놀랄 수 있다.

오래 숙성해서 마시는 와인

가장 비싼 최고급 와인들이 많이 해당된다. 어릴 때는 너무 강하기 때문에 맛과 향이 충분히 성장하고 뻣뻣함이 풀리는 데 많은 시간이 필요하다. 부케 역시 시간이 지나면서 복합적으로 변하고 조화로워진다.

어떤 와인을 골라야 하는가?
레드 와인 중에서는 고급 보르도Bordeaux , 고급 부르고뉴Bourgogne, 에르미타주Hermitage, 샤토뇌프뒤파프Châteauneuf-du-Pape, 마디랑Madiran, 스페인 와인 중에서는 프리오라트Priorat, 리베라 델 두에로Ribera del Duero, 이탈리아 와인 중에서는 바롤로Barolo, 바르바레스코Barbaresco, 포르토Porto, 아르헨티나, 캘리포니아, 오스트레일리아의 고급 와인을 고르면 된다.
화이트 와인은 슈냉Chenin 품종으로 만든 루아르Loire, 남아프리카공화국의 드라이 와인과 스위트 와인, 고급 부르고뉴, 독일산 리슬링Riesling 계열의 드라이 와인과 무알뢰 와인, 소테른Sauternes 리코뢰 와인, 헝가리 토카이Tokay 와인과 이탈리아 뮈스카Muscat 와인 중에서 고른다.

숙성시킬 와인인지 아닌지 어떻게 알 수 있는가?

정보를 찾는다 와인을 구입한 와이너리나 와인샵,
와인 병의 뒷라벨, 인터넷 등에서 정보를 얻는다.

와인 병 속의 와인은 어떻게 숙성될까?

와인을 숙성시키는 것은 산소다. 와인 병 속에는 약간의
공기층이 있는데, 아주 적은 양이지만 와인이 절정에 이
를 때까지 숙성시키기에 충분하다. 이후엔 산화로 와인
이 늙기 시작한다. 와인병을 뉘어 놓으면 공기층과 와인
의 접촉면이 더 넓어지며, 따라서 숙성이 훨씬 잘된다.
와인 병을 뉘어 놓아야 할 또다른 이유다.

 와인 병 속의 공기

일반 와인 병의 2배 크기인 매그넘 안의 공기 양은
일반 병과 같다. 그래서 매그넘은 숙성에 시간이
더 오래 걸리며 오래 보관할 수 있다. 물론 가격도
양에 비례하여 더 비싸다.

맛을 본다 같은 와인을 2병 샀다면 한 병을 개봉한다.
마셔보니 닫혀 있고, 뻑뻑하며, 향도 별로 나지 않는다면?
너무 일찍 개봉했기 때문에 제맛이 나지 않는 것이다. 즉, 기다려야 한다는 뜻이다.
아주 강하고, 산도와 타닌이 많이 느껴진다면 레드 와인의 경우? 몇 년 더 숙성시키는 것이 좋다.

와인저장고 만들기

작은 아파트

수납장, 작은 방, 서랍 또는 닫을 수 있는 작은 공간을 활용한다. 혹시 사용하지 않는 벽난로가 있다면 거기에 와인을 보관한다. 벽난로 안은 아파트의 다른 공간보다 좀더 시원하다. 어느 장소든 어둡고 열기와 먼 곳을 고르면 된다. 와인랙을 사용할 때는 직사광선이 미치지 않는 곳에 놓는다.

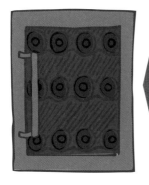

좀더 큰 아파트와 개인 주택

경제적 여유가 있고 와인이 많은데 공간이 없다면? 와인셀러를 산다. 이 와인냉장고는 크기가 다양하며, 모델에 따라 12병에서 300병까지 수납할 수 있다. 온도와 습도가 일정하게 유지되고 햇빛을 막아주기 때문에 와인을 제대로 보관할 수 있다.

와인냉장고는 보관 기간이 수개월로 짧아 비교적 빨리 마시는 와인에 사용하는 냉장고, 가격은 더 비싸지만 온도가 12℃를 유지하여 숙성용 와인에 사용하는 냉장고, 칸마다 온도 조절이 가능해 다양한 용도로 사용할 수 있는 다기능 냉장고 등 크게 3종류가 있다. 와인메이커들은 와인냉장고를 사용할 경우 3개월마다 온도를 2~3℃씩 달리해서 계절의 순환에 따른 온도 변화를 반영하도록 조언한다.

넓은 개인 주택

경제적으로 넉넉하고 꽤 많은 와인을 갖추고 싶은데 저장고가 없다면? 만들면 된다. 단열을 위해 창이 없거나 벽면 틈새가 없는 창고를 짓고, 단열처리를 한 후 에어컨을 설치한다. 가습기가 따로 없어도 물통을 놔두면 습도를 조절할 수 있다. 마지막으로 튼튼한 문을 단다. 공사를 해야 하는 번거로움이 있지만 완벽한 와인저장고를 만들 수 있다.

몇몇 전문업체에서는 지하실에 와인을 수납하는 원통형 와인저장고를 설치해준다. 사다리 계단 또는 중앙의 달팽이 계단을 통해 출입하며, 와인을 500~5,000병까지 보관할 수 있다.

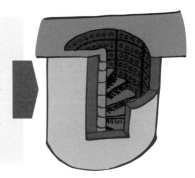

지하실을 와인저장고로 활용한다

집에 와인저장고로 사용할 수 있는 지하실이 있다면 가장 좋다. 두꺼운 벽돌이나 흙으로 된 지하실이라면 안성맞춤이다. 만일 지하실을 콘크리트로 지어 내부가 후텁지근하다면 단열공사를 하고 에어컨을 설치한다. 에너지 효율을 높이기 위해 1㎥당 150병 이상은 보관하지 않는다. 내부를 효율적으로 이용해 바닥부터 천장까지 와인을 쌓고 좁은 통로를 만든다면 4㎡정도의 지하실에 1,200병까지 보관할 수 있다.

와인 병은 어떻게 보관하는가?

 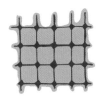 

이동식 와인랙 플라스틱이나 금속으로 되어 있으며, 랙 하나당 6~12병까지 보관할 수 있다. 랙을 서로 겹쳐서 쌓아 올릴 수 있다. 조립식이기 때문에 어떤 공간이든 활용할 수 있어 편리하다. 높게 쌓아 올리면 무너질 수 있다는 단점이 있다.

고정식 와인랙 벽에 고정시키는 방식으로, 랙이 튼튼하며 병을 안전하게 보관할 수 있다. 공간에 맞게 직접 짜맞추거나 벽에 거는 선반을 사용할 수도 있다.

와인박스 좋은 목재로 만들었고, 창고에 습기가 별로 없다면 와인박스 그대로 사용해도 된다. 습기가 많으면 종이박스나 나무박스 모두 곰팡이가 필 수 있고, 와인의 코르크 마개에도 생길 수 있으므로 주의한다.

와인 정리하기

지역별 정리 가장 고전적인 방식으로 식사에 가장 어울리는 와인을 쉽게 찾을 수 있다.

빈티지별 정리 2년 내에 마실 와인과 오래 두고 숙성할 와인을 구분하는 가장 좋은 방법이다.

와이너리별 정리 빨리 마셔야 하는 와인은 쉽게 꺼낼 수 있는 자리에 둔다. 오래 보관할 와인은 안쪽 깊이, 제일 아래, 또는 가장 높은 곳 등 손이 닿기 어려운 곳에 정리한다.

와인 리스트

와인을 보관하는 사람이라면 반드시 필요하다.
와인을 살 때마다 원산지, 빈티지, 도멘이나 와인메이커의 이름, 장소, 가격, 구입 날짜, 구입한 와인병의 수 등을 꼼꼼히 기록하고, 특히 와인을 어디에 정리해두었는지 기록한다. 와인 리스트만 보면 필요한 와인을 빨리 찾을 수 있다. 와인랙에도 번호를 붙이고 펜으로 표시해두는 것이 좋다.

예를 들어, 부르고뉴는 B4에, 랑그도크은 B5에, 빨리 마실 보르도는 C1에 보관하고 기록해두는 식이다.

와인병에 대해

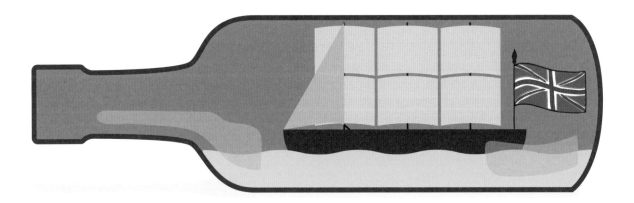

와인병의 역사

1632년 어두운 색의 유리 와인병을 생각해낸 사람들은 영국인이다. 영국인들은 와인을 만들지는 못했지만 와인을 사서 운송할 줄은 알았다! 와인병은 18세기에 퍼져나가기 시작하여 점점 사용이 늘어났다. 루이 15세는 샹파뉴1728년 와 부르고뉴1759년 의 와인 병입과 운송을 승인했고, 보르도는 스스로 유리병 사용을 결정했다. 암포라나 오크통은 당연히 유리병으로 완전히 대체되었다. 유리병은 장점이 너무 많았다. 더 가벼웠고, 보기에도 좋았으며, 보관도 쉬웠다. 유리병은 고대시대부터 존재했지만, 주로 향수나 귀한 에센셜오일 등을 담았다.

왜 75cl인가?

와인병을 영국인들이 생각해냈기 때문에 표준 병의 용량이 75cl 750㎖ 가 되었다. 당시 영국인들은 부피 단위로 갤런을 사용했다. 와인 오크통의 용량은 225ℓ, 대략 50갤런이고 75cl 병으로 300병! 그러면 1갤런은 6병이 된다. 시중에 판매되는 와인 1케이스에 보통 6병이 들어있는 이유도 그 때문이다. 75cl 용량은 1866년 공식화되었다.

와인병 모양

보르도 와인병은 1723년경 처음 등장한 이후로 형태가 거의 변하지 않고 지금까지 유지되고 있다. 세계에서 가장 많이 사용하는 병으로 특히 강한 와인과 고급 와인이 보르도 와인병을 사용한다. 반면 배 부분이 튀어나온 부르고뉴 와인병은 샤르도네를 담기에 적합하고, 보르도 와인과 쉽게 구분할 수 있다는 장점이 있다.

 와인 용어

「피케트(piquette)」. 지금은 「질이 낮은 값싼 와인」을 일컫는 말이지만 원래는 특이한 방식으로 양조된 알코올 도수가 낮은 와인을 의미했다. 포도찌꺼기를 압착하기 전에 물에 담가 색, 향, 알코올을 추출해서 가벼운 와인을 만들었는데 그것이 피케트. 중세시대에는 와인이 익기를 기다리며 피케트를 많이 마셨다.

와인에 관한 말말말

「와인을 땄으면
끝까지 마셔야 한다.」
유럽 중세 속담

「와인은
태양과 땅의 자식이다.」
폴 클로델, 작가

「나는 교통 정체시에
와인리스트를 본다.」
레이몽드 드보,
만화 시나리오 작가

「와인의 역사는
세계의 역사다!」
바브리우스,
로마시대 우화작가

「와인을 마시지 않는 날은
해가 뜨지 않는 날이다.」
프로방스 속담

「와인은
대지의 노래다.」
카이코 다케시, 작가

「나는 천상의 물보다
지상의 와인을 더 좋아한다.」
프랑시스 블랑쉬,
작가, 배우, 유머작가

「와인이 없으면
사랑도 없다.」
에우리피데스,
그리스 비극 작가

「와인을 마시는 것은
천재를 마시는 것이다.」
샤를 보들레르, 시인

「한 병의 와인에는
세상의 어떤 책보다
더 많은 철학이 들어있다.」
루이 파스퇴르, 과학자

「신은 물을 만들었고
인간은 와인을 만들었다.」
빅토르 위고, 작가

「고결한 남자치고
와인을 좋아하지 않는
사람은 없다.」
프랑수아 라블레, 작가

「In Vino Veritas
(와인 속에 진리가 있다).」
대 플리니우스

시간이 흘러 줄리엣, 귀스타브, 엑토르, 카롤린, 클레망틴, 폴 등 6명의 친구가 다시 모였다. 좋은 친구들과 좋은 와인을 마시며 회포를 푸는 것보다 더 즐거운 일은 없다. 이제 친구들은 와인이라는 광활한 세계로 탐험을 시작했을 때보다 와인에 대해 훨씬 더 많이 알고 있다.

이 책을 읽는 독자들은 어떨까? 여기까지 오면서 이 친구들처럼 많이 배웠을까? 확인할 수 있는 유일한 방법은 테스트를 해보는 것! 문제를 풀면서 무엇을 아는지, 얼마나 아는지, 잘못 알고 있는 것은 없는지 등을 스스로 점검해보기를 바란다.

테스트하기 전에 6명 친구들의 마지막 당부에 귀기울여 보자. 실용화가 뒷받침되지 않는 이론은 무용지물이다. 뛰어난 시음가는 책에서 얻은 정보와 타고난 재능만으로는 만들어지지 않는다. 시음하고 실수하고 질문하고, 또 다시 시음하고 실수하고 질문해야 한다. 와인 산지를 표시한 지도가 아무리 근사해도 언덕과 계곡과 산등성이와 강 옆으로 펼쳐진 포도밭 경치보다 더 근사할 수는 없다.

포도밭에 대해 알고 싶은가? 포도나무 사이를 걸으면서 냄새도 맡고, 포도잎을 만지며 포도알도 눌러보면서 손가락 감각으로도 느껴봐야 한다. 아름다운 와인저장고를 갖고 싶은가? 나에 대해 알리고 싶은 와인저장고, 저녁식사에 완벽하게 어울리는 와인을 꺼내올 수 있는 와인저장고를 원하는가? 시간이 필요하다. 많이 만나고 사랑에 빠지고 실망한 후에야 가능하다.

와인은 탐험이다. 앞으로 전진만 하는 탐험은 없다. 이 책은 독자들이 와인을 탐험하는 데 안내자가 될 수 있다. 하지만 절대 독자들의 입은 될 수 없다. 입으로 직접 마셔봐야 한다. 당신에게 흥미진진한 탐험이 되기를 바란다.

AU TABLEAU !

와인 지식 테스트

$$\frac{10}{10}$$

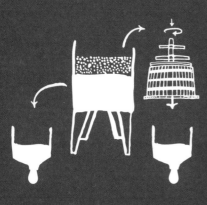

JULIETTE

줄리엣, 디너파티를 준비하다

1 샴페인을 여는 좋은 방법은?

A_ 병을 흔든다.
B_ 코르크 마개를 잡아당긴다.
C_ 병의 주둥이에 약간의 충격을 가한다.
D_ 한 손으로 코르크를 잘 막고 다른 손으로 병을 조심스럽게 돌린다.

2 와인을 글라스에 따를 때 적당한 양은?

A_ 3/4
B_ 1/5
C_ 1/3
D_ 가득

3 옷에 흘린 레드 와인 얼룩을 제거하는 방법은?

A_ 얼룩에 화이트 와인을 사용한다.
B_ 지우개로 지운다.
C_ 버터로 문지르다.
D_ 옷을 전자레인지에 넣고 돌린다.

4 와인이 적정온도보다 차가우면?

A_ 2차향, 3차향이 잘 발산된다.
B_ 알코올이 강조된다.
C_ 타닌이 더 강해진다.
D_ 색깔이 연해진다.

5 브리딩에 대해 잘 설명한 것은?

A_ 쓸데없는 짓이다.
B_ 어린 와인은 디캔팅하고, 오래된 와인은 카라파주한다.
C_ 어린 와인은 카라파주하고, 오래된 와인은 디캔팅한다.
D_ 오래된 와인은 바닥이 넓은 카라프로 디캔팅한다.

6 일반적인 와인 시음 순서는?

A_ 강한 와인을 시작해서 가벼운 와인으로
B_ 가벼운 와인에서 강한 와인으로
C_ 스위트 와인 다음에 드라이 와인을
D_ 기름진 와인에서 산도 높은 와인으로

7 개봉한 와인병을 보관하는 방법은?

A_ 비우는 것이 낫다.
B_ 햇빛이 드는 곳에 놔둔다.
C_ 병 속에 수저를 넣어둔다.
D_ 코르크 마개로 다시 막는다.

8 화이트 와인의 서빙 온도는?

A_ 5~8°C
B_ 8~13°C
C_ 13~15°C
D_ 15~18°C

9 숙취 해소에 가장 좋은 방법은?

A_ 물을 많이 마신다.
B_ 매운 음식을 먹는다.
C_ 레몬즙을 마신다.
D_ 잠을 푹 잔다.

10 러시아어 건배사는?

A_ 야마스(Yamas)
B_ 나 즈도로비예(Na zdorovie)
C_ 프로스트(prost)
D_ 마누이아(Manuia)

정답 1.D 2.C 3.A 4.C 5.C 6.B 7.D 8.B 9.A 10.B

GUSTAVE

귀스타브, 와인 시음을 배우다

1 자줏빛 레드 와인은?

A_ 오래된 와인이다.
B_ 어린 와인이다.
C_ 밀주한 와인이다.
D_ 값싼 와인이다.

2 로제 와인의 색깔은?

A_ 어릴수록 진하다.
B_ 화이트 와인의 양에 따라 달라진다.
C_ 레드 와인의 품질에 따라 달라진다.
D_ 와인메이커의 의도에 따라 달라진다.

3 와인의 눈물이 의미하는 것은?

A_ 와인메이커의 피눈물
B_ 오래된 와인
C_ 와인의 알코올 함량
D_ 와인의 가격

4 와인의 향을 잘 맡으려면?

A_ 숨을 크게 들이마신다.
B_ 강아지처럼 킁킁거리며 맡는다.
C_ 와인 글라스를 움직이지 않는다.
D_ 코를 와인에 담근다.

5 와인의 산도는?

A_ 평가기준으로 매우 중요하다.
B_ 질감과 농도를 나타낸다.
C_ 오래된 와인이라는 증거다.
D_ 어린 와인이라는 증거다.

6 3차향이란?

A_ 목을 넘길 때 느끼는 향
B_ 3번째 마실 때 느끼는 향
C_ 숙성된 와인에서 나는 향
D_ 일부러 만들어낸 향

7 타닌은?

A_ 혀를 마르게 한다.
B_ 혀를 기름지게 한다.
C_ 혀를 따끔거리게 한다.
D_ 혀를 마비시킨다.

8 스파클링 와인의 기포 양은?

A_ 생산지에 따라 다르다.
B_ 색에 따라 다르다.
C_ 온도에 따라 다르다.
D_ 잔의 청결 상태에 따라 다르다.

9 심각한 상태의 와인이 아닌 것은?

A_ 썩은 코르크 냄새가 난다.
B_ 썩은 사과 냄새가 난다.
C_ 매니큐어 리무버 냄새가 난다.
D_ 양배추 냄새가 난다.

10 와인의 pH는?

A_ 3~4 사이
B_ 5~6 사이
C_ 6~7 사이
D_ 7~8 사이

정답 1.B 2.D 3.C 4.B 5.A 6.C 7.A 8.D 9.B 10.A

HECTOR

엑토르, 포도를 수확하다

1 세파주 cépage 가 의미하는 것은?

A_ 와인의 생산지역
B_ 와인의 종류
C_ 포도의 품종
D_ 생산연도

2 고블레 술잔형 방식의 가지치기는?

A_ 추운 지역의 포도밭에서 볼 수 있다.
B_ 따뜻한 지역의 포도밭에서 볼 수 있다.
C_ 덩굴을 유인하는 방법이 필요하다.
D_ 물을 저장하는 가지치기다.

3 늦수확이란?

A_ 스위트 와인용 포도를 수확하는 방법
B_ 타닌이 강한 와인용 포도를 수확하는 방법
C_ 싼 와인용 포도를 수확하는 방법
D_ 늦은 수확 작업

4 샴페인과 크레망의 기포는 어떻게 만들어지나?

A_ 병에 가스를 주입해서
B_ 병 안에서 2차발효 작용으로
C_ 병 안에서 발효가 끝나서
D_ 병 안에 빨대짚를 집어넣고 휘저어서

5 슈냉 품종은?

A_ 로제 와인 품종
B_ 화이트 와인 품종
C_ 커피와 초콜릿 향이 나는 품종
D_ 레드 와인 품종

6 착색이란?

A_ 포도나무에 꽃이 피는 것
B_ 꽃에서 포도열매가 맺히는 것
C_ 포도열매의 색깔이 변하는 것
D_ 너무 익은 포도열매가 땅에 떨어지는 것

7 젖산 발효란?

A_ 화이트 와인의 발효
B_ 우유 발효
C_ 과도한 발효
D_ 일반적인 레드 와인의 발효

8 우야주 ouillage 란?

A_ 우야주는 와인에 해롭다.
B_ 양조통에 들어있는 와인을 휘젓는 것
C_ 오크통에 와인을 보충하는 것
D_ 오크통에서 와인을 빼내는 것

9 흰가루병이란?

A_ 포도나무가 걸리는 병
B_ 포도나무에 치는 농약
C_ 땅 속에 사는 해충
D_ 포도송이의 형태

10 뱅 두 나튀렐이란?

A_ 발효가 자연적으로 멈춘 와인
B_ 이산화황을 첨가하지 않은 와인
C_ 알코올 도수가 낮은 와인
D_ 알코올을 첨가한 와인

정답 1.C 2.B 3.A 4.B 5.B 6.C 7.D 8.C 9.A 10.D

CAROLINE

카롤린, 포도농장을 방문하다

1 점토 하충토에서 자란 포도로 만든 와인은?

A_ 볼륨감이 있다.
B_ 호리호리하다.
C_ 연기향이 난다.
D_ 레드 와인이다.

2 아펠라시옹 AOC 생타무르 Saint-amour 는?

A_ 부르고뉴 와인
B_ 론 와인
C_ 보졸레 와인
D_ 보르도 와인

3 부르고뉴에서 흔한 품종은?

A_ 피노 그리
B_ 세미용
C_ 샤르도네
D_ 그르나슈

4 앙리 자이에 Henri Jayer 가 태어난 곳은?

A_ 시루블
B_ 포마르
C_ 코르나스
D_ 본 로마네

5 보르도의 우완에 있는 아펠라시옹 AOC 은?

A_ 프롱사크
B_ 페사크레오냥
C_ 메도크
D_ 미네르부아

6 샴페인 1병을 만들기 위해 필요한 포도의 양은?

A_ 0.9kg
B_ 1.2kg
C_ 1.5kg
D_ 2.3kg

7 코르비에르 아펠라시옹 AOC 은?

A_ 프랑스 남서부 와인
B_ 랑그도크루시용
C_ 루아르
D_ 론

8 와인에 관한 글을 많이 쓴 인물은?

A_ 대 플리니우스
B_ 소 플리니우스
C_ 키케로
D_ 타키투스

9 아르헨티나에서 흔히 볼 수 있는 품종은?

A_ 투리가 나시오날
B_ 말베크
C_ 샤슬라
D_ 알리고테

10 가장 오래된 양조 와인의 흔적이 나타난 곳은?

A_ 이탈리아
B_ 프랑스
C_ 포르투갈
D_ 이란

정답 1.A 2.C 3.C 4.D 5.A 6.B 7.B 8.A 9.B 10.D

CLÉMENTINE

클레망틴, 소믈리에 견습생이 되다

1 향과 맛이 유사한 와인과 음식을 매칭할 때의 기준은?

A_ 기준 없다.
B_ 원산지 기준으로
C_ 특성을 기준으로
D_ 새로운 맛을 기준으로

2 가장 쉽고 실패 확률이 적은 음식과 와인의 매칭 방법은?

A_ 색을 맞춘다.
B_ 가격을 맞춘다.
C_ 형태를 맞춘다.
D_ 물을 마신다.

3 음식과 와인의 과감한 매칭으로 성공한 것은?

A_ 스위트 와인과 매운 태국 음식
B_ 스위트 와인과 피자
C_ 스위트 와인과 사우워크라우트
D_ 스위트 와인과 샐러드

4 와인을 죽이는 음식은?

A_ 지방이 많은 음식
B_ 프렌치 드레싱
C_ 로크포르 치즈
D_ 오렌지

5 뱅 두 나튀렐과 어울리는 음식은?

A_ 채소
B_ 지비에 야생동물
C_ 생선통조림
D_ 셰브르 치즈

6 강한 화이트 와인을 전형적으로 매칭하려면?

A_ 타르타르육회
B_ 버섯리조토
C_ 사우어크라우트
D_ 멧돼지 스튜

7 메를로 품종의 특징은?

A_ 강한 화이트 와인
B_ 가벼운 레드 와인
C_ 부드러운 레드 와인
D_ 강한 레드 와인

8 상큼한 화이트 와인과 맞는 음식은?

A_ 흰살생선, 토끼고기, 소고기
B_ 흰살생선, 새우, 채소
C_ 닭고기, 버섯류
D_ 양념이 진한 요리, 오리고기, 로크포르 치즈

9 오리가슴살 요리와 어울리는 와인은?

A_ 향이 풍부한 화이트 와인
B_ 로제 와인
C_ 부드러운 레드 와인
D_ 리코뢰 와인

10 바뉠스banyuls 와인은?

A_ 향이 풍부한 화이트 와인
B_ 로제 와인
C_ 화이트 리코뢰 와인
D_ 뱅 두 나튀렐

정답 1.C 2.A 3.A 4.B 5.B 6.B 7.C 8.B 9.C 10.D

PAUL

폴, 와인을 사다

1 와인이 부쇼네 되었다면,
소믈리에가 해야 할 일은?

A_ 소믈리에 잘못이다.
B_ 와인을 교환해주어야 한다.
C_ 손님의 말이 맞는지 시음해야 한다.
D_ 소믈리에가 할 일은 없다.

2 수평 시음의 의미는?

A_ 시음한 후에 누워 있는 것
B_ 오랫동안 뉘여 보관한 와인을 시음하는 것
C_ 동일한 빈티지의 여러 와인을 시음하는 것
D_ 동일한 와인의 여러 빈티지를 시음하는 것

3 로버트 파커 Robert Parker 점수의 만점은?

A_ 5
B_ 10
C_ 20
D_ 100

4 라벨에서 그랑 뱅 드 보르도 grand vin de
Bordeaux 라고 적힌 의미는? p.237 라벨 참조

A_ 아무 의미 없다.
B_ 1855년 등급과 관련 있다.
C_ 정해진 기준에 따라 만들어진 와인이다.
D_ 특정 아펠라시옹 AOC 에 붙이는 명칭이다.

5 라벨에 의무 표기 사항은?

A_ 빈티지
B_ 병입 장소
C_ 품종
D_ 도메인 이름

6 레스토랑 와인 글라스에 따르는 용량은?

A_ 80㎖ 8cl
B_ 120㎖ 12cl
C_ 150㎖ 15cl
D_ 180㎖ 18cl

7 와인을 보관할 수 있는 장소는?

A_ 아무 곳이나
B_ 세탁기 위
C_ 목욕탕
D_ 사용하지 않는 벽난로

8 와인병을 뉘여서 보관해야 하는 이유는?

A_ 누워 있어야 편하게 잘 수 있기 때문에
B_ 온도가 고루 분배되기 때문에
C_ 코르크가 마르면 안 되기 때문에
D_ 숙성이 골고루 되기 때문에

9 표준 와인병의 용량이 75cl 750㎖ 인 이유는?

A_ 네고시앙들이 계산하는 것을 좋아했기 때문에
B_ 영국인들이 와인병을 만들었기 때문에
C_ 유리병 제조자의 폐활량이 그 정도이기 때문에
D_ 쉽게 채울 수 있는 용량이기 때문에

10 「신은 물을 만들었고 인간은 와인을 만들었다.」
누가한 말인가?

A_ 레이몽드 드보 Raymond Devos
B_ 에우리피데스 Euripide
C_ 루이 파스퇴르 Louis Pasteur
D_ 빅토르 위고 Victor Hugo

정답 1.B 2.C 3.D 4.A 5.B 6.B 7.D 8.C 9.B 10.D

INDEX

지은이_ 오펠리 네만(Ophélie Neiman)
2009년부터 르몽드지 사이트(www.lemonde.fr)에 「Miss GlouGlou」블로그를 운영해오고 있으며, 가장 바쁜 와인전문가 중 한 사람이다.

옮긴이_ 박홍진
한국외국어대학교 불어과와 한국외국어대학교 통역대학원 한불과를 졸업 후 통번역사로 활동.
2001년 프랑스로 건너가 SEEBD, 칸틱 등 프랑스 출판사에서 편집장, 대표 등을 지내며 한국 만화를 출판,
유럽 시장에 한국 만화를 처음 소개하는데 중추적 역할을 했다.
현재 통번역사 및 다큐 영화 시나리오 작가로 활동하며 프랑스에서 문화활동 관련 에이전시를 운영하고 있다.
주요 번역서로는 『뚱뚱한 사랑』, 창해 ABC북 『해』·『뇌』, 『아니, 이게 나야?』, 『이야기 상송 깐초네 여행』·
『마법의 성에서 꺼내온 따끈따끈한 이야기』(편역), 『U-47』·『내 이름은 르네 타르디, 슈탈라크 II B 수용소의 전쟁 포로였다』등이 있다.

옮긴이_ 임명주(증보개정 부분)
한국외국어대학교 통역대학원 한불과 졸업. 주한 프랑스 대사관 상무관실 농식품부와 프랑스 농식품진흥공사에서 일하면서 프랑스 와인과 스피릿
홍보 및 판촉 업무를 담당했다. 역서로 추리소설 『그림자 소녀』, 『절대 잊지마』, 그래픽노블 『파리 여자도 똑같아요』, 『피카소』, 『표범』, 『위스키는
어렵지 않아』 등이 있다.

LE VIN C'EST PAS SORCIER
Copyright © Marabout (Hachette Livre), Paris, 2013, 2015 et 2017.
This KOREAN edition translated from the revised and updated 2017 edition.
KOREAN language edition © 2019 by Donghak Publishing Co., Ltd.
KOREAN translation rights arranged with Marabout (Hachette Livre) through Botong Agency, Seoul, Korea.